Martin Schünemann
Fahrdynamik

Weitere empfehlenswerte Titel

Fahrzeugtechnik
D. Schramm et al., 2017
ISBN 978-3-486-71620-7, e-ISBN 978-3-486-85514-2,
e-ISBN (EPUB) 978-3-11-039884-7

Fahrerunterstützung bei Seitenwind
D. Keppler, 2017
ISBN 978-3-11-054011-6, e-ISBN 978-3-11-054205-9,
e-ISBN (EPUB) 978-3-11-054022-2

Hochleistungsbremsen in Fahrzeugen
C. Oger, 2016
ISBN 978-3-11-047103-8

Vehicle Systems and Driver Modelling
H.Abut et al. (Eds), 2018
ISBN 978-1-5015-1212-4, e-ISBN 978-1-5015-0412-9,
e-ISBN (EPUB) 978-1-5015-0416-7

Martin Schünemann

Fahrdynamik

Regelung für Elektrofahrzeuge mit Einzelradantrieben

DE GRUYTER
OLDENBOURG

Autor
Dr.-Ing. Martin Schünemann
Institut für Mobile Systeme
Otto-von-Guericke-Universität Magdeburg
Universitätsplatz 2
39106 Magdeburg

ISBN 978-3-11-056115-9
e-ISBN (PDF) 978-3-11-056430-3
e-ISBN (EPUB) 978-3-11-056172-2

Library of Congress Control Number: 2018947019

Bibliographic information published by the Deutsche Nationalbibliothek
Die Deutsche Nationalbibliothek verzeichnet diese Publikation in der Deutschen Nationalbibliografie; detaillierte bibliografische Daten sind im Internet über http://dnb.dnb.de abrufbar.

Einbandabbildung: DaveAlan / iStock / Getty Images
Druck und Bindung: CPI books GmbH, Leck

www.degruyter.com

Vorwort

Der vermehrte Einsatz von Elektrofahrzeugen für den privaten und kommerziellen Individualverkehr wird als eine der wichtigen Technologien angesehen, um die ambitionierten Klimaschutzziele der Politik zu erreichen. Auf Grund drohender Geldstrafen bei Verletzung der hierzu festgelegten Emissionsgrenzwerte müssen die Automobilhersteller die Entwicklung und Produktion von Elektrofahrzeugen mit dem Ziel vorantreiben, die durchschnittlichen Schadstoffemissionen, insbesondere den CO_2-Ausstoß, ihrer Fahrzeugflotte zu verringern. Der Elektroantrieb bietet dabei wegen seines hohen Wirkungsgrades und seiner vielseitigen Variationsmöglichkeiten mehr Potenzial als den bloßen Austausch des Verbrennungsmotors. Vielmehr können verschiedene Antriebsstrangkonzepte zwischen Zentralantrieb und Einzelradantrieb realisiert werden. Insbesondere die Verwendung elektrischer Einzelradantriebe eröffnen neue Möglichkeiten und Freiheitsgrade sowohl zur Regelung der Fahrdynamik als auch zur Gestaltung der Fahrgastzelle. Dank dezentraler Motorsteuerungen und moderner Leistungselektronik wird eine dynamischere, präzisere und energieeffizientere Regelung positiver und negativer Drehmomente an jedem Rad realisiert, als es mit einem Antrieb bestehend aus Zentralmotor, Getriebe, Differenzialgetriebe und mechanischer Bremse möglich wäre. Die hierzu ohnehin benötigten Sensoren erlauben gleichzeitig eine genauere Messung der Drehzahl beziehungsweise Schätzung des Drehmoments an jedem Rad.

Auf dieser Grundlage begannen 2010 meine Recherchen und Forschungsaktivitäten zu aktuellen und zukünftigen Konzepten der Fahrdynamikregelung auf Stabilisierungsebene. Mit der Zielstellung, ein Fahrdynamikregelungskonzept für Elektrofahrzeuge mit Einzelradantrieben von der modellbasierten Entwicklung in der Simulation bis hin zur prototypischen Umsetzung zu ergründen, werden in diesem Buch sämtliche hierfür erforderlichen Aspekte der Fahrzustandsschätzung sowie der Fahrdynamikregelung beleuchtet. Dazu wird zu Beginn ein Überblick bereits etablierter Regelsysteme, wie dem Anti-Blockier-System oder dem Elektronischen Stabilitätsprogramm, gegeben und mit aktuell diskutierten Möglichkeiten der Fahrdynamikregelung mit Einzelradantrieben ergänzt. Im Anschluss werden theoretische Grundlagen zur Modellierung der Fahrzeugdynamik sowie geregelter elektrischer Antriebe dargelegt, die die zur Charakterisierung des Fahrzustandes erforderlichen Kenngrößen beschreiben. Ergänzend werden die verwendeten Methoden der Zustands- und Parameterschätzung kurz vorgestellt. In der sich anschließenden Konzeption wird eine aus drei Ebenen bestehende hierarchische Fahrdynamikregelungsstruktur erörtert. Das Fahrzeug und dessen einzelne Aktor- und Sensorsysteme bilden dabei die unterste Ebene. Unter Verwendung der verfügbaren Schnittstellen dieser Fahrzeugkomponenten wird darüberliegend die Regelung auf Radebene eingeführt, die im vorliegenden Fall die radindividuelle Regelung des Reifenlängsschlupfes umsetzt. Die wiederum darüber angeordnete Regelung auf Fahrzeugebene ermittelt zunächst unter Beachtung der Eingaben des Fahrers

DOI 10.1515/9783110564303-202

Referenzwerte für die Fahrzeugbewegung, die einen stabilen Fahrzustand darstellen. Weichen die tatsächlichen Kenngrößen davon ab, kann eine Regelabweichung ermittelt werden, die durch einen entsprechenden Fahrdynamikregler abgebaut wird, indem entsprechende Sollgrößen der unterlagerten Regelungsebene verwendet werden. Zur Umsetzung dieser Aufgabe wird die Regelung der Fahrzeuggierrate vorgeschlagen. Der Entwurf der Zustandsschätzung und der Regelungsebenen wird durch Methoden der modellgestützten Entwicklung und der Verwendung von Rapid Control Prototyping Hardware begleitet. Somit erfolgt nach der numerischen Simulation verschiedener Fahrmanöver jeweils eine prototypische Implementierung der Funktionen in ein Versuchsfahrzeug und die Durchführung von Fahrversuchen unter realen Bedingungen.

Dieses Buch entstand während meiner Tätigkeit als wissenschaftlicher Mitarbeiter am Institut für Mobile Systeme (IMS) der Otto-von-Guericke-Universität Magdeburg und beinhaltet im Wesentlichen die Ergebnisse meiner Dissertation „Konzeption, Entwicklung und Umsetzung einer Fahrdynamikregelung für Kraftfahrzeuge mit elektrischen Einzelradantrieben“. Aus diesem Grund möchte ich mich an dieser Stelle erneut bei meinem damaligen Betreuer und Gutachter Prof. Dr.-Ing. Roland Kasper für seine stetige Unterstützung, unsere tiefgründigen Diskussionen und sein Vertrauen in mich bedanken. Mein besonderer Dank gilt ebenfalls Prof. Dr.-Ing. habil. Georg Bretthauer (Karlsruher Institut für Technologie - KIT), der unbürokratisch und elanvoll die Zweitgutachterschaft übernahm, mir großes Interesse an der Arbeit und dem Themengebiet entgegen brachte und mich mit sehr hilfreichen Tipps und Anregungen überhäufte.

Des Weiteren möchte ich mich herzlich bei meinen Kollegen am IMS bedanken, die mich in allen Lebenlagen, sei es geistig oder handwerklich, unterstützt haben. Insbesondere haben die vielstündigen Diskussionen, hilfreichen Hinweise und mutmachenden Worte meiner Kollegen Jun.-Prof. Dr.-Ing. Stephan Schmidt und Dr.-Ing. Martin Zornemann (ehem. IMS) sowie M.Sc. Hannes Heidfeld maßgeblich zum Gelingen meiner Dissertation und der Entstehung dieses Buches beigetragen. Darüber hinaus verdient M.Sc. Hannes Heidfeld meinen besonderen Dank für seine Unterstützung bei der Vorbereitung, Durchführung und Ergebnisauswertung der Fahrversuche sowie der Betreuuung des Versuchsfahrzeuges, dem Modulträger Elektrofahrzeug „BugEE“. Für die Bereitstellung des „BugEE“ sowie allen nötigen Ressourcen, die zur erfolgreichen praktischen Umsetzung der Fahrdynamikregelung beigetragen haben, danke ich dem Institut für Kompetenz in AutoMobilität (IKAM GmbH). Nicht unerwähnt bleiben sollen auch meine Kollegen in der Forschungsgruppe „Editha“, mit denen ich viele theoretische und praktische Erfahrungen rund um das Thema Elektromobilität sammeln durfte.

Magdeburg, im Juli 2018 *Martin Schünemann*

Inhalt

Abkürzungen und Symbole

Abkürzungsverzeichnis

A

ABS	Anti-Blockier-System
ADMA	Automotive Dynamic Motion Analyzer
AFS	Active Front Steering (Aktivlenkung / Überlagerungslenkung)
AKC	Active Kinematic Control (Aktive Hinterachskinematik)
ARC	Active Roll Control (Aktive Wankstabilisierung)
ASM	(Drehstrom-)Asynchronmaschine
ASR	Antriebsschlupfregelung

B

BLDC	Bürstenloser Gleichstrommotor (Brush-Less Direct Current Motor)

C

CDC	Continous Damping Control (Adaptives Dämpfungssystem)

E

EAS	Electronic Air Suspension (Adaptives Luftfederfahrwerk)
EPS	Electric Power Steering (Elektromechanische Servolenkung)
ESP	Elektronisches Stabilitätsprogramm

G

GM	Gleichstrommotor
GPS	Global Positioning System (Globales Positionsbestimmungs-System)

M

MEMS	Micro Electro-Mechanical Systems
MISO	Multiple input single output
MKS	Mehrkörpersystem

P

PKW	Personenkraftwagen
PMSM	Permanentmagnet-erregte (Drehstrom-)Synchronmaschine
PWM	Pulsweiten-Modulation

Q

QP	Quadratische Programmierung

S

SISO	Single input single output
SQP	Sequentielle Quadratische Programmierung
SUV	Sport Utility Vehicle

T

TPMS	Tire pressure monitoring system (Reifendruck-Kontrollsystem)

Indizes und Symbole

Symbol	Einheit	Bezeichnung
$(\hat{\ })$		Schätzgröße
$(\hat{\ })^-$		A priori Schätzgröße
$(\hat{\ })^+$		A posteriori Schätzgröße
$(\ )_0$		Betriebspunktgröße
$(\ )_E$		Angabe bezüglich der globalen Koordinaten
$(\ )_h$ / $(\ )_r$		Achsposition hinten / rear
$(\ )_{hl}$ / $(\ )_{rl}$		Radposition hinten links / rear left
$(\ )_{hr}$ / $(\ )_{rr}$		Radposition hinten rechts / rear right
$(\ )_{max}$		Maximalwert
$(\ )_{soll}$		Sollwert
$(\ )_T$		Angabe bezüglich der Reifenkoordinaten
$(\ )_v$ / $(\ )_f$		Achsposition vorne / front
$(\ )_{vl}$ / $(\ )_{fl}$		Radposition vorne links / front left
$(\ )_{vr}$ / $(\ )_{fr}$		Radposition vorne rechts / front right
$(\ )_V$		Angabe bezüglich der Fahrzeugaufbau-Koordinaten
$(\ )_W$		Angabe bezüglich der Radkoordinaten
$\mathbf{A}$		Systemmatrix des Zustandsraummodells
A_{BZ}	m^2	Querschnittsfläche des Bremszylinders
A_{ref}	m^2	Referenzfläche des Luftwiderstands (wirksame Fahrzeugstirnfläche)
a_x	m/s^2	Beschleunigung in Längsrichtung
a_y	m/s^2	Beschleunigung in Querrichtung
$\mathbf{B}$		Eingangsmatrix des Zustandsraummodells
b_f	m	Spurweite der Vorderachse
b_r	m	Spurweite der Hinterachse
$\mathbf{C}$		Ausgangs-/Messmatrix des Zustandsraummodells
C^*	–	Bremsenkennwert
C_1,C_2,C_3	–	Koeffizienten der vereinfachten Reibbeiwert-Schlupf-Kennlinie nach BURCKHARDT
c_W	–	Luftwiderstandsbeiwert

Symbol	Einheit	Bezeichnung
c_α	Nm/rad	Schräglaufsteifigkeit des Reifens
c_μ	-	Anstieg der Reibbeiwert-Schlupf-Kennlinie
D	-	Systemkenngröße Lehr'sches Dämpfungsmaß
d_{Fx}	$N \cdot s$	Dämpfungskraft-Konstante (Längsschlupfänderung)
d_{Fy}	$N \cdot s$	Dämpfungskraft-Konstante (Querschlupfänderung)
EG	s^2/m	Eigenlenkgradient
e_{sx}	–	Regelabweichung Längsschlupf
$e_{\omega z}$	rad/s	Regelabweichung Gierrate
$\boldsymbol{F}$		Kraft-Vektor
F_{Vx}	N	Kraft in Längsrichtung (Fahrzeugaufbau-Koordinaten)
F_{Vy}	N	Kraft in Querrichtung (Fahrzeugaufbau-Koordinaten)
F_{Vz}	N	Kraft in Vertikalrichtung (Fahrzeugaufbau-Koordinaten)
F_{Rx} / F_{Wx}	N	Radkraft in Längsrichtung (Radkoordinaten)
F_{Ry} / F_{Wy}	N	Radkraft in Querrichtung (Radkoordinaten)
F_{Rz} / F_{Wz}	N	Radkraft in Vertikalrichtung (Radkoordinaten)
$\boldsymbol{f}(\boldsymbol{x}, \boldsymbol{u})$		Gleichungsvektor der Zustandsänderungen
$\mathbf{G}$		Kalman-Verstärkung
$\boldsymbol{g}(\boldsymbol{x}, \boldsymbol{u})$		Gleichungsvektor der Ausgangs-/Messgrößen
g_E	m/s^2	Erdbeschleunigung
h_S	m	Abstand des Fahrzeugschwerpunktes zur Fahrbahn
I_M	A	Motorstrom (Effektivwert / Gleichstromwert)
i_G	–	Getriebeübersetzung
J_G	kgm^2	Massenträgheitsmoment Getriebewelle
J_M	kgm^2	Massenträgheitsmoment Motorwelle
J_{Vx}	kgm^2	Massenträgheitsmoment des Fahrzeugaufbaus um die X_V-Achse
J_{Vy}	kgm^2	Massenträgheitsmoment des Fahrzeugaufbaus um die Y_V-Achse
J_{Vz}	kgm^2	Massenträgheitsmoment des Fahrzeugaufbaus um die Z_V-Achse
J_W,J_{Wy}	kgm^2	Massenträgheitsmoment des Rades um die Y_W-Achse
K		Systemkenngröße Verstärkungsfaktor
K_{BvM}		Beobachterverstärkung bezüglich Geschwindigkeitsmessung
K_{BxM}		Beobachterverstärkung bezüglich Längsbeschleunigungsmessung
K_{BxS}		Beobachterverstärkung bezüglich Längsbeschleunigungsgleichung

Symbol	Einheit	Bezeichnung
K_{ByM}		Beobachterverstärkung bezüglich Querbeschleunigungsmessung
K_{ByS}		Beobachterverstärkung bezüglich Querbeschleunigungsgleichung
K_{BzM}		Beobachterverstärkung bezüglich Gierratenmessung
$\mathbf{K}_{ERB}$		Beobachterverstärkungsmatrix des erweiterten Radbeobachters
$\mathbf{K}_{FB}$		Beobachterverstärkungsmatrix des Fahrzeugbeobachters
K_{GRD},K_{GRI},K_{GRP}		Parameter Fahrzeuggierraten-Regler
$\mathbf{K}_{RB}$		Beobachterverstärkungsmatrix des Radbeobachters
K_{SRD},K_{SRI},K_{SRP}		Parameter Reifenlängsschlupf-Regler
k_B	m^3	Druckproportionale Bremsmomentkonstante
k_R	$Nm \cdot s$	Drehzahlproportionale Reibungskonstante
k_{Roll}	–	Rollwiderstandsbeiwert
l	m	Achsabstand des Fahrzeuges
l_f	m	Abstand des Fahrzeugschwerpunkts zur Vorderachse entlang der Fahrzeuglängsachse
l_r	m	Abstand des Fahrzeugschwerpunkts zur Hinterachse entlang der Fahrzeuglängsachse
$\boldsymbol{M}$		Drehmomentvektor
M_A	Nm	Drehmoment des Antriebs
M_B	Nm	Drehmoment der mechanischen Bremse
M_{Kar}	Nm	Drehmoment an der Kardanwelle
M_M	Nm	Drehmoment des Motors
M_R	Nm	Reibmoment
m	kg	Gesamtmasse des Fahrzeugs
m_V	kg	Masse des Fahrzeugaufbaus
m_W	kg	Masse eines Rades
P_{el}	W	Elektrische Leistung
$\mathbf{P}_k$		Diskrete Kovarianzmatrix der Schätzfehler
P_{mech}	W	Mechanische Leistung
$\boldsymbol{p}$		Parametervektor
p_B	Pa	Hydraulischer Druck im Bremskreis
$\mathbf{Q}_k$		Diskrete Kovarianzmatrix des Zustandsrauschens
Q_S	–	Kraftschlusspotenzial
$\boldsymbol{R}, \boldsymbol{r}$		Positionsvektor (global, lokal)

Symbol	Einheit	Bezeichnung
$\mathbf{R}_k$		Diskrete Kovarianzmatrix des Messrauschens
r_0	m	Konstruktionsradius des Reifens
r_{dyn}	m	Dynamischer Reifenradius
r_{stat}	m	Statischer Reifenradius
r_W	m	Radradius
$\mathbf{S}$		Beobachtbarkeitsmatrix
s_A	–	Antriebsschlupf
s_B	–	Bremsschlupf
s_{Dx}	–	Dynamischer Umfangs-/Längsschlupf des Reifens
s_{Dy}	–	Dynamischer Seiten-/Querschlupf des Reifens
$s_{D,krit}$	–	Kritischer Gesamtschlupf des Reifens
$s_{D,res}$	–	Dynamischer Gesamtschlupf des Reifens
s_x	–	Statischer Umfangs-/Längsschlupf des Reifens
s_y	–	Statischer Seiten-/Querschlupf des Reifens
T_{ij}		Transformationsmatrix von j- in i-Koordinaten
T	s	Systemkenngröße Zeitkonstante
T_{Bv}	s	Zeitkonstante des Übertragungsverhaltens von Mess- zu Schätzgröße der Geschwindigkeit (Fahrzeugbeobachter)
T_{Bx}	s	Zeitkonstante des Übertragungsverhaltens von Mess- zu Schätzgröße der Längsbeschleunigung (Fahrzeugbeobachter)
T_{By}	s	Zeitkonstante des Übertragungsverhaltens von Mess- zu Schätzgröße der Querbeschleunigung (Fahrzeugbeobachter)
T_{Bz}	s	Zeitkonstante des Übertragungsverhaltens von Mess- zu Schätzgröße der Gierrate (Fahrzeugbeobachter)
T_{ERB1}, T_{ERB2}	s	Zeitkonstanten des Übertragungsverhaltens von Mess-/Stör- zu Schätzgröße des erweiterten Radbeobachters
T_{Mel}	s	Elektrische Motor-Zeitkonstante
T_{Mers}	s	Ersatz-Motor-Zeitkonstante
$T_{M\Sigma}$	s	Summen-Zeitkonstante des Motorstrom-Stellgliedes
T_{RB}	s	Zeitkonstante des Übertragungsverhaltens von Mess- zu Schätzgröße des Radbeobachters
T_{GRD}	s	Zeitkonstante des Realisierungsfilters (Fahrzeuggierraten-Regler)
T_{SRD}	s	Zeitkonstante des Realisierungsfilters (Reifenlängsschlupf-Regler)
U_M	V	Motorspannung (Effektivwert / Gleichspannungswert)

Symbol	Einheit	Bezeichnung
$\boldsymbol{u}$		Vektor der Eingangsgrößen
$\boldsymbol{V}, \boldsymbol{v}$		Geschwindigkeitsvektor (global, lokal)
v	m/s	Betrag der Geschwindigkeit
v_B	m/s	Bezugsgeschwindigkeit des Reifenschlupfes (Reifenkoordinaten)
v_{char}	m/s	Charakteristische Geschwindigkeit
v_{krit}	m/s	Kritische Geschwindigkeit
v_x	m/s	Geschwindigkeit in Fahrzeug-Längsrichtung
v_y	m/s	Geschwindigkeit in Fahrzeug-Querrichtung
$X\ /\ Y\ /\ Z$		Achsenbezeichnung kartesisches Koordinatensystem
$\boldsymbol{x}$		Vektor der Zustandsgrößen
$\boldsymbol{y}$		Vektor der Ausgangs-/Messgrößen
$z(\boldsymbol{p})$		Kosten-/Zielfunktion
α_{Pedal}	rad	Winkelposition des Gaspedals
α_W	rad	Schräglaufwinkel des Reifens (Reifenkoordinaten)
β	rad	Schwimmwinkel (Fahrzeugaufbau-Koordinaten)
γ	–	Vergessensfaktor
δ	rad	Winkelposition des Lenkrades (gemessen)
$\delta_{Lenkrad}$	rad	Winkelposition des Lenkrades (Fahrereingabe)
δ_W	rad	Radeinschlagwinkel (Radkoordinaten)
ΔD_S	–	Änderung des Schlupftoleranzbandes
ΔM_{sperr}	Nm	Änderung des Differential-Sperrmoments
ΔM_z	Nm	Giermoment-Änderung (Drehmoment um die Fahrzeug-Hochachse)
Δs_{Rx}	–	Reifenlängsschlupf-Änderung (Reifenkoordinaten)
ε	rad	Sturzwinkel des Rades (Radkoordinaten)
φ	rad	Wankwinkel des Fahrzeuges
$\boldsymbol{\Theta}$		Trägheitstensor
θ	rad	Nickwinkel des Fahrzeuges
κ_x	N	Längsdynamik-Gradient
λ	$1/s$	Eigenwerte der Übertragungsfunktion
$\mathbb{M}$		Trägheits-/Massematrix
μ	–	Reibbeiwert zwischen Reifen und Fahrbahn
μ_G	–	Minimaler Reibbeiwert Reifen-Fahrbahn bei Gleiten

Symbol	Einheit	Bezeichnung
η_M	–	Wirkungsgrad des Motors
η_{Sattel}	–	Wirkungsgrad des Bremssattels
ψ	rad	Gierwinkel des Fahrzeuges
$\dot{\psi}$	rad/s	Gierwinkel-Geschwindigkeit in globalen Koordinaten
$\ddot{\psi}$	rad/s^2	Gierwinkel-Beschleunigung in globalen Koordinaten
ϱ_A	kg/m^3	Dichte der Luft
ρ_K	m	Krümmungsradius (Abstand des Fahrzeuges zum Bahnmittelpunkt)
ρ_M	m	Abstand des Fahrzeuges zum Momentanpol
σ_x	m	Relaxationslänge des Reifens in Umfangsrichtung
σ_y	m	Relaxationslänge des Reifens in Querrichtung
ξ	Nm	Giermoment-Gradienten bezüglich Reifenlängsschlupf
$\boldsymbol{\Omega}$		Drehtensor
ω_{Kar}	rad/s	Winkelgeschwindigkeit der Kardanwelle
ω_M	rad/s	Winkelgeschwindigkeit der Motorwelle
ω_R, ω_W	rad/s	Winkelgeschwindigkeit des Rades um die Y_W-Achse
$\omega_{R,Diff}, \omega_{W,Diff}$	rad/s	Winkelgeschwindigkeitsdifferenz der Räder einer Achse
ω_{Vx}	rad/s	Wankrate (Fahrzeugaufbau-Koordinaten)
ω_{Vy}	rad/s	Nickrate (Fahrzeugaufbau-Koordinaten)
ω_{Vz}	rad/s	Gierrate (Fahrzeugaufbau-Koordinaten)

Tabellenverzeichnis

Abbildungsverzeichnis

1 Einleitung

Die Elektromobilität wird für den Individualverkehr im privaten und gewerblichen Sektor als eine der Schlüsseltechnologien zum Erreichen der von Politik und Gesellschaft formulierten ambitionierten Klimaschutzziele gesehen. Insbesondere die Vorteile der lokalen Emissionsfreiheit werden zwar kontrovers diskutiert, würden aber erheblich zur Verbesserung der Luftqualität in urbanen Regionen und Stadtzentren beitragen. Mit Hilfe strenger Reglementierungen zum Schadstoffausstoß, beispielsweise in den Mitgliedsstaaten der Europäischen Union und manchen Bundesstaaten der Vereinigten Staaten von Amerika, sollten Anreize zur Entwicklung und Vermarktung von Fahrzeugen mit Plug-In-Hybrid oder reinem Elektroantrieb innerhalb der Fahrzeugflotte der Automobilhersteller gegeben werden. Um die bezüglich konventioneller Antriebe derzeit höheren Anschaffungskosten dieser Fahrzeuge für den Käufer zu kompensieren, werden zusätzlich auf nationaler Ebene, mittlerweile auch in Deutschland, Kaufprämien ausgezahlt und Steuerermäßigungen ausgesprochen. Trotzdem liegen die bisherigen Verkaufszahlen hinter den Erwartungen der Politik zurück, was hauptsächlich auf die geringe elektrische Reichweite der Fahrzeuge sowie offene Fragen zur Ladeinfrastruktur und der damit verbundenen geringen Käuferakzeptanz zurückzuführen ist. Deshalb ist die Traktionsbatterie ein wichtiger Forschungs- und Entwicklungsbereich der Elektrofahrzeuge, der von Grundlagenforschung neuer Zelltechnologien bis zur Systementwicklung und Produktionstechnik reicht. Im Gegensatz dazu ist die Entwicklung von elektrischen Maschinen sowie der zu deren Ansteuerung benötigte Leistungselektronik vergleichsweise weit vorrangeschritten und lässt sich an die gestellten Anforderungen eines automotiven Einsatzbereichs anpassen.

Die Vorzüge der Elektroantriebe sind der hohe Wirkungsgrad bei guten Leistungskennwerten sowie die geringe Geräuschentwicklung. Darüber hinaus eröffnen die Eigenschaften der elektrischen Antriebe neue Möglichkeiten zur Gestaltung des Antriebsstrangs und folglich auch der Fahrgastzelle. Neben achsweisen Antrieben ermöglichen vor allem Einzelradantriebe die Umsetzung von Fahrdynamikregelungen, die mit höherer Dynamik und Präzision bei gleichzeitig weniger Energieverbrauch im Vergleich zu herkömmlichen bremsbasierten Systemen arbeiten. Aus diesem Grund rückt die Entwicklung leistungsfähiger Radnabenmotoren und deren Einbindung in die sicherheits- und komfortorientierte Regelung der Fahrzeugdynamik immer mehr in den Fokus von Wirtschaft und Wissenschaft. Aktuelle in Serienfahrzeugen eingesetzte Systeme zur Regelung der Fahrdynamik wurden für Fahrzeuge mit konventionellen Antriebssystemen mit einem Zentralmotor entwickelt, sodass radindividuelle Eingriffe ohne zusätzliche komplexe (elektro/hydro-)mechanische Komponenten zur Leistungsverteilung nur durch das Bremssystem realisiert werden können. Die Verwendung elektrischer Einzelradantriebe ist im Gegensatz zu dem Einsatz der Bremse weitaus weniger verlustbehaftet, verschleißfrei und ermöglicht das radindividuelle Aufbringen sowohl positiver als auch negativer Drehmomente. Hierdurch ergeben sich mehr Freiheitsgrade

DOI 10.1515/9783110564303-001

bei der Umsetzung der Regelungsaufgabe (Stellgrößenverteilung, Energieeffizenz,...) und unter Verwendung der für den Betrieb der elektrischen Maschine ohnehin notwendigen Sensoren neue Ansätze zur Fahrzustandsschätzung (Quergeschwindigkeit, Radschlupf, Reifenkraft,...). Mit einer erweiterten und genaueren Schätzung fahrdynamischer Kenngrößen können die Genauigkeit und die Effizienz des Regeleingriffs weiter gesteigert werden.

1.1 Etablierte und konzeptionelle Fahrdynamikregelsysteme

In Folge der stetigen Zunahme der Verkehrsdichte sowie der Entwicklung von Kraftfahrzeugen mit immer leistungsfähigeren Antriebssystemen entstehen im alltäglichen Straßenverkehr weitaus häufiger kritische Fahrsituationen, in denen zum Beispiel Notbremsungen oder unplanmäßige Ausweichmanöver notwendig werden. In diesen Situationen reagiert ein gewöhnlicher Fahrer zumeist mit zu hohen Lenkrad- und Gaspedal- beziehungsweise Bremspedalbetätigungen, die zur Instabilität des Fahrzeuges führen [31, 65]. Das Fahrzeug reagiert dann beispielsweise durch Über- oder Untersteuern nicht mehr wie gewohnt auf weitere Eingriffe des Fahrers. Um die Stabilität des Fahrzeuges auch in kritischen Fahrsituationen zu erhalten, wurden seit Anfang der 1970er Jahre Fahrdynamikregelungen entwickelt. Insbesondere die serienmäßigen Einführungen des Anti-Blockier-Systems nach 1978 und des Elektronischen Stabilitätsprogramms nach 1995 tragen zu einem stetigen Abfall der Todesfälle trotz höherer Unfallzahlen in Folge der steigenden Verkehrsdichte bei, wie die Grafik in Abbildung 1.1 verdeutlicht.

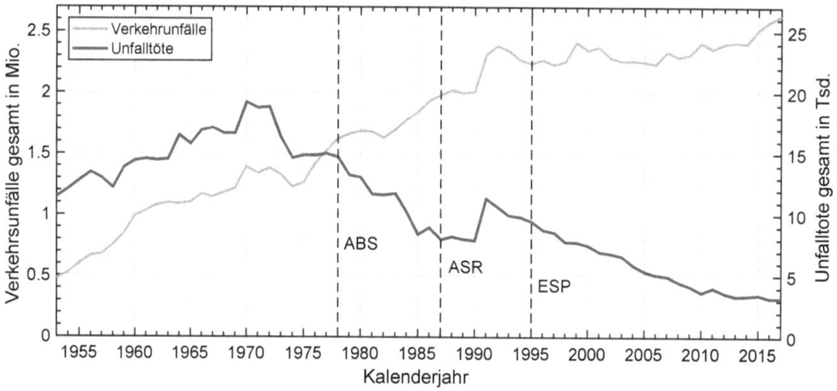

Abb. 1.1: Statistische Entwicklung der Anzahl Verkehrsunfälle und Unfalltoten in Deutschland zwischen den Jahren 1953 und 2017 (vgl. [79])

Im Folgenden werden die Struktur und die Funktionalität heute gängiger Fahrdynamikregelungen Anti-Blockier-System, Antriebsschlupfregelung und Elektronisches Stabilitätsprogramm erläutert. Darüber hinaus werden Ansätze zu integrierten Fahrdynamikregelungen vorgestellt, die diese klassischen Regelsysteme mit modernen Lenkungs- und Fahrwerksregelungen vereinen. Durch den verbreiteten Einsatz konventioneller Antriebssysteme mit Zentralmotor werden radindividuelle Eingriffe zur Fahrdynamikregelung mittels mechanischer Bremse umgesetzt. Im Gegensatz dazu bieten elektrische Einzelradantriebe mehr Freiheitsgrade zur Fahrdynamikregelung, auf deren bestehende Konzepte am Schluss dieses Abschnitts eingegangen wird.

1.1.1 Anti-Blockier-System

Seit der Entwicklung des ersten in Serienfahrzeugen eingesetzten Anti-Blockier-Systems (ABS) der Firma Bosch im Jahre 1978 erfolgten durch verbesserte Fertigungstechnik und hochintegrierte Elektronikbauteile weitreichende Weiterentwicklungen der Systemkomponenten und Funktionen [31]. Das Ziel des ABS ist es, bei sehr starken Bremsungen ein Überschreiten des kritischen Schlupfes am Rad zu vermeiden. Dies würde für die Reibpaarung von Reifen und Fahrbahn den Übergang von der Haftreibung in die Gleitreibung entsprechen, in der die übertragbare Kraft abnimmt und schließlich das Rad blockiert. Daraus resultieren längere Bremswege und der Verlust der Fahrzeugstabilität und Lenkbarkeit, da die für die Spurführung des Fahrzeuges benötigten Seitenkräfte nicht mehr realisiert werden können oder gar ein Reifenplatzer auf Grund der Überbeanspruchung des Reifens auftritt. In der ursprünglichen Funktionsausprägung wurde das ABS mittels Steuerung des Bremsdrucks in Abhängigkeit der Umfangsgeschwindigkeit sowie der Winkelbeschleunigung des Rades realisiert. Zur Ausnutzung des maximalen Kraftschlusspotenzials wird in neueren Ausführungen des ABS mit Hilfe einer unterlagerten Bremsdruckregelung der Umfangsschlupf an jedem Rad auf den Wert des kritischen Schlupfes geregelt [31, 65, 92]. Dazu müssen mittels Beobachter die Werte für die Fahrzeuggeschwindigkeit, die Radwinkelbeschleunigung und den Umfangsschlupf am Rad geschätzt werden, wie Abbildung 1.2 verdeutlicht. Der Sollwertrechner detektiert das Erreichen des kritischen Schlupfes und gibt den entsprechenden Sollschlupf an den Bremsschlupfregler weiter, welcher die Sollwerte der Bremsdrücke an den jeweiligen Rädern ermittelt. Den detaillierten Ablauf eines ABS-Regelzyklus sowie die Beschreibung der eingesetzten Aktoren und Sensoren kann [26, 31, 65, 92] entnommen werden. In neueren Fahrzeugen übliche elektrohydraulische Bremssysteme setzen mit Hilfe von Pumpen und Proportionalventilen die angeforderten Bremsdrücke unter Berücksichtigung der Vorgaben des Fahrers und der ABS-Regelung radindividuell um, wobei der Fahrer lediglich einen Pedalgefühlssimulator betätigt und aus der Bremsdruckregelung teilweise entkoppelt werden kann [26, 31]. Gleichzeitig erlauben elektrohydraulische Bremssysteme einen ABS-Regelzyklus mit bis zu 12 Hz umzusetzen, wodurch eine Schlupfregelung erst ermöglicht wird, da

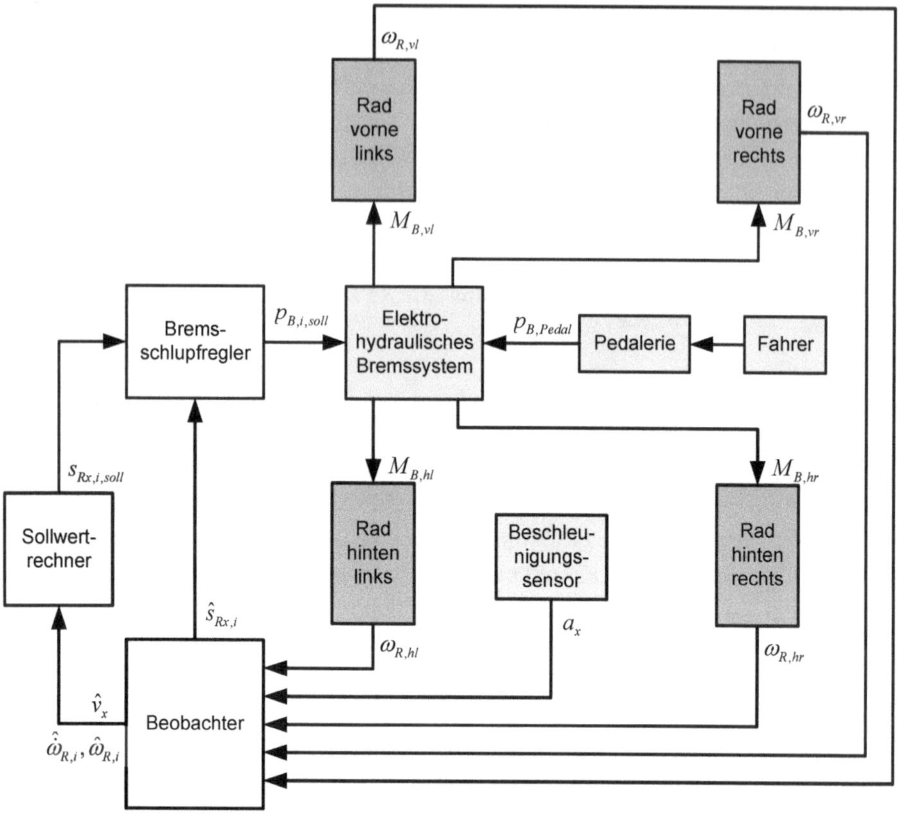

Abb. 1.2: Regelungskonzept moderner Anti-Blockier-Systeme

konventionelle Bremssysteme lediglich Abtastraten von 2-3 Hz erreichen [31]. Neben der beschriebenen Grundfunktion des ABS werden heutzutage weitere Funktionen zur Erhaltung der Fahrzeugstabilität während des Bremsvorgangs umgesetzt, die die Spurführung und Lenkbarkeit des Fahrzeuges erhalten beziehungsweise ein Über- oder Untersteuern verringern. Die Verzögerung des Giermomentaufbaus [92] beziehungsweise eine Gierratenkompensation sind hier als Funktionen des ABSplus [5] zu nennen und stellen eine Vorstufe des Elektronischen Stabilitätsprogramms dar.

Die Funktion einer radindividuellen Bremsschlupfregelung des ABS wird in weiteren Fahrdynamikregelungen, wie Antriebsschlupfregelung und Elektronisches Stabilitätsprogramm eingesetzt, da sie in konventionellen Antriebssystemen mit Zentralmotor einen radindividuellen Stelleingriff erst ermöglicht. Allerdings stellt die Bremse ein stark nichtlineares und verschleißbehaftetes Stellglied dar, welches die überschüssige Antriebsleistung in ungenutzte Wärme umwandelt. Hierdurch wird eine präzise Regelung der Bremsmomente am Rad verhindert und somit die Genauigkeit der Schlupfregelung reduziert. Elektrische Einzelradantriebe bieten hier Möglichkeiten durch kooperative Bremseingriffe eine hochgenaue, in Grenzen lineare Erzeugung eines Bremsmoments am Rad zu realisieren und gleichzeitig einen Teil der kinetischen Energie zurück zu gewinnen [70].

1.1.2 Antriebsschlupfregelung

Die Entwicklung neuer Technologien in der Motoren- und Antriebstechnik, beispielsweise die Turboaufladung bei Verbrennungsmotoren, werden mittlerweile auch in Fahrzeugen der Kompakt- und Mittelklasse eingesetzt und steigern durch eine erhöhte Antriebsleistung das Beschleunigungsvermögen des Fahrzeuges. Folglich entstehen nicht nur im Brems-, sondern auch im Antriebsfall trotz guter Straßenverhältnisse häufiger kritische Fahrsituationen, in denen es zum Durchdrehen der Antriebsräder bei Überschreiten des kritischen Schlupfes kommt. Wie im Bremsfall kann dies zu einem instabilen Fahrzeugverhalten führen, was den Fahrer überfordern und zu Fehlreaktionen verleiten kann [65]. Die 1987 durch die Firma Bosch entwickelte Antriebsschlupfregelung (ASR) stellt eine konsequente Erweiterung des ABS auf den Antriebsfall dar und verhindert das Durchdrehen der Räder durch zu hohe Antriebsmomente, zum Beispiel bei Beschleunigungen auf glatter Fahrbahn oder beim Anfahren am Berg [31, 65]. Auf Grund der hohen Trägheit des eingekuppelten Antriebsstranges ist eine Regelung des Antriebsschlupfes auch bei längeren Regelzyklen möglich, sodass die Traktion des Fahrzeuges durch Einregeln nahe der Schlupfgrenze verbessert werden kann [92]. Die Vorgabe des Fahrers legt dabei die Obergrenze des stellbaren Drehmomentes fest [65].

Abbildung 1.3 zeigt das Zusammenwirken der Bestandteile der ASR am Beispiel eines Fahrzeuges mit Frontantrieb. Abhängig von der vorliegenden Fahrsituation werden die Kardandrehzahl und die Drehzahldifferenz auf der Antriebsachse mittels Kardanregler beziehungsweise Quersperrenregler durch Eingriffe in das Bremssystem und das Motormanagement eingeregelt [65]. Zur Berechnung der Sollwerte werden in einem Beobachter die Fahrzeuglängsgeschwindigkeit sowie die Drehzahldifferenz und die Schlupfwerte an der Antriebsachse aus den Raddrehzahlen und dem Kardanmoment geschätzt. Der Kardanregler arbeitet bei gleichzeitigem Durchdrehen beider Räder einer Antriebsachse, was typischerweise bei Beschleunigungen auf glattem Untergrund (niedrig-μ) auftritt. Durch symmetrische Bremseingriffe und Eingriffe in das Motormanagement durch Veränderung der Drosselklappenstellung oder Zündwinkelverstellung bei Otto-Motoren beziehungsweise Variation der Einspritzmenge bei Diesel-Motoren wird das effektive Antriebsmoment an den Antriebsrädern verringert. Die beschriebenen Stelleingriffe über das Motormanagement der Verbrennungsmotoren allein wären jedoch zu langsam, sodass ein ausschließlicher Stelleingriff durch das Bremssystem oder ein kombinierter Stelleingriff durch Bremse und Motormanagement erfolgt [65]. Weichen die Haftreibungszahlen an den Rädern einer Antriebsachse deutlich voneinander ab (μ-Split), wird beim Anfahren der Quersperrenregler aktiv. Da das Differenzial das Antriebsmoment auf beiden Seiten gleich verteilt, tendiert das Rad auf der Seite mit

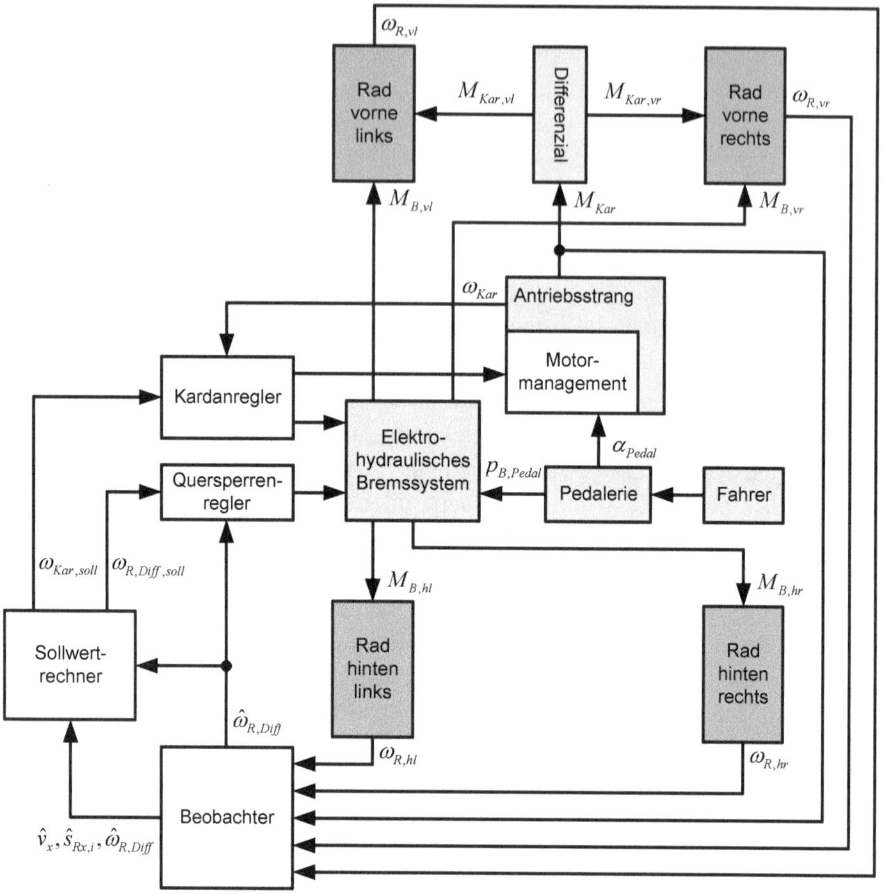

Abb. 1.3: Regelungskonzept einer Antriebsschlupfregelung (Frontantrieb)

kleinerer Haftreibungszahl eher zum Durchdrehen, was sich in einer Differenzdrehzahl auf der Antriebsachse widerspiegelt. Um dies zu verhindern, wird an diesem Rad das überschüssige Antriebsmoment weggebremst. Das dabei eingeleitete Bremsmoment wird über das Differenzial auf das Antriebsrad mit höherer Haftreibungszahl abgestützt, was zusätzlich die Traktion erhöht. Hierbei wird der Schlupf auf der Antriebsseite mit höherer Haftreibungszahl nahe des kritischen Schlupfes eingeregelt [65, 92].

Da die ASR eine Regelung des Schlupfes an der Antriebsachse ermöglicht, ist sie auch Bestandteil anderer Fahrdynamikregelungen, beispielsweise des ESP [31]. Durch das Vermeiden hoher Drehmoment- und Drehzahlgradienten wird der Verschleiß in der Antriebsmechanik und an den Reifen reduziert [65]. Der hauptsächliche Einsatz der Bremse als Stellglied erlaubt die Nutzung vorhandener Hydraulikkomponenten des ABS, ist jedoch verschleißbehaftet sowie nichtlinear und wandelt überschüssige Antriebsleistung in nicht nutzbare Wärme um. Im Gegensatz zu konventionellen Antriebssträngen würden elektrische Einzelradantriebe auf Grund der hohen Dynamik und Genauigkeit sowie der Möglichkeit zur Rekuperation die radindividuelle Regelung des Antriebsschlupfes effizienter darstellen können.

1.1.3 Elektronisches Stabilitätsprogramm

Während ABS und ASR vom Grundansatz her die Längsdynamik des Fahrzeuges beeinflussen, realisiert das seit 1995 erhältliche Elektronische Stabilitätsprogramm (ESP) eine Regelung der Querdynamik zur Verbesserung des Spurhaltevermögens und der Lenkbarkeit in allen Betriebszuständen [31, 65]. Typische Fahrsituationen, die einen Eingriff des ESP notwendig machen, sind der Doppelspurwechsel oder der Spurwechsel bei Vollbremsung sowie das übermäßige Beschleunigen oder Verzögern während der Kurvenfahrt [65]. Diese Fahrmanöver resultieren zumeist aus zu später Erkennung oder dem plötzlichen Auftreten von Hindernissen auf der Fahrbahn. Das Fahrzeug neigt bei zu heftigen Lenkeingriffen des Fahrers zur Instabilität in Form von Über- oder Untersteuern, da die Giermomentänderung in Folge der Lenkwinkeländerung mit größer werdenden Schwimmwinkeln abnimmt [31]. Das Regelungskonzept des ESP basiert auf einer unterlagerten Antriebs- und Bremsschlupfregelung unter Verwendung der bereits vorgestellten Funktionen des ABS und ASR [31], wie in Abbildung 1.4 dargestellt. Zur Schätzung des Fahrzustandes, insbesondere der querdynamischen Kenngrößen Querbeschleunigung, Gierrate und Schwimmwinkel, werden zusätzlich der Lenkwinkel, die Längs- und Querbeschleunigung sowie die Gierrate des Fahrzeuges durch entsprechende Sensoren erfasst und für einen erweiterten Beobachter bereitgestellt. Ein Sollwertrechner bestimmt anhand eines Fahrzeugmodells die Werte für Gierrate und Schwimmwinkel, die einem stabilen Fahrverhalten entsprechen würden. Ursprünglich wurde der Fahrdynamikregler als Zustandsregler für Gierrate und Schwimmwinkel konzipiert [95], jedoch hat sich mittlerweile eine Regelung der Gierrate unter Berücksichtigung des Schwimmwinkels etabliert [31, 65]. Dies lässt sich mit dem sehr kleinen Definitionsbereich des Schwimmwinkels für stabile Fahrzustände, den zumeist geringen Werten für den Schwimmwinkel in den Momenten, in denen ein Stelleingriffs erforderlich wird, und des daraus resultierenden Konfliktes zwischen hoher Regler-Verstärkung und geringen Stellgrößeneinfluss begründen. Anhand der Regelabweichung bestimmt der Fahrdynamikregler die Giermomentänderung, die das Fahrzeug wieder in einen stabilen Fahrzustand überführen beziehungsweise diesen aufrecht erhalten soll. Dieser Wert wird unter Berücksichtigung des KAMM'schen Kreises in Änderungen des Umfangsschlupfes an den Rädern, Änderungen des Sperrmoments der Antriebsachse sowie der Anpassung des Schlupftoleranzbandes bei Kurvenfahrt umgerechnet, die als Eingangsgrößen von ABS und ASR zur Verfügung stehen. Während das ABS Änderungen des Antriebsschlupfes direkt als Sollwertänderungen übernehmen kann, wird in der ASR eine entsprechende Änderung der Kardangeschwindigkeit und der Differenzgeschwindigkeit auf der Antriebsachse bestimmt. Ausführliche Erläute-

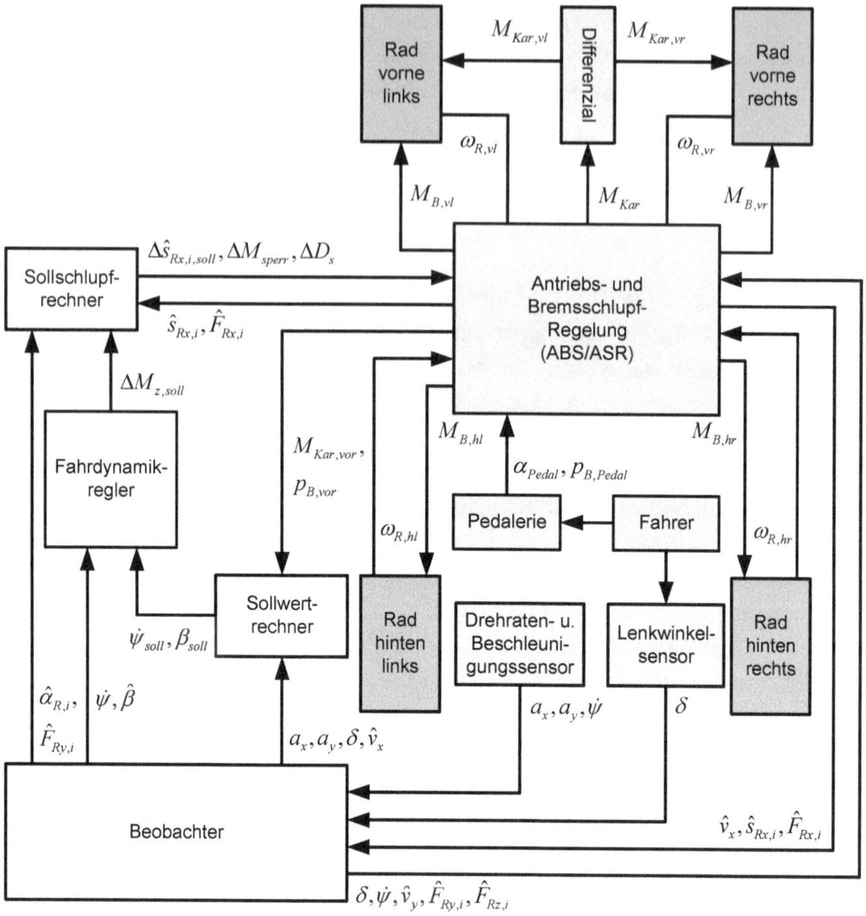

Abb. 1.4: Regelungskonzept des Elektronischen Stabilitätsprogramms

rungen zum Aufbau und zur Regelungsstrategie sowie den verwendeten Komponenten des ESP können [31, 65, 95] entnommen werden.

Da das ESP die gleichen Stellglieder wie ABS und ASR verwendet, können hier ebenfalls die relativ geringe Stelldynamik, die Nichtlinearität und der Verschleiß der Bremse nachteilig angebracht werden. Im Gegensatz zu üblichen ASR-Eingriffen während der Beschleunigung, muss das ESP auch bei ausgekuppelten Antriebsstrang funktionieren, was eine radindividuelle Antriebsschlupfregelung als Stelleingriff ausschließt. Bei Fahrzeugen mit Vorderradantrieb könnte es erforderlich sein, an einem Rad der Antriebsachse den Schlupf zu erhöhen, ohne den Schlupf am anderen Rad zu beeinflussen, da die eingelenkten Räder ihren Hebelarm zur Giermomentbildung über den Fahrzeugschwerpunkt hinweg bewegen können. In diesem Fall muss neben der Regelung des Sperrmomentes zusätzlich das Drehmoment am Differential erhöht werden, wobei die überschüssige Antriebsleistung weggebremst werden muss, was bei konventionellen Antriebssträngen mit Verbrennungsmotoren langsam und stark verlustbehaftet umgesetzt werden müsste. Somit bieten elektrische Einzelradantriebe Möglichkeiten, die Funktionalität des ESP schneller, genauer und effizienter zu realisieren, da gezielt Antriebsmomente radindividuell erhöht oder verringert werden können. Diese freie Verteilung der Raddrehmomente, auch Torque Vectoring genannt, ist an herkömmlichen Antriebssträngen mit Zentralantrieb nur mit sehr hohem technischem Aufwand realisierbar [20, 35]. Die dabei erreichbaren Stellbereiche und Regeldynamiken bleiben ebenfalls hinter dem Potenzial elektrischer Einzelradantriebe zurück [25].

1.1.4 Integrierte Fahrdynamikregelung

Die Entwicklung und Serienproduktion einer Vielzahl sicherheits- und komfortsteigernder Fahrdynamikregelungen und Fahrerassistenzfunktionen, die nicht nur in kritischen Fahrsituationen, sondern permanent aktiv in das Fahrverhalten eingreifen, lässt die Anzahl dieser serienmäßig im Fahrzeug verbauten Systeme immer weiter steigen [31, 61, 92]. Bremsbasierte Fahrdynamikregelungen, wie ABS, ASR und ESP, wirken hauptsächlich auf die Längs-, Quer- und Gierdynamik des Fahrzeuges ein. Durch die Verwendung aktiver Lenkungssysteme, beispielsweise *Electric Power Steering* (EPS) oder *Active Front Steering* (AFS) an der Vorderachse sowie *Active Kinematic Control* (AKC) an der Hinterachse, werden gezielte Eingriffe in die Quer- und Gierdynamik ermöglicht [3, 31, 61, 91]. Aktive Fahrwerksysteme, wie *Continuous Damping Control* (CDC), *Electronic Air Suspension* (EAS) oder *Active Roll Control* (ARC) ergänzen mögliche Stelleingriffe in die Vertikal-, Nick- und Wankdynamik [26, 31, 92]. Der bisherige Ansatz der friedlichen Koexistenz dieser Systeme, in dem unabhängig voneinander teilweise die gleichen Regelungsziele verfolgt werden, ist nun nur noch mit ungleich höherem Aufwand zu realisieren. Um eine gegenseitige negative Beeinflussung zu vermeiden und eine Verbesserung der Gesamtfunktionalität zu erreichen, wird daher eine sinnvolle Vernetzung der einzelnen Systeme angestrebt, wie in Tabelle 1.1 zusammenfassend dargestellt ist [31, 61, 92]. Neben der hierdurch angestrebten Koordination der Stelleingriffe ergeben sich weitere Vorteile durch die Vernetzung, wenn beispielsweise die Mess- und Schätzgrößen der einzelnen Systeme für alle anderen Regelsysteme bereitgestellt werden. Dies ermöglicht einen effektiveren Eingriff sowohl des Systemverbunds als auch der einzelnen Systeme, da die Genauigkeit der individuellen Schätzgrößen durch zusätzliche oder redundante Messwerte erhöht werden können. Der verursachte erhöhte Kommunkationsaufwand sollte für moderne Fahrzeugbussysteme kein Problem darstellen. Da die Ausstattungsvielfalt heutiger Personenkraftfahrzeuge sehr groß ist, erhöht sich durch die vielen Kombinationsmöglichkeiten der Einzelsysteme der Aufwand bei der Implementierung der Gesamtfunktionalität sowie bei der Fehleranalyse und -reaktion.

Tab. 1.1: Gewöhnlicher Einsatzbereich (X) und mögliche Steigerung der Gesamtfunktionalität (+) durch Vernetzung von Fahrdynamiksystemen (vgl. [92])

	Normalfahrtbereich				Grenzbereich		
Aktives Fahrdynamiksystem	Fahrkomfort z,φ,θ	Agilität $y,\dot{\psi}$	Bedienkomfort	Sicherheit $y,\dot{\psi}$	Stabilität $x,y,\dot{\psi}$	Bremsweg	Traktion
Anti-Blockier-System (ABS)			+			X	
Antriebsschlupfregelung (ASR)			+				X
Elektron. Stabilitätsprogramm (ESP)		+	+	+	X	X	X
Active Front Steering (AFS)		X	X	+	+		
Electric Power Steering (EPS)			X	+	+		
Active Kinematic Control (AKC)		X	X	+	+		
Electronic Air Suspension (EAS)	X		X		+		
Active Roll Control (ARC)	X	X			+		
Continuous Damping Control (CDC)	X	X			+	+	+

Ein in der Literatur sehr häufig diskutierter Ansatz einer integrierten Fahrdynamikregelung sieht beispielsweise eine Verknüpfung der klassischen ESP-Funktionen mit aktiven Lenkungs- und Fahrwerkseingriffen (AFS, ARC, CDC,...) sowie dem Reifendruck-Kontrollsystem (TPMS) vor. [5, 26, 31, 92]. Die Basisstruktur stellt dabei die im ESP realisierte Regelung der Fahrzeuggierrate dar, wobei das zu stellende Soll-Giermoment aufgeteilt und in entsprechende Stellgrößen der einzelnen Regelungssysteme umgewandelt wird. Das Blockschaltbild in Abbildung 1.5 verdeutlicht dies am Beispiel von ESP mit zusätzlichen AFS- und CDC-Eingriffen. Neben regelbasierten komfort- oder sicherheitsorientierten Strategien [31] zur Verteilung des erforderlichen Giermoments werden ebenfalls mathematische Optimierungsverfahren zur Koordination der Stelleingriffe diskutiert [3, 43, 48]. Eine verbesserte Schätzung des Fahrzustandes im Beobachter kann dabei durch Verwendung der in den eingebundenen Regelungssystemen gemessenen oder geschätzten Werten zusätzlich zu den durch Fahrdynamiksensoren erfassten Messgrößen erreicht werden.

Durch die Möglichkeit des koordinierten Eingriffs verschiedener Regelungssysteme zur Realisierung einer Fahrdynamikregelung können diese nach komfort- oder sicherheitsorientierten Gesichtspunkten durchgeführt werden [31]. Damit einhergehend lässt sich ebenfalls die Energieeffizienz steigern, wenn beispielsweise weitestgehend auf einen bremsbasierten Eingriff verzichtet wird.

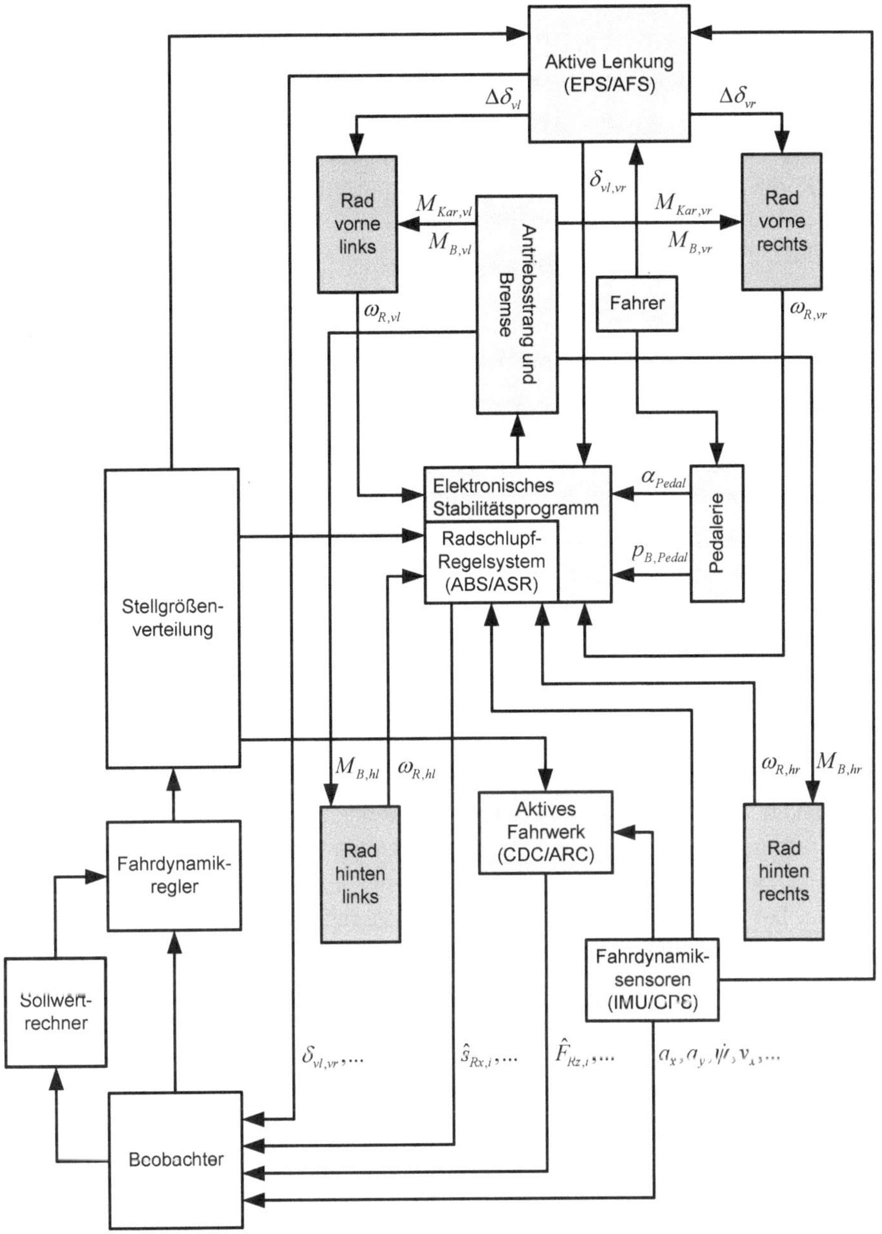

Abb. 1.5: Konzept einer integrierten Fahrdynamikregelung durch Vernetzung von ESP mit aktiven Lenksystemen (EPS/AFS) und aktiven Fahrwerksystemen (CDC/ARC)

Die Verwendung rein elektromechanischer Stellglieder, beispielsweise die Überlagerungslenkung im AFS oder der aktive Stabilisator im ARC, ermöglicht bereits relativ hohe Stelldynamiken und Genauigkeiten. Sobald eine Regelung mittels Bremsen durchgeführt werden muss, gelten die in den vorangegangen Abschnitten gemachten Aussagen hinsichtlich Nichtlinearitäten, Verschleiß und Energieeffizienz. Somit würden Konzepte der integrierten Fahrdynamikregelung ebenfalls Potenziale elektrischer Einzelradantriebe voll ausschöpfen können und die Eigenschaften Stelldynamik, Genauigkeit und Effizienz steigern.

1.1.5 Fahrdynamikregelung mit elektrischen Einzelradantrieben

Zunächst hauptsächlich im Rennsport von hohem Interesse werden heute auch in sportlichen Limousinen und SUVs Antriebssysteme mit längs- und querverteilenden Differentialgetrieben beziehungsweise Kupplungssystemen eingesetzt, um die querdynamischen Eigenschaften des Fahrzeuges zu verbessern [20]. Die Verwendung elektrischer Maschinen als Fahrantrieb erlaubt hingegen neben konventionellen Antriebssträngen mit Zentralmotor die Umsetzung leistungsverteilter Antriebskonzepte, ohne auf komplexe mechanische Verteilergetriebe, wie beispielsweise *Haldex* oder *BMW X-Drive* [5, 20], zur Längs- oder Querverteilung des Drehmoments zurückgreifen zu müssen [37, 41]. Neben einachsigen Zweirad- und Allradantrieben kann der Antrieb getriebeübersetzt oder als Direktantrieb ausgeführt, sowohl radnah als auch in der Radnabe positioniert sein [37, 60]. Es existieren ebenfalls Konzepte für Achsantriebe mit einem elektrischen Hauptantrieb und elektromechanisch gesteuerter Verteilung des Antriebsmoments, zum Beispiel dem *eDifferential* der Firma Schaeffler [78, 88]. Allen Konzepten gemein ist die Möglichkeit der freien Verteilung des Antriebmoments mit hoher Dynamik und Genauigkeit. Insbesondere elektrische Radnabenantriebe erlauben durch die systembedingte Verwendung hochauflösender Sensorik am Rad eine genauere Erfassung der Drehzahl sowie des Drehmoments und schließlich eine radindividuelle Regelung des Drehmoments auf positive und negative Sollwerte.

Für das Regelungskonzept der freien Verteilung der Antriebsmomente auf die Räder hat sich der Begriff *Torque Vectoring* etabliert, welches mit den eingangs erläuterten Antriebskonzepten elektronisch umgesetzt werden kann. Ziel dieses Konzeptes ist die Verteilung der Antriebsleistung zur Verbesserung der Fahrzeugstabilität und des Fahrkomforts auf Basis einer Regelung der Fahrzeuggierrate bei gleichzeitiger Minimierung der Einwirkung auf die Längsdynamik. Um dieses Ziel zu erreichen, werden verschiedenste Regelungskonzepte zur Verteilung des Antriebsmoments [35, 57, 93], zur Maximierung der Traktion [47, 94] oder zur Regelung des Umfangsschlupfes am Rad [8, 11, 38] diskutiert.

Technische Realisierungen von Fahrdynamikregelungen mit elektrischen Einzelradantrieben werden derzeit von verschiedenen Forschungseinrichtungen und Industrieunternehmen untersucht, wobei die dabei verwendeten Antriebskonzepte das eingangs skizzierte Spektrum widerspiegeln. Radnahe Antriebe sind beispielsweise in Konzeptfahrzeugen der Bosch Engineering GmbH [86], der BMW Group [62] oder Mercedes AMG [19] verbaut. Radnabenantriebe werden unter anderem von Schaeffler und Ford [63] sowie von der Fraunhofer Gesellschaft [25] in Prototypenfahrzeugen erprobt. Die Vorteile der veränderten Bauraumnutzung und damit ermöglichte neue Fahrzeugkonzepte wird beispielsweise durch den *Mover* der Firma Schaeffler repräsentiert [42]. Trotz der diskutierten Potenziale elektrischer Einzelradantriebe hinsichtlich Fahrdynamik und Fahrsicherheit werden derzeit keine Fahrzeuge mit radnahen Antrieben oder Radnabenmotoren serienmäßig hergestellt. Dies lässt sich hauptsächlich mit der Tatsache begründen, dass diese Antriebsarten in der erforderlichen Leistungsklasse bisher nicht als Massenprodukt hergestellt werden und folglich weitaus teurer als Achsantriebe sind [60].

1.2 Inhaltsübersicht

In der vorliegenden Arbeit wird ein durchgängiger systematischer Entwurf einer Fahrdynamikregelung für Fahrzeuge mit elektrischen Einzelradantrieben präsentiert. Damit einhergehend werden sowohl die Schätzung relevanter fahrdynamischer Kenngrößen als auch die Regelung der Fahrdynamik von der Konzeption über der modellbasierten Funktionsentwicklung bis zur prototypischen Implementierung in einem Versuchsfahrzeug beleuchtet.

Zu Beginn erfolgte dazu bereits eine Darstellung der Struktur bereits etablierter Systeme zur Regelung der Fahrdynamik vom klassischen Anti-Blockier-System bis hin zu Konzepten der integrierten Fahrdynamikregelung. Dabei lassen sich für die Beurteilung des Fahrzustandes wichtige Bewegungsgrößen identifizieren, die in den sich anschließenden theoretischen Grundlagen (Kapitel 2) zur Motivation der vorgestellten Modelle der Fahrzeugdynamik herangezogen und mit Ansätzen zur Modellierung des elektrischen Antriebsstrangs ergänzt werden. Als essentielles Bindeglied zwischen Antriebsstrang und Fahrzeugbewegung wird die Modellierung des Reifen-Fahrbahn-Kontaktes gesondert betrachtet. Dabei werden die in der Fachliteratur gängigen Schlupfdefinitionen und die sich daraus für die numerische Simulation ergebenden kritischen Fahrzustände erläutert, zu dessen Abhilfe ein Reifenschlupf-Modell mit dynamischem Verhalten motiviert wird. Zudem wird kurz auf die Modellierung der Reifenkraft unter Längs- und Querschlupf eingegangen. Um die benötigten, aber nicht oder nur mit hohem Aufwand messbaren Fahrzustandsgrößen aus den vorhandenen Sensoren zu ermitteln, werden Verfahren zur Parameter- und Zustandsschätzung eingesetzt, deren mathematische Grundlagen ebenfalls zusammenfassend vorgestellt werden.

Bei der Konzeptentwicklung einer Fahrdynamikregelung mit elektrischen Einzelradantrieben wird im Kapitel 3 ein hierarchischer Ansatz vorgestellt, der die in den vorhandenen Antriebsstrang- und Fahrwerkskomponenten enthaltenen Regelsysteme zu einer Regelung auf Radebene zusammenführt, wobei das Hauptaugenmerk auf den elektrischen Einzelradantrieben liegt. Zur Koordination der radindividuellen Eingriffe dieser Regelungssysteme wird eine übergeordnete Regelung auf Fahrzeugebene eingeführt und die notwendigen Schnittstellen aufgezeigt. Um die hierbei eingesetzten Regelgrößen zur Verfügung zu stellen, wird ein Konzept zur Beobachtung des Fahrzustandes ausgearbeitet, welches sich an die hierarchische Struktur der Regelung anlehnt. In der anschließenden detaillierteren Ausarbeitung des Beobachter- und Regelungskonzeptes werden die in der Fachliteratur und in wissenschaftlichen Beiträgen häufig verwendeten Realisierungsvarianten herangezogen. Die im Rahmen der modellgestützten Funktionsentwicklung eingesetzten Verfahren und Lösungsmethoden sowie die eingesetzte Software werden anschließend vorgestellt. Damit einhergehend werden die in der Simulation verwendeten Fahrzeugdaten, das zur Validierung eingesetzte Versuchsfahrzeug und für die Bewertung der Fahrdynamik relevante Fahrmanöver dokumentiert.

Zur Umsetzung des Konzeptes der Fahrzustandsbeobachtung im Kapitel 4 werden auf Fahrzeugebene die Schätzergebnisse eines Erweiterten Kalman-Filters und eines nichtlinearen Beobachters in der Simulation gegenübergestellt. Während das Erweiterte Kalman-Filter einer größtenteils festgelegten Berechnungsvorschrift folgt, existieren für den Entwurf nichtlinearer Beobachter keine allgemein gültigen Methoden, sodass auf grundlegende regelungstechnische Ansätze oder in wissenschaftlichen Beiträgen veröffentlichte Vorgehensweisen zurückgegriffen werden muss. Da der nichtlineare Beobachter letztlich geringere Schätzfehler erzielen konnte, wird dieser zum Nachweis der Einsetzbarkeit und Funktionsfähigkeit des Beobachterkonzeptes in das Versuchsfahrzeug implementiert und in realen Messfahrten getestet. Ergänzend werden Ansätze zur Schätzung der Reifenlängskraft durch Erweiterung des vorgestellten Radbeobachters gegenübergestellt und bewertet.

Darauf aufbauend erfolgt im 5. Kapitel die Umsetzung der hierarchischen Regelungsstruktur von Rad- zur Fahrzeugebene, wobei detaillierter auf den Entwurf des Reglers eingegangen wird. Einer Analyse der Regelstrecke und der Erstellung ihres dynamischen Modells folgen die Auswahl des Reglers und die Bestimmung der Reglerparameter. Trotzdem es sich um nichtlineare Regelstrecken handelt, wird die Verwendung linearer Regler in Betracht gezogen, deren Verstärkungsfaktoren gemäß des Gain-Scheduling-Verfahrens betriebspunktabhängig adaptiert werden. Die Funktionsfähigkeit der Regelung wird zunächst durch die Simulation entsprechender Fahrmanöver überprüft, bevor eine Implementierung und Tests im realen Fahrzeug erfolgen.

2 Theoretische Grundlagen

Die simulationsbegleitende und modellgestützte Entwicklung von Systemen und deren Funktionen gewinnt bei der Produktentwicklung in vielen verschiedenen Branchen an Bedeutung. Insbesondere in der Automobilindustrie herrscht ein hoher Innovationsdruck sowie eine hohe Nachfrage nach einer Vielzahl von Modellvarianten bei gleichzeitiger Forderung nach immer kürzeren Entwicklungszeiten. Die stetig steigende Rechenleistung und die Entwicklung leistungsfähiger Software begünstigen die Verbreitung modellgestützter Entwurfsmethoden.

In diesem Kapitel werden die wichtigsten mathematischen Modelle und Verfahren zusammengefasst, die im weiteren Verlauf der Arbeit eingesetzt werden. Zunächst werden Modelle zur Beschreibung der Fahrzeugdynamik beleuchtet und wichtige fahrdynamische Kenngrößen erläutert. Mit dem Ziel, einen Kompromiss zwischen Modellkomplexität und Modellgenauigkeit zu erhalten, wird in diesem Zuge ein ebenes nichtlineares Zweispurmodell mit reduzierten Freiheitsgraden aufgestellt. Dem folgt die Modellierung des elektrischen Einzelradantriebs, zu dem im allgemeinen Fall die Traktionsbatterie, der Elektromotor mit Motorcontroller sowie Getriebe und Bremse zu zählen sind. In einem gesonderten Abschnitt wird auf die Modellierung des Rad-Straße-Kontaktes auf der Basis schlupfbasierter Reifenmodelle genauer eingegangen, da dies einen essentiellen Teil der Fahrzeugmodellierung darstellt. Abschließend werden mit dem Erweiterten Kalman-Filter und den rekursiven kleinsten Fehlerquadraten zwei Verfahren zur Parameter- und Zustandsschätzung dynamischer und statischer Systeme vorgestellt.

2.1 Fahrzeugmodellierung

Im Entwicklungsprozess von Kraftfahrzeugsystemen ist heute die Verwendung komplexer mathematische Modelle zur Simulation der Fahrzeugdynamik stark verankert. Dies lässt sich aus ökonomischer Sicht in den vergleichsweise höheren Kosten und Zeitaufwänden für Erprobungsfahrten und Messdatenerfassung im Fahrversuch begründen. Gleichzeitig haben sich aus technischer Sicht die Komplexität und der Funktionsumfang der neu entwickelten Systeme stark erhöht, wobei mittlerweile zumeist keine rein mechanischen oder elektrischen Systeme, sondern mechatronische Systeme entwickelt werden [31]. Daraus resultiert eine Vielzahl verschiedener Fahrzeugmodelle mit, je nach Anwendungsbereich, unterschiedlichen Detailgraden. Diese reichen vom linearen Einspurmodell, welches mit wenigen mathematischen Gleichungen die Querdynamik eines Fahrzeugs beschreibt und daher zumeist in echtzeitkritischen Anwendungen zum Einsatz kommt, bis hin zu komplexen Mehrkörpersystem-Modellen (MKS-Modelle), die eine Beschreibung der Bewegung einzelner Fahrzeugkomponenten erlaubt [71]. Tabelle 2.1 zeigt eine Übersicht verschiedener Fahrzeugmodelle, deren Anzahl an Freiheits-

DOI 10.1515/9783110564303-002

Tab. 2.1: Übersicht einiger Fahrzeugmodelle und deren übliche Anwendungsbereiche (vgl. [71])

	Einspurmodell		**Zweispurmodell**			**MKS-Modell**		
	linear	nicht-linear	2D	3D	3D mit Kine-matik	redu-ziert	kom-plex	kombi-niert mit FEM
Längs-, Quer-, Gierdynamik								
Wank-, Nick-, Vertikaldynamik								
Komponenten-bewegung								
Freiheitsgrade	**2-7**			**7-25**			**>20**	
Anwendung								
Auslegung								
Konzeption								
Fahrsimulator								
Integration								

graden als Maß des Detailgrads und übliche Anwendungsbereiche. Inzwischen sind kommerzielle Lösungen sowohl zur Simulation von Mehrkörpersystemen als auch von Gesamtfahrzeugen am Markt etabliert, die nicht nur die Berechnung der Fahrzeugdynamik, sondern zusätzlich die Umgebungsbedingungen, Straßenverläufe und das Fahrerverhalten berücksichtigen. Zudem haben sich Spezialanwendungen herausgebildet, beispielsweise zur Simulation von Verbrennungsmotoren oder Antriebssträngen [71].

Zur Beschreibung der Fahrdynamik werden die in der ISO 8855 [14] festgelegten Terminologien und Definitionen der Koordinatensysteme herangezogen. Die wichtigsten der im weiteren Verlauf verwendeten Koordinatensysteme sind schematisch in Abbildung 2.1 zusammengefasst. Das ortsfeste Koordinatensystem (X_E, Y_E, Z_E) wird anhand des inertialen Bezugssystems festgelegt und liegt in der Horizontalebene, wobei die Z_E-Achse parallel zur Richtung der Schwerkraft ausgerichtet ist. Weiterhin wird das fahrzeugfeste Koordinatensystem (X_V, Y_V, Z_V) im Fahrzeugreferenzpunkt definiert, der üblicherweise im Fahrzeugschwerpunkt liegt. Befindet sich das Fahrzeug in Ruhe, wird die X_V-Achse horizontal in Vorwärtsfahrtrichtung und die Y_V-Achse nach links ausgerichtet, wodurch nach der Rechte-Hand-Regel die Z_V-Achse nach oben zeigt. Zur Beschreibung der Ausrichtung des fahrzeugfesten bezüglich des ortsfesten Koordinatensystems werden die Euler Winkel ψ, θ, φ als Drehungen in der angegebenen Reihenfolge herangezogen. Im radfesten Koordinatensystem (X_W, Y_W, Z_W) sind die Raddrehzahl ω_W, der Radlenkwinkel δ und der Sturzwinkel ε angegeben, wobei

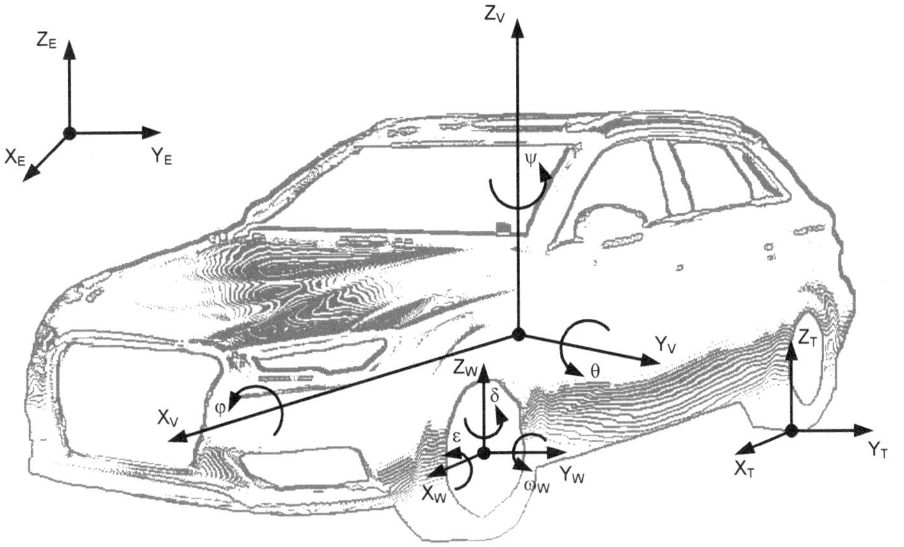

Abb. 2.1: Koordinatensysteme und einige Bewegungsgrößen eines Kraftfahrzeuges (gem. ISO 8855)

die X_W-Achse parallel zur lokalen Fahrbahnebene, die Y_W-Achse entlang zur Raddrehachse und die Z_W-Achse nach oben festgelegt werden. Zuletzt ist das reifenfeste Koordinatensystem (X_T, Y_T, Z_T) zu nennen, dessen Ursprung im Radaufstandspunkt liegt. Die X_T- und Y_T-Achsen sind parallel zur lokalen Fahrbahnebene ausgerichtet, während die Z_T-Achse senkrecht zur Fahrbahnebene zeigt.

Im Folgenden wird das lineare Einspurmodell vorgestellt und daraus fahrdynamische Kenngrößen eines Fahrzeugs sowie dessen Stabilitätseigenschaften abgeleitet. Die Verwendung eines Antriebsstranges mit Einzelradantrieben bedingt jedoch die Verwendung eines Zweispurmodells, das anschließend als nichtlineares ebenes Zweispurmodell hergeleitet wird. Darauf aufbauend wird die Modellierung des elektrischen Antriebsstranges näher beleuchtet, bevor auf den Rad-Straße-Kontakt genauer eingegangen wird. Hierbei liegt der Fokus auf schlupfbasierten Modellen zur Beschreibung der Kraftentstehung am Rad.

2.1.1 Lineares Einspurmodell

Einspurmodelle erlauben ohne hohen Modellierungs- und Parametrierungsaufwand, grundlegende Aussagen zum Fahrverhalten eines Fahrzeuges zu treffen. Bereits das klassische lineare Einspurmodell von Riekert und Schunck [66] liefert eine physikalisch plausible Beschreibung der Querdynamik eines Fahrzeuges unter bestimmten Annahmen [71]:

- Konstante Geschwindigkeit des Fahrzeugschwerpunktes in Längsrichtung
- Keine Hub-, Nick- und Wankdynamik, Fahrzeugmasse ist Punktmasse
- Achsweises Zusammenfassen der Räder zu einem Rad; Radaufstandspunkt in der Achsmitte
- Konstante Radlastverteilung, Reifenlängskräfte vernachlässigt
- Trockene Fahrbahn aus Asphalt
- Querbeschleunigungen unter $4\ m/s^2$

Auf Grund der getroffenen Vereinfachungen verbleiben lediglich die Gierwinkelgeschwindigkeit und die Quergeschwindigkeit als Bewegungsfreiheitsgrade. Anstelle der Quergeschwindigkeit wird zumeist der Fahrzeugschwimmwinkel angegeben, der die Abweichung zwischen dem Geschwindigkeitsvektor im Fahrzeugschwerpunkt und der Fahrzeuglängsachse beschreibt. Mit Hilfe der Skizze in Abbildung 2.2 lassen sich die Bewegungsgleichungen des linearen Einspurmodells in Gleichung (2.1) aufstellen. Eine detaillierte Herleitung kann beispielsweise [31] oder [71] entnommen werden.

$$\begin{aligned} m_V \cdot v \cdot \dot{\beta} &= c_{\alpha f} \cdot \delta - (m_V \cdot v^2 + c_{\alpha f} \cdot l_f - c_{\alpha r} \cdot l_r)\frac{\dot{\psi}_V}{v} - (c_{\alpha f} + c_{\alpha r}) \cdot \beta \\ J_{Vz} \cdot \ddot{\psi}_V &= c_{\alpha f} \cdot l_f \cdot \delta - (c_{\alpha f} \cdot l_f^2 + c_{\alpha r} \cdot l_r^2) \cdot \frac{\dot{\psi}_V}{v} - (c_{\alpha f} \cdot l_f - c_{\alpha r} \cdot l_r) \cdot \beta \end{aligned} \tag{2.1}$$

Die Schräglaufsteifigkeiten $c_{\alpha f}$ vorne und $c_{\alpha r}$ hinten entsprechen dem Anstieg der Reifenquerkraft-Schräglaufwinkel-Kennlinie bei Geradeausfahrt und können für kleine Schräglaufwinkel als konstant angenommen werden.

$$c_{\alpha i} = \left.\frac{\partial F_{YTi}}{\partial \alpha_i}\right|_{\alpha_i=0} \tag{2.2}$$

Mit Hilfe der Modellgleichungen lassen sich charakteristische Größen zur Beschreibung des Fahrverhaltens bei stationärer Kurvenfahrt ableiten. In diesem Bewegungszustand liegen Krümmungsmittelpunkt K, um den sich der Schwerpunkt S des Fahrzeuges bewegt, und der Momentanpol M aufeinander, sodass $\rho_K = \rho_M = \rho$ gesetzt werden kann. Der Eigenlenkgradient EG in Gleichung (2.3) beschreibt das stationäre Lenkverhalten, indem ein Zusammenhang zwischen Lenkwinkel δ, Fahrzeuggeschwindigkeit v und Kurvenradius ρ sowie Achsabstand l hergestellt wird.

$$\begin{aligned} \delta &= \frac{l}{\rho} + EG \cdot \frac{v^2}{\rho} \\ \text{mit } EG &= \frac{m_V}{l} \cdot \left(\frac{c_{\alpha r} \cdot l_r - c_{\alpha f} \cdot l_f}{c_{\alpha f} \cdot c_{\alpha r}}\right) \end{aligned} \tag{2.3}$$

Für eine stationäre Kreisfahrt mit gegebenen Kurvenradius ist demnach der erforderliche Lenkwinkel proportional zum Quadrat der Fahrzeuggeschwindigkeit. Das Vorzeichen des Eigenlenkgradienten legt fest, ob das Fahrzeug zum Untersteuern ($EG > 0$) oder Übersteuern ($EG < 0$) neigt. Bei $EG = 0$ spricht man von neutralem Fahrverhalten.

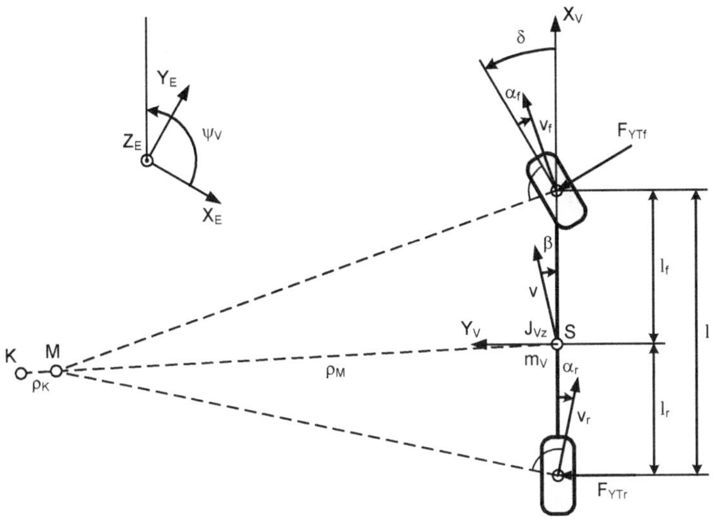

Abb. 2.2: Kinematik des linearen Einspurmodells

Veranschaulichen lässt sich dies an dem Verhältnis zwischen stationärer Gierwinkelgeschwindigkeit des Fahrzeuges und des Lenkwinkels, der als Gierverstärkungsfaktor bezeichnet wird. [14, 71]

$$\frac{\dot{\psi}_V}{\delta} = \frac{v}{l + EG \cdot v^2} \tag{2.4}$$

Handelt es sich um ein übersteuerndes Fahrzeug, wird mit zunehmender Geschwindigkeit der Gierverstärkungsfaktor größer, sodass aus kleinen Lenkanregungen hohe Gierwinkelgeschwindigkeiten resultieren. Bei Erreichen der kritischen Geschwindigkeit v_{krit} wird der Nenner in Gleichung (2.4) zu Null und der Gierverstärkungsfaktor theoretisch unendlich. Im Gegenzug lässt sich für untersteuernde Fahrzeuge das Maximum des Gierverstärkungsfaktors mit der charakteristischen Geschwindigkeit v_{char} angeben, bei der das Fahrzeug am empfindlichsten auf Lenkeinschläge reagiert. [14, 71]

$$\begin{aligned} v_{krit} &= \sqrt{-\frac{l}{EG}} \quad ; EG < 0 \\ v_{char} &= \sqrt{\frac{l}{EG}} \quad ; EG > 0 \end{aligned} \tag{2.5}$$

Anhand dieser Eigenschaften lässt sich nach DIN ISO 8855 die Stabilität eines Fahrzeuges definieren, wenn von einem stationären Gleichgewichtszustand ausgegangen wird, bei dem die Summe der äußeren Kräfte und Momente und der resultierenden Trägheitskräfte und -momente Null ist. Ein Fahrzeug ist stabil, wenn es nach kurzzeitiger Einwirkung einer Stellgröße oder Störgröße ohne Schwingungen (monotone Stabilität) oder mit abklingender Amplitude der Fahrzeugschwingung (oszillatorische Stabilität) zum ursprünglichen Gleichgewichtszustand zurückkehrt. Weicht der Bewegungszustand des Fahrzeuges dabei vom vorherigen stationären Gleichgewichtszustand geringfügig ab, spricht man von neutraler Stabilität. Als Stellgrößen werden vorrangig Eingaben an das Lenk-, Antriebs- oder Bremssystem eines Fahrzeuges betrachtet. Zu den Störgrößen können Windböen oder Fahrbahnunebenheiten gezählt werden. [14, 26, 92] Im Gegenzug wird eine schwingungsfreie, sich stetig vergrößernde Fahrzeugreaktion als monotone Instabilität bezeichnet, die sich beispielhaft am Ausbrechen des Fahrzeuges oberhalb der kritischen Geschwindigkeit verdeutlichen lässt. Die oszillatorische Instabilität beschreibt eine Schwingung der Fahrzeugbewegung um den vorherigen stationären Gleichgewichtszustand mit steigender Amplitude, was ohne Einwirkung des Fahrers durch weg- oder kraftabhängiges Lenken hervorgerufen werden kann. [14] Die genannten Definitionen der Fahrzeugstabilität basieren auf Beschreibungen der Fahrzeugreaktion. In der Regelungstechnik wird die Stabilität eines linearen dynamischen Systems anhand dessen Eigenwerte bestimmt. Aus den Differentialgleichungen des linearen Einspurmodells in (2.1) wird hierzu die Übertragungsfunktion $G_{\psi}(s)$ von Lenkwinkel auf Gierrate im Bildbereich (Laplace-Operator s) ermittelt.

$$
\begin{aligned}
G_{\psi}(s) &= \frac{\dot{\Psi}(s)}{\Delta(s)} \\
&= \frac{v c_{\alpha f}\left(l_f m_V v s + c_{\alpha r} l\right)}{J_{Vz} m_V v^2 s^2 + \left(m_V\left(c_{\alpha f} l_f^2 + c_{\alpha r} l_r^2\right) + J_{Vz}\left(c_{\alpha r} + c_{\alpha f}\right)\right) v s \cdots \atop + \left(c_{\alpha r} l_r - c_{\alpha f} l_f\right) m_V + c_{\alpha f} c_{\alpha r} l^2}
\end{aligned}
\tag{2.6}
$$

Es handelt sich um ein System 2. Ordnung mit proportional-differentiellem Verhalten (PDT_2-System) und besitzt somit zwei Eigenwerte $\lambda_{1,2}$, die durch Lösung des charakteristischen Polynoms ermittelt werden und den Polstellen der Übertragungsfunktion $G_{\psi}(s)$ entspricht.

$$
\begin{aligned}
\lambda_{1,2} = &\frac{1}{(2 m_V J_{Vz} v)} \cdot \Big[\pm\Big(4 m_V J_{Vz}\left(\left(c_{\alpha f} l_f - c_{\alpha r} l_r\right) m_V v^2 - c_{\alpha f} c_{\alpha r} l^2\right) \\
&+ \left(\left(c_{\alpha f} + c_{\alpha r}\right) J_{Vz} + \left(c_{\alpha f} l_f + c_{\alpha r} l_r\right) m_V\right)^2\Big)^{\frac{1}{2}} - \left(c_{\alpha f} + c_{\alpha r}\right) J_{Vz} \\
&- \left(c_{\alpha f} l_f^2 + c_{\alpha r} l_r^2\right) m_V\Big]
\end{aligned}
\tag{2.7}
$$

Der Einfluss des aus dem Eigenlenkgradienten abgeleiteten Fahrverhaltens auf die Stabilität lässt sich anhand des Terms unter der Wurzel verdeutlichen. Im Falle von untersteuerndem Fahrverhalten ist dieser Term ab einer bestimmten Geschwindigkeit kleiner Null und es handelt sich um konjugiert komplexe Eigenwerte. Diese Geschwindigkeit entspricht der bereits eingeführten charakteristischen Geschwindigkeit v_{char} in

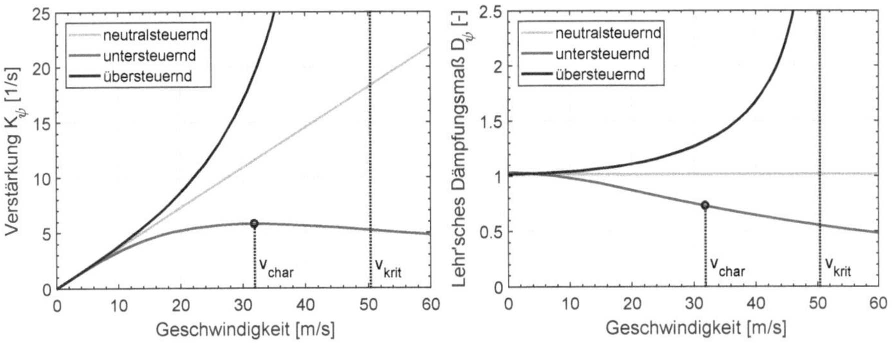

Abb. 2.3: Gierverstärkung K_ψ und Lehr'sches Dämpfungsmaß D_ψ des linearen Einspurmodells für neutralsteuerndes sowie unter- und übersteuerndes Fahrverhalten (vgl. Parameter im Anhang A)

(2.5). Bei weiterer Erhöhung der Geschwindigkeit wandern die Eigenwerte asymptotisch zur Imaginärachse der komplexen Zahlenebene. Da die Realteile der Eigenwerte negativ bleiben, handelt sich um ein schwingungsfähiges, stabiles Systemverhalten. Für ein neutralsteuerndes Fahrzeug ist der Term unter der Wurzel unabhängig von der Geschwindigkeit und positiv. Folglich wandern die Eigenwerte mit steigender Geschwindigkeit entlang der Realachse asymptotisch zur Imaginärachse und sind negativ, was ebenfalls stabiles Systemverhalten bedeutet. Handelt es sich um ein übersteuerndes Fahrzeug ist der Term unter der Wurzel positiv und nimmt mit steigender Geschwindigkeit zu, während die Eigenwerte auf der Realachse in Richtung Imaginärachse wandern. Die Geschwindigkeit, ab der der erste Eigenwert positiv und das System instabil wird, ist die kritische Geschwindigkeit v_{krit} in (2.5). Zur Verdeutlichung dieser Sachverhalte werden für eine beispielhafte Parametrierung eines linearen Einspurmodells die Gierverstärkung K_ψ und die Dämpfung D_ψ der Übertragungsfunktion $G_\psi(s)$ in Abhängigkeit der Fahrzeuggeschwindigkeit in Abbildung 2.3 dargestellt. Während ein neutralsteuerndes Fahrzeug sich proportional in der Gierverstärkung bzw. unabhängig in der Dämpfung gegenüber der Geschwindigkeit verhält, weist ein untersteuerndes Fahrzeug eine maximale Gierverstärkung bei der charakteristischen Geschwindigkeit und eine mit der Geschwindigkeit monoton fallende Dämpfung auf. Gierverstärkung und Dämpfung eines Fahrzeugs mit übersteuerndem Verhalten steigen bis zur kritischen Geschwindigkeit asymptotisch gegen Unendlich an, bevor das Fahrzeug instabil wird. Die mathematische Herleitung der Übertragungsfunktion der Gierdynamik sowie weitere graphische Darstellungen der Systemkennwerte können dem Anhang A entnommen werden. Da es sich bei einem Fahrzeug in der Realität um ein nichtlineares System handelt, können sich die Stabilitätseigenschaften abhängig vom stationären Gleichgewichtszustand ändern.

2.1.2 Nichtlineares ebenes Zweispurmodell

In der Entwicklung von Fahrzeugsystemen, die in fahrdynamischen Grenzsituationen aktiv werden, ist die Verwendung komplexer Zweispurmodelle unumgänglich. Insbesondere die Modellierung der Kraftentstehung zwischen Reifen und Fahrbahn muss realitätsnäher erfolgen, wobei für fahrdynamische Untersuchungen schlupfbasierte semi-empirische Reifenmodelle einen guten Kompromiss aus Modellgenauigkeit, Rechenzeit und Parametrieraufwand darstellen. Somit haben die zur Berechnung des Schlupfes erforderlichen Geschwindigkeiten der Radaufstandspunkte direkten Einfluss auf die Modellgenauigkeit, wodurch MKS-Modelle, die die Kinematik der Radaufhängungen berücksichtigen, ein hohes Maß an Genauigkeit bei entsprechend hohem Parametrieraufwand erzielen. Wie eingangs erwähnt, sind derartige Modelle in kommerziellen Softwarelösungen verfügbar, die im weiteren Verlauf der Arbeit zur simulationsgestützten Funktionsentwicklung eingesetzt werden. Eine Beschreibung des Systemverhaltens ist für komplexe nichtlineare MKS-Modelle in analytischer Form jedoch nur sehr schwer möglich. Zu diesem Zweck wird im Folgenden ein Zweispurmodell mit reduzierten Freiheitsgraden abgeleitet, welches ohne stark erhöhten Rechen- und Parametrieraufwand die benötigten Bewegungsgrößen mit erforderlicher Genauigkeit abbildet und den Einsatz in einem Fahrzustandsbeobachter ermöglicht.

Ausgehend von der mathematischen Beschreibung der Bewegung eines Starrkörpers im dreidimensionalen Raum, weist der Fahrzeugaufbau sechs Freiheitsgrade auf. Da der überwiegende Teil der am Fahrzeugaufbau wirkenden Kräfte $\boldsymbol{F}_V$ und Drehmomente $\boldsymbol{M}_V$ in körperfesten Koordinaten mathematisch einfacher definiert werden können, werden der Impuls- und der Drallsatz für das körperfeste Koordinatensystem herangezogen. Die Bewegung des Fahrzeugaufbaus wird mittels Geschwindigkeitsvektor $\boldsymbol{V}_V$ und dem Drehtensor $\boldsymbol{\Omega}_V$ in (2.8) und (2.9) beschrieben, wobei $\mathbb{M}_V$ die Massematrix und Θ_V den Trägheitstensor bezüglich des Schwerpunktes abbilden.

$$\mathbb{M}_V \cdot \dot{\boldsymbol{V}}_V = \sum \boldsymbol{F}_V \tag{2.8}$$

$$\text{mit } \mathbb{M}_V = \begin{bmatrix} m_V & 0 & 0 \\ 0 & m_V & 0 \\ 0 & 0 & m_V \end{bmatrix} \text{ und } \boldsymbol{V}_V = \begin{bmatrix} v_{Vx} \\ v_{Vy} \\ v_{Vz} \end{bmatrix}$$

$$\Theta_V \cdot \dot{\boldsymbol{\Omega}}_V + \boldsymbol{\Omega}_V \times (\Theta_V \cdot \boldsymbol{\Omega}_V) = \sum \boldsymbol{M}_V \tag{2.9}$$

$$\text{mit } \Theta_V = \begin{bmatrix} J_{Vx} & 0 & 0 \\ 0 & J_{Vy} & 0 \\ 0 & 0 & J_{Vz} \end{bmatrix} \text{ und } \boldsymbol{\Omega}_V = \begin{bmatrix} \omega_{Vx} \\ \omega_{Vy} \\ \omega_{Vz} \end{bmatrix}$$

Externe Kräfte und Drehmomente, wie beispielweise die Gewichtskraft, müssen in das körperfeste Koordinatensystem transformiert werden. Für die Drehung der im fahrzeugfesten Koordinatensystem definierten Vektoren in das ortsfeste Inertialsystem kann die Transformationsmatrix (Drehmatrix) $\mathbf{T}_{EV}$ in Gleichung (2.10) angeben werden.

Im Kontext fahrdynamischer Anwendungen haben sich die Kardanwinkel ψ, θ, φ in angegebener Reihenfolge als geeignet erwiesen [71].

$$\mathbf{T}_{EV} = \begin{bmatrix} \cos\psi & -\sin\psi & 0 \\ \sin\psi & \cos\psi & 0 \\ 0 & 0 & 1 \end{bmatrix} \cdot \begin{bmatrix} \cos\theta & 0 & \sin\theta \\ 0 & 1 & 0 \\ -\sin\theta & 0 & \cos\theta \end{bmatrix} \cdot \begin{bmatrix} 1 & 0 & 0 \\ 0 & \cos\varphi & -\sin\varphi \\ 0 & \sin\varphi & \cos\varphi \end{bmatrix} \tag{2.10}$$

$$= \begin{bmatrix} \cos\psi\cos\theta & -\sin\psi\cos\varphi + \cos\psi\sin\theta\sin\varphi & \sin\psi\sin\varphi + \cos\psi\sin\theta\cos\varphi \\ \sin\psi\cos\theta & \cos\psi\cos\varphi + \sin\psi\sin\theta\sin\varphi & -\cos\psi\sin\varphi + \sin\psi\sin\theta\cos\varphi \\ -\sin\theta & \cos\theta\sin\varphi & \cos\theta\cos\varphi \end{bmatrix}$$

Auf Grund der Eigenschaften der Drehmatrizen entspricht eine Folge von Drehungen in umgekehrter Reihenfolge und Drehsinn gleich der Transponierten der ursprünglichen Drehmatrix. Somit kann die im Inertialsystem definierte Gewichtskraft $\boldsymbol{F}_{EG}$ im fahrzeugfesten Koordinatensystem $\boldsymbol{F}_{VG}$ mit Hilfe der Erdbeschleunigung g_E definiert werden:

$$\boldsymbol{F}_{VG} = \mathbf{T}_{VE} \cdot \boldsymbol{F}_{\boldsymbol{EG}} = \mathbf{T}_{EV}^T \cdot \left(\mathbb{M}_V \cdot \begin{bmatrix} 0 \\ 0 \\ -g_E \end{bmatrix} \right) \tag{2.11}$$

Im fahrzeugorientierten Koordinatensystem kann die Luftwiderstandskraft $\boldsymbol{F}_{VA}$ in Abhängigkeit der im Inertialsystem herrschenden Windgeschwindigkeiten $\boldsymbol{V}_{EA}$ und der Luftdichte ϱ_A unter Angabe der Luftwiderstandsbeiwerte c_{Wi} und der Fahrzeugstirnflächen A_{refi} für i=(x,y,z) gemäß Gleichung (2.12) bestimmt werden.

$$\boldsymbol{F}_{VA} = \frac{\varrho_A}{2} \cdot \begin{bmatrix} c_{Wx}A_{refx} & 0 & 0 \\ 0 & c_{Wy}A_{refy} & 0 \\ 0 & 0 & c_{Wz}A_{refz} \end{bmatrix} \cdot \left\| \left(\boldsymbol{V}_V + \mathbf{T}_{EV}^T \boldsymbol{V}_{EA} \right) \right\|_2 \cdot \left(\boldsymbol{V}_V + \mathbf{T}_{EV}^T \boldsymbol{V}_{EA} \right) \tag{2.12}$$

Neben Gewichtskraft und Luftwiderstandskraft wird die Summe der Kräfte am Fahrzeugaufbau durch die Reaktionskräfte an den Radaufhängungspunkten $\boldsymbol{F}_{Vi}$ in (2.13) ergänzt. Die wirkenden Drehmomente ergeben sich aus dem Vektorprodukt der Hebelarme der Radaufhängungspunkte $\boldsymbol{R}_{Vi}$ sowie des Fahrtwindes $\boldsymbol{R}_{VA}$ mit den entsprechenden Kräften im fahrzeugfesten Koordinatensystem nach (2.14).

$$\sum \boldsymbol{F}_W = \boldsymbol{F}_{VG} + \boldsymbol{F}_{VA} + \sum_i \boldsymbol{F}_{Vi} \qquad ; i = \{fl, fr, rl, rr\} \tag{2.13}$$

$$\sum \boldsymbol{M}_W = \boldsymbol{R}_{VA} \times \boldsymbol{F}_{VA} + \sum_i \boldsymbol{R}_{Vi} \times \boldsymbol{F}_{Vi} \qquad ; i = \{fl, fr, rl, rr\} \tag{2.14}$$

Weiterführende Erläuterungen zur Herleitung der Bewegungsgleichungen des Fahrzeugaufbaus können im Anhang B.1 eingesehen werden. Unter Anwendung folgender Annahmen und Vereinfachungen wird ein Zweispurmodell in der X_E-Y_E-Ebene mit reduzierten Freiheitsgraden entsprechend Abbildung 2.4 abgeleitet:

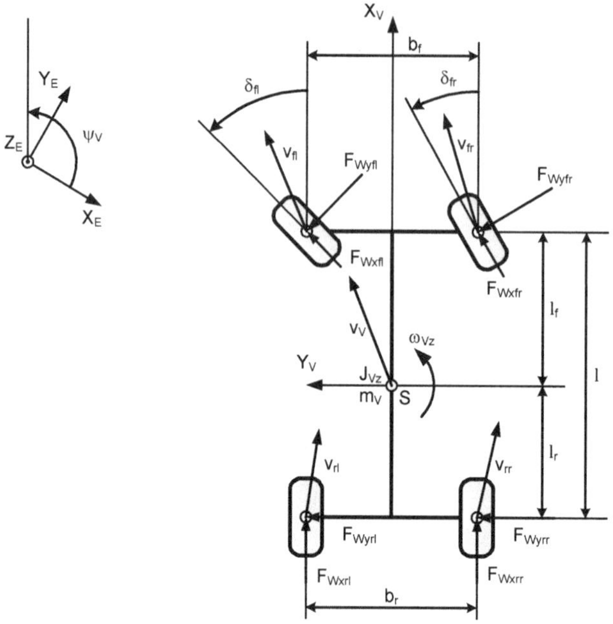

Abb. 2.4: Kinematik des nichtlinearen ebenen Zweispurmodells

- Nick-, Wank- und Vertikalbewegungen des Fahrzeugaufbaus sind nicht zulässig.
- Die Luftwiderstandskraft wirkt nur entlang der X_V-Achse.
- Räder und Fahrzeugaufbau sind starr gekoppelt (keine Kinematik der Radaufhängungen).
- Der Schwerpunkt S liegt mittig bezüglich der Spurweiten vorne b_f und hinten b_r.

Der Fahrzeugaufbau wird folglich auf drei Freiheitsgrade reduziert und beschreibt die Längs-, Quer- und Gierdynamik gemäß der Gleichungen (2.15) bis (2.17). Da die Radaufhängung als starre Kopplung von Rad und Aufbau angenommen wird, sind die Radkräfte $\boldsymbol{F}_{Wi}$ in Gleichung (2.18) mit Hilfe der Drehmatrix $\mathbf{T}_{VW}$ in das Fahrzeugkoordinatensystem zu transformieren und werden mit $\boldsymbol{F}_{Vi}$ für i={fl,fr,rl,rr} bezeichnet.

$$m_V \cdot (\dot{v}_{Vx} - v_{Vy}\omega_{Vz}) = \sum_i F_{Vxi} - \frac{\varrho_A}{2} c_{Wx} A_{refx} v_{VAx} \sqrt{v_{VAx}^2 + v_{VAy}^2}\,;\; i = \{fl, fr, rl, rr\} \quad (2.15)$$

$$\text{mit } v_{VAx} = v_{Vx} + V_{Ax} \cdot \cos\psi + V_{Ay} \cdot \sin\psi$$

$$\text{und } v_{VAy} = -v_{Vy} + V_{Ax} \cdot \sin\psi - V_{Ay} \cdot \cos\psi$$

$$m_V \cdot (\dot{v}_{Vy} + v_{Vx}\omega_{Vz}) = \sum_i F_{Vyi} \; ; i = \{fl, fr, rl, rr\} \tag{2.16}$$

$$\begin{aligned} J_{Vz} \cdot \dot{\omega}_{Vz} = \frac{b_f}{2}\left(F_{Vxfr} - F_{Vxfl}\right) + \frac{b_r}{2}\left(F_{Vxrr} - F_{Vxrl}\right) \\ + l_f\left(F_{Vyfl} + F_{Vyfr}\right) - l_r\left(F_{Vyrl} + F_{Vyrr}\right) \end{aligned} \tag{2.17}$$

$$\boldsymbol{F}_{Vi} = \mathbf{T}_{VWi} \cdot \boldsymbol{F}_{Wi} = \begin{bmatrix} \cos\delta_i & -\sin\delta_i & 0 \\ \sin\delta_i & \cos\delta_i & 0 \\ 0 & 0 & 1 \end{bmatrix} \cdot \begin{bmatrix} F_{Wxi} \\ F_{Wyi} \\ F_{Wzi} \end{bmatrix} \; ; i = \{fl, fr, rl, rr\} \tag{2.18}$$

In Folge der getroffenen Modellvereinfachungen konnte die Anzahl der Freiheitsgrade drastisch reduziert werden. Die für die Berechnung des Radschlupfes benötigten Geschwindigkeiten der Radaufstandspunkte in Längs- und Querrichtung können dennoch aus dem Bewegungszustand des Fahrzeuges bestimmt werden. Ebenfalls ist für die Anwendung eines Reifenmodells die Ermittlung der Radaufstandskräfte unerlässlich. Obwohl die Nick-, Wank- und Vertikaldynamik vernachlässigt wurde, können die quasistatischen Radlasten aus den Kräfte- und Momentenbilanzen unter Berücksichtigung der Trägheitskräfte nach Abbildung 2.5 in den Gleichungen (2.19), (2.20) und (2.21) aufgestellt werden. Dabei wird das Koordinatensystem im Fahrzeugschwerpunkt auf die Fahrbahnebene projiziert und die Gesamtmasse m des Fahrzeuges aus den Massen des Fahrzeugaufbaus und der Räder zusammengefasst:

Kräfte in Z'_V-Richtung:

$$F_{Vzfl} + F_{Vzfr} + F_{Vzrl} + F_{Vzrr} = m \cdot g_E \tag{2.19}$$

Drehmoment um Y'_V-Achse:

$$(F_{Vzfl} + F_{Vzfr}) \cdot l_f = (F_{Vzrl} + F_{Vzrr}) \cdot l_r + m \cdot h_S \cdot (a_{Vx} - v_{Vy} \cdot \omega_{Vz}) \tag{2.20}$$

Drehmoment um X'_V-Achse:

$$(F_{Vzfl} - F_{Vzfr}) \cdot \frac{b_f}{2} + (F_{Vzrl} - F_{Vzrr}) \cdot \frac{b_r}{2} = m \cdot h_S \cdot (a_{Vy} + v_{Vx} \cdot \omega_{Vz}) \tag{2.21}$$

Es handelt sich hierbei um ein unterbestimmtes Gleichungssystem, da lediglich drei linear unabhängige Gleichungen für vier unbekannte Kräfte aufgestellt werden können. Jedoch ist aus physikalischer Sicht die Lösung interessant, bei der die Beträge der Kräfte minimal werden, was mathematisch dem Betrag des Lösungsvektors entspricht. Dieser lässt sich durch Anwendung der Methode der kleinsten Fehlerquadrate mit Hilfe der Pseudoinversen finden (siehe Anhang B.4):

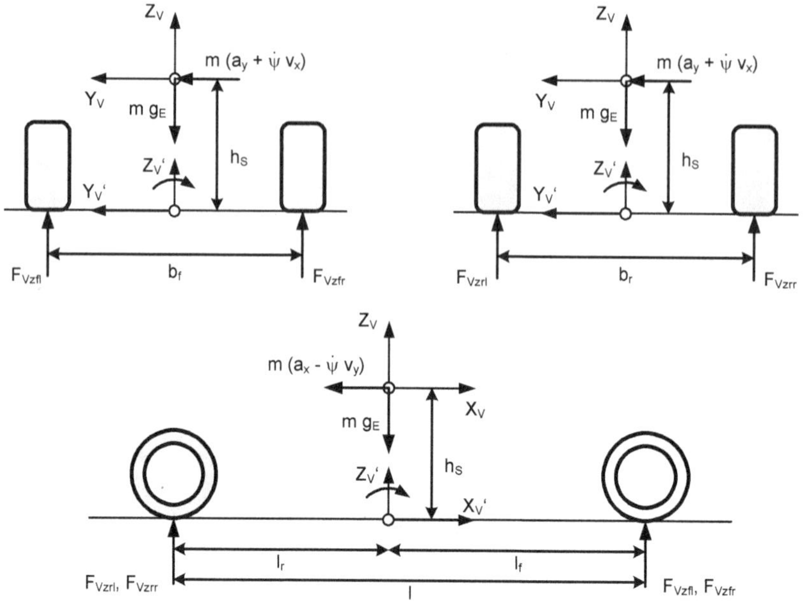

Abb. 2.5: Skizze zur Bestimmung der Geschwindigkeiten der Radaufstandspunkte sowie der quasistatischen Radlasten

$$\begin{bmatrix} F_{Vzfl} \\ F_{Vzfr} \\ F_{Vzrl} \\ F_{Vzrr} \end{bmatrix} = m \cdot \begin{bmatrix} \frac{l_r}{2l} \cdot g_E + h_S \left(-\frac{a_{Vx} - v_{Vy} \cdot \omega_{Vz}}{2l} \right) + \left(\frac{b_f \left(a_{Vy} + v_{Vx} \cdot \omega_{Vz} \right)}{b_f^2 + b_r^2} \right) \\ \frac{l_r}{2l} \cdot g_E + h_S \left(-\frac{a_{Vx} - v_{Vy} \cdot \omega_{Vz}}{2l} \right) - \left(\frac{b_f \left(a_{Vy} + v_{Vx} \cdot \omega_{Vz} \right)}{b_f^2 + b_r^2} \right) \\ \frac{l_f}{2l} \cdot g_E + h_S \left(\frac{a_{Vx} - v_{Vy} \cdot \omega_{Vz}}{2l} \right) + \left(\frac{b_r \left(a_{Vy} + v_{Vx} \cdot \omega_{Vz} \right)}{b_f^2 + b_r^2} \right) \\ \frac{l_f}{2l} \cdot g_E + h_S \left(\frac{a_{Vx} - v_{Vy} \cdot \omega_{Vz}}{2l} \right) - \left(\frac{b_r \left(a_{Vy} + v_{Vx} \cdot \omega_{Vz} \right)}{b_f^2 + b_r^2} \right) \end{bmatrix} \tag{2.22}$$

Eine ähnliche Vorgehensweise zur Ermittlung der quasistationären Radlasten kann beispielsweise [39] entnommen werden.

Die Räder lassen sich ebenfalls in allgemeiner Form als bewegte Starrkörper im Raum mit dem translatorischen Geschwindigkeitsvektor $\boldsymbol{V}_W$ und dem Drehtensor $\boldsymbol{\Omega}_W$ beschreiben. In den Gleichungen (2.23) und (2.24) werden der Impuls- und Drallsatz im körperfesten Koordinatensystem mit der Massematrix $\mathbb{M}_W$ und dem Trägheitstensor Θ_W angegeben. Zur besseren Lesbarkeit werden im Folgenden die Gleichungen exemplarisch für ein Rad angegeben, da sie sich auf die anderen Räder leicht übertragen lassen.

$$\mathbb{M}_W \cdot \dot{\boldsymbol{V}}_W = \sum \boldsymbol{F}_W \tag{2.23}$$

$$\text{mit } \mathbb{M}_W = \begin{bmatrix} m_W & 0 & 0 \\ 0 & m_W & 0 \\ 0 & 0 & m_W \end{bmatrix} \text{ und } \boldsymbol{V}_W = \begin{bmatrix} v_{Wx} \\ v_{Wy} \\ v_{Wz} \end{bmatrix}$$

$$\Theta_W \cdot \dot{\boldsymbol{\Omega}}_W + \boldsymbol{\Omega}_W \times (\Theta_W \cdot \boldsymbol{\Omega}_W) = \sum \boldsymbol{M}_W \tag{2.24}$$

$$\text{mit } \Theta_W = \begin{bmatrix} J_{Wx} & 0 & 0 \\ 0 & J_{Wy} & 0 \\ 0 & 0 & J_{Wz} \end{bmatrix} \text{ und } \boldsymbol{\Omega}_W = \begin{bmatrix} \omega_{Wx} \\ \omega_{Wy} \\ \omega_{Wz} \end{bmatrix}$$

Die Orientierung der Räder bezüglich des fahrzeugfesten Koordinatensystems wird mittels Lenkwinkel δ_W und Sturzwinkel ε_W in der Transformationsmatrix (Drehmatrix) $\mathbf{T}_{VW}$ beschrieben.

$$\mathbf{T}_{VW} = \begin{bmatrix} \cos\delta_W & -\sin\delta_W & 0 \\ \sin\delta_W & \cos\delta_W & 0 \\ 0 & 0 & 1 \end{bmatrix} \cdot \begin{bmatrix} 1 & 0 & 0 \\ 0 & \cos\varepsilon_W & -\sin\varepsilon_W \\ 0 & \sin\varepsilon_W & \cos\varepsilon_W \end{bmatrix} \tag{2.25}$$

$$= \begin{bmatrix} \cos\delta_W & -\sin\delta_W\cos\varepsilon_W & \sin\delta_W\sin\varepsilon_W \\ \sin\delta_W & \cos\delta_W\cos\varepsilon_W & -\cos\delta_W\sin\varepsilon_W \\ 0 & \sin\varepsilon_W & \cos\varepsilon_W \end{bmatrix}$$

Zur Bestimmung der Gewichtskraft im radfesten Koordinatensystem $\boldsymbol{F}_{WGW}$ werden die bereits bekannten Transformationsmatrizen $\mathbf{T}_{VW}$ und $\mathbf{T}_{EV}$ verkettet.

$$\boldsymbol{F}_{WGW} = \mathbf{T}_{WV} \cdot \mathbf{T}_{VE} \cdot \boldsymbol{F}_{\boldsymbol{EGW}} = \mathbf{T}_{VW}^T \cdot \mathbf{T}_{EV}^T \cdot \left(\mathbb{M}_W \cdot \begin{bmatrix} 0 \\ 0 \\ -g_E \end{bmatrix} \right) \tag{2.26}$$

Zusätzlich wirken die in das radorientierte Koordinatensystem transformierten Kräfte der Radaufhängung $\boldsymbol{F}_{WV}$ und des Reifens $\boldsymbol{F}_{WT}$. Abhängig von der Reifennormalkraft wird näherungsweise die Rollwiderstandskraft $\boldsymbol{F}_{WRoll}$ nach (2.27) bestimmt. Für einen Gummireifen kann abhängig von der Beschaffenheit der Fahrbahn der Rollwiderstandsbeiwert k_{Roll} beispielsweise [26] entnommen werden.

$$\boldsymbol{F}_{WRoll} = \begin{bmatrix} 0 & 0 & -k_{Roll} \\ 0 & 0 & 0 \\ 0 & 0 & 0 \end{bmatrix} \cdot \boldsymbol{F}_{WT} = \begin{bmatrix} 0 \\ 0 \\ -k_{Roll} \cdot F_{WTz} \end{bmatrix} \tag{2.27}$$

Somit kann die Summe der Kräfte am Rad wie folgt aufgestellt werden:

$$\sum \boldsymbol{F}_W = \boldsymbol{F}_{WV} + \boldsymbol{F}_{WT} + \boldsymbol{F}_{WRoll} + \boldsymbol{F}_{WGW} \tag{2.28}$$

Die wirkenden Drehmomente in (2.29) beinhalten die Antriebs- und Bremsmomente M_{WA} und M_{WB} sowie Lagerreibung M_{WR} um die Drehachse des Rades. Entlang der

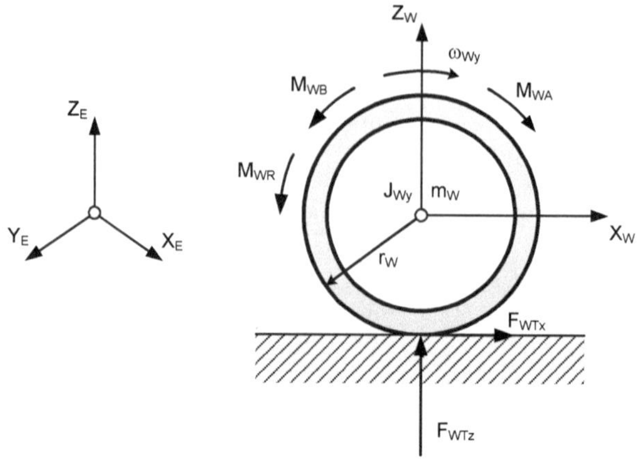

Abb. 2.6: Kinematik des reduzierten Radmodells

Z_W-Achse werden das Lenkmoment M_{WL} und das Rückstellmoment des Reifens M_{WT} berücksichtigt. Abhängig von der Lage ihrer Angriffspunkte bewirken Radaufhängungskraft und Reifenkraft über die Hebelarme $\boldsymbol{R}_{WV}$ und $\boldsymbol{R}_{WT}$ ebenfalls Drehmomente am Rad.

$$\sum \boldsymbol{M}_W = \boldsymbol{R}_{WV} \times \boldsymbol{F}_{WV} + \boldsymbol{R}_{WT} \times \boldsymbol{F}_{WT} + \begin{bmatrix} 0 \\ M_{WA} - M_{WB} - M_{WR} \\ M_{WL} - M_{WT} \end{bmatrix} \qquad (2.29)$$

Eine detaillierte Zusammenstellung der vorgestellten Berechnungsschritte zur Herleitung der Raddynamik ist im Anhang B.2 zu finden. Durch Anwenden folgender Vereinfachungen lassen sich die Freiheitsgrade der Räder auf die Drehung um die Y_W-Achse und die Lenkbewegung um die Z_W-Achse reduzieren:

- Die Längs-, Quer, Vertikal- und Lenkdynamik der Räder werden nicht berücksichtigt.
- Die reifen- und radorientierten Koordinatensysteme stimmen radweise überein.
- Der Radsturz wird radweise als konstant angenommen.
- Die Massen der Räder m_W werden für die Bewegung in der X_E-Y_E-Ebene in der Aufbaumasse m_V und dem Massenträgheitsmoment J_{Vz} berücksichtigt.

Da auf die Beschreibung der Lenkdynamik verzichtet wird, können die verbleibenden Kräfte und Drehmomente am Rad in der X_W-Z_W-Ebene in Abbildung 2.6 dargestellt werden. Für den Fall, dass das Reibmoment auf Grund der Lagerung M_{WR} drehzahlproportional mit der Konstante k_R abgebildet wird, verbleibt der Drallsatz für die Drehung um die Y_W-Achse:

$$J_{Wy} \cdot \dot{\omega}_{Wy} = M_{WA} - M_{WB} - k_R \cdot \omega_{Wy} - r_W \cdot F_{WTx} \qquad (2.30)$$

Die Drehzahl des Rades geht in die Berechnung des Umfangsschlupfes ein, der in Abschnitt 2.1.4.1 erläutert wird. Auf die Berechnung der Reifenkräfte wird in Abschnitt 2.1.4.2 genauer eingegangen. Zunächst soll jedoch die Modellierung des Antriebsstranges und die Berechnung der Antriebs- und Bremsmomente beleuchtet werden.

2.1.3 Elektroantriebsstrang

In Abschnitt 1.1.5 wurden bereits die Potenziale elektrischer Einzelradantriebe für die Regelung der Fahrdynamik aufgezeigt. Ein elektrischer Einzelradantrieb kann entweder mittels radnaher Positionierung der elektrischen Maschine und der Verwendung einer Antriebswelle oder einem Radnabenmotor realisiert werden. In beiden Fällen ist zusätzlich der Einsatz eines Getriebes mit fester Übersetzung denkbar, wobei die ohnehin hohen Anforderungen an das Packaging eines Radnabenmotors die Integration eines Getriebes erschweren. Zu dem Antriebsstrang sind ebenfalls die Traktionsbatterie, der Motorcontroller und die mechanische Bremse zu zählen, deren Modellierung im Folgenden näher erläutert werden wird. Der Zusammenhang der Komponenten des elektrischen Antriebsstrangs wird im Blockschaltbild in Abbildung 2.7 verdeutlicht.

Batterieelektrische Fahrzeuge für den Straßenverkehr werden heute fast ausschließlich mit Lithium-Ionen-Akkumulatoren betrieben, die derzeitig die höchsten Energie- und Leistungsdichten der bekannten sowie kommerziell verfügbaren elektrochemischen Energiespeicher aufweisen. Jedoch besitzen die in verbrennungsmotorisch betriebenen Fahrzeugen eingesetzten fossilen Brennstoffe eine vielfach höhere Energiedichte, sodass die darstellbaren Reichweiten batterieelektrischer Fahrzeuge ohne die Inkaufnahme höherer Kosten und eines hohen Eigengewichts der Batterie weitaus geringer ausfallen. Gleichzeitig werden intensive Forschungsbemühungen an der Zelltechnologie und dem Betriebsmanagement der Zelle im Betrieb unternommen, um diese Lücke zu schließen. Inzwischen existiert daher eine Vielzahl von Modellen zur Beschreibung des Verhaltens von Akkumulatoren. Diese reichen von elektrochemischen Modellen, die den Ladungs-, Massen- und Wärmetransport innerhalb der Batteriezellen sehr aufwändig beschreiben, bis hin zu elektrischen Ersatzschaltbildern [28] oder empirischen Modellen [83] zur mathematischen Modellierung der Klemmspannung in Abhängigkeit der Strombelastung der Zelle. Die mathematischen Modelle mit Ersatzschaltbildern werden im Folgenden angewendet, da diese einen weitaus geringeren Bedarf an Rechenzeit und Parametrieraufwand aufweisen und im Kontext einer fahrdynamischen Simulation alle notwendigen dynamischen Vorgänge abbilden. In dem zeitlichen Verlauf der Batteriezellspannung bei einer sprunghaften Strombelastung können die Einflüsse hauptsächlich drei physikalischen Vorgängen in der Zelle zugeordnet werden:

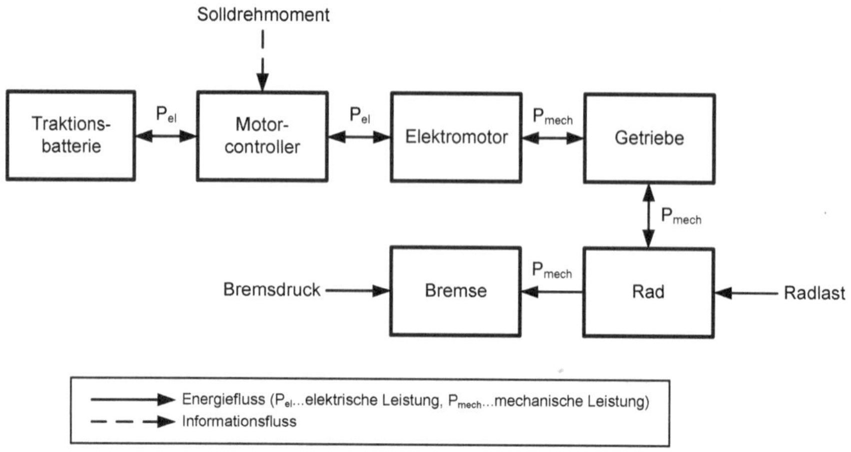

Abb. 2.7: Blockschaltbild des Modells eines Elektroantriebsstrangs

1. OHM'scher Spannungsabfall am Innenwiderstand
2. Verzögerten Spannungsabfall in Folge des Ladungsdurchtritts und der Ausbildung einer Doppelschichtkapazität im Grenzbereich Elektrode/Elektrolyt
3. Verzögerter Spannungsabfall auf Grund von Diffusionsvorgängen während des Ladungstransports im Elektrolyt.

Mit Hilfe des elektrischen Ersatzschaltbildes, bestehend aus einem OHM'schen Widerstand und zwei RC-Gliedern, in Abbildung 2.8 können die genannten Spannungsabfälle berücksichtigt und das dynamische Verhalten der Klemmspannung U_B in Abhängigkeit des Batteriestroms I_B und der Leerlaufspannung U_{B0} modelliert werden. Die sich daraus ergebene Übertragungsfunktion im Bildbereich ergibt sich nach (2.31).

$$U_B(s) = U_{B0}(s) - \left(R_{Bi} + \frac{R_{B1}}{R_{B1}C_{B1} \cdot s + 1} + \frac{R_{B2}}{R_{B2}C_{B2} \cdot s + 1} \right) \cdot I_B(s) \qquad (2.31)$$

Der Innenwiderstand R_{Bi} lässt sich zumeist für einzelne Batteriezellen dem Datenblatt entnehmen oder messtechnisch erfassen. Zur Ermittlung der Werte von R_{B1} und C_{B1} sowie R_{B2} und C_{B2} werden Verfahren zur Parameteridentifikation aus realen Messwerten herangezogen. Des Weiteren kann das Modell beispielsweise durch eine ladezustandsabhängige Leerlaufspannung [28], einer belastungsabhängigen Kapazität [40] sowie einem Temperaturmodell [21] erweitert werden.

Als Fahrmotor im mittleren bis hohen Leistungsbereich (>30 kW Dauerleistung) werden in Elektroantriebssträngen für PKWs heute überwiegend Drehstromantriebe (Asynchronmaschine, permanenterregte Synchronmaschine) eingesetzt. Die Asynchronmaschine (ASM) weist gegenüber der permanenterregten Synchronmaschine (PMSM) eine höhere Robustheit und Überbelastbarkeit bei vergleichsweise niedrigen

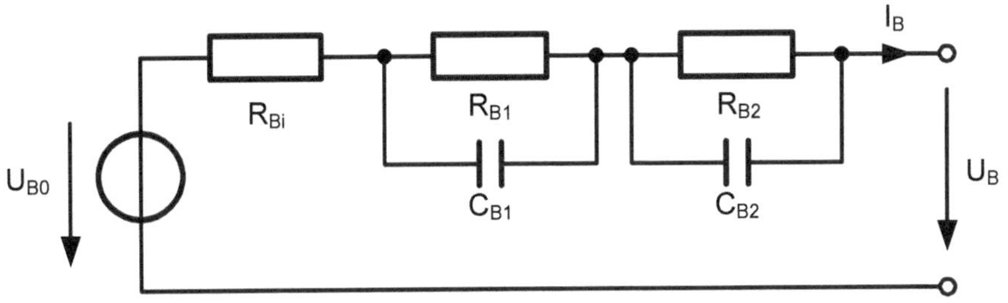

Abb. 2.8: Elektrisches Ersatzschaltbild des R-RC-RC-Batteriemodells

Kosten auf. Dem gegenüber stehen die höheren Leistungsdichten und Wirkungsgrade einer PMSM, die durch den Einsatz von Dauermagneten aus Seltenen Erden mit hohen magnetischen Flussdichten erreicht werden. Darüber hinaus werden bürstenkommutierte Gleichstrommotoren (GM) und bürstenlose Gleichstrommotoren (BLDC) mit Dauerleistungen bis ca. 30 kW im Elektroantrieb von Kleinstfahrzeugen oder Zweirädern eingesetzt. Prinzipiell sind alle genannten Arten von Elektromotoren als Einzelradantrieb einsetzbar, wobei für Radnabenmotoren lediglich die Verwendung der PMSM auf Grund der vergleichsweise höheren Leistungsdichten in Frage kommt. Die Verwendung moderner Leistungselektronik und Mikrorechner ermöglicht die Steuerung oder Regelung der Elektromotoren mit hoher Dynamik und Genauigkeit. Für fahrdynamische Untersuchungen können diese sehr kleinen Zeitkonstanten vernachlässigt beziehungsweise als Totzeitglied oder PT_1-Glied mit einer Summenzeitkonstante angenähert werden. Zur Beschreibung des elektrischen Übertragungsverhaltens des Motors $G_{Mel}(s)$ wird ein PT_1-Glied mit der Verstärkung K_{Mel} und der Zeitkonstante T_{Mel} verwendet, welches beispielsweise das Übertragungsverhalten des Ankerkreises einer GM oder des drehmomentbildenden I_q-Streckenverhaltens einer PMSM nachbildet. Zusammen mit der Verzögerung des Stellgliedes $G_{M\Sigma}(s)$ mit der Zeitkonstante $T_{M\Sigma}$, die mit dem Inversen der PWM-Frequenz der Steuersignale für die Leistungshalbleiter angenähert werden kann, ergibt sich die Übertragungsfunktion der Regelstrecke $G_M(s)$.

$$G_M(s) = \frac{I_M(s)}{U_M(s)} = G_{M\Sigma}(s) \cdot G_{Mel}(s) = \frac{K_{Mel}}{(T_{M\Sigma} \cdot s + 1)(T_{Mel} \cdot s + 1)} \tag{2.32}$$

Wird zur Regelung des Motorstroms ein PI-Regler verwendet, dessen Parameter nach den Einstellregeln des Betragsoptimums gewählt wurden, ergibt sich die Übertragungsfunktion der geschlossenen Regelstrecke $G_{MBO}(s)$ als PT_2-Glied.

$$G_{MBO}(s) = \frac{I_M(s)}{I_{Msoll}(s)} = \frac{1}{2 \cdot T_{M\Sigma}^2 \cdot s^2 + 2 \cdot T_{M\Sigma} \cdot s + 1} \tag{2.33}$$

Ist die Summenzeitkonstante $T_{M\Sigma}$ um ein Vielfaches geringer als die mechanische Zeitkonstante des Antriebs, kann die betragsoptimierte geschlossene Regelstrecke des Motorstroms $G_{Mers}(s)$ als PT_1-Glied mit der Zeitkonstante T_{Mers} approximiert werden [72].

$$G_{Mers}(s) = \frac{I_M(s)}{I_{Msoll}(s)} = \frac{1}{2 \cdot T_{M\Sigma} \cdot s + 1} = \frac{1}{T_{Mers} \cdot s + 1} \tag{2.34}$$

Gemäß der maximalen Leistung des Elektromotors muss der zulässige Motorstrom in Abhängigkeit der Drehzahl beziehungsweise der Motorspannung durch den Motorcontroller begrenzt werden. Der Wirkungsgrad $\eta_M(M_M, \omega_M)$ der elektrischen Maschine kann ebenfalls arbeitspunktabhängig in einem Kennfeld festgelegt werden. Folglich wird mit Hilfe der Bilanz zwischen mechanischer Leistung $P_{M,mech}$ und elektrischer Leistung $P_{M,el}$ des Motors bei vorgegebenen Soll-Drehmoment M_{Msoll} in Abhängigkeit von Drehzahl und der Motorspannung der erforderliche Sollwert des Motorstroms I_{Msoll} bestimmt und bei Erreichen der Maximalleistung begrenzt.

$$\begin{aligned} P_{M,mech} &= P_{M,el} \cdot \eta_M(M_M, \omega_M) \\ I_{Msoll} &= \frac{M_{Msoll} \cdot \omega_M}{U_M \cdot \eta_M(M_{Msoll}, \omega_M)} \end{aligned} \tag{2.35}$$

Das mechanische Teilsystem des Antriebsstrangs in (2.36) beschreibt die Dynamik der Raddrehzahl ω_{Wy} in Abhängigkeit des Motormoments M_M, des Bremsmoments M_{WB} sowie der Reifenlängskraft F_{WTx} und des drehzahlproportionalen Reibwerts k_R (vgl. Gleichung (2.30)). Auf Grund der für gewöhnlich kompakten Bauform eines Einzelradantriebs mit sehr kurzen oder im Fall des Radnabenantriebs fehlenden Wellenverbindungen, werden deren Elastizitäten vernachlässigt. Es wirken lediglich die Massenträgheitsmomente des Rotors der elektrischen Maschine J_M und des Rades J_W. Ist des Weiteren ein Getriebe zur Untersetzung der Motordrehzahl i_G vorhanden, wird es als Massenträgheitsmoment motorseitig (J_{G1}) beziehungsweise radseitig (J_{G2}) und spielfrei betrachtet. Die Verluste im Getriebe sind in einem lastabhängigen Verlustmoment M_{GV} berücksichtigt.

$$\begin{aligned} &\left((J_{G1} + J_M) \cdot i_G^2 + J_{G2} + J_{Wy}\right) \cdot \dot{\omega}_{Wy} + k_R \cdot \omega_{Wy} \\ &\qquad = i_G \cdot M_M - M_{WB} - M_{GV}(M_M, \omega_{Wy}) - r_W \cdot F_{WTx} \end{aligned} \tag{2.36}$$

Im Falle eines Direktantriebs vereinfacht sich die Gleichung (2.36) zu:

$$(J_M + J_{Wy}) \cdot \dot{\omega}_{Wy} + k_R \cdot \omega_{Wy} = M_M - M_{WB} - r_W \cdot F_{WTx} \tag{2.37}$$

Auf eine detailliertere Modellierung des am Rad wirkenden Bremsmoments oder dessen Dynamik wird im weiteren Verlauf verzichtet. Der Vollständigkeit halber wird in (2.38) die Gleichung zur Berechnung des Bremsmoments für hydraulisch betriebene Scheibenbremsen in Abhängigkeit des hydraulischen Drucks im Bremszylinder p_B, der Zylinderkolbenfläche A_{BZ}, dem Sattelwirkungsgrad η_{Sattel} sowie dem Bremsenkennwert C^* und dem effektiven Reibradius r_B angegeben [5, 26].

$$M_{WB} = A_{BZ} \cdot \eta_{Sattel} \cdot C^* \cdot r_B \cdot p_B = k_B \cdot p_B \tag{2.38}$$

Ausgehend von der Annahme, dass die Eigenschaften der Bremse in der Konstante k_B sich während eines Bremsvorgangs nicht ändern und in modernen Bremssystemen der Druck im Bremszylinder messtechnisch erfasst wird, wird auch das Bremsmoment im Folgenden zumindest näherungsweise als bekannt vorausgesetzt.

Die Raddrehzahl wird neben der Geschwindigkeit der Radaufstandspunkte zur Berechnung des Reifenschlupfes benötigt, der wiederrum in schlupfbasierten Reifenmodellen zur Bestimmung der Reifenkräfte Anwendung findet. Auf die Modellierung des Rad-Straße-Kontaktes und der Reifenkräfte mit Hilfe schlupfbasierter Reifenmodelle wird im folgenden Abschnitt eingegangen.

2.1.4 Rad-Straße-Kontakt und Reifenkräfte

Die Beschreibung der Interaktion von Reifen und Fahrbahn ist für die Modellierung der Fahrzeugdynamik von entscheidender Bedeutung, da über die Kontaktfläche zwischen Reifen und Fahrbahn, dem Reifenlatsch, sämtliche Kräfte und Momente aus Fahrwerk und Antriebsstrang übertragen werden. Moderne Kraftfahrzeugreifen weisen sehr komplexe, nichtlineare und dynamische Eigenschaften auf, sodass mittlerweile eine Vielzahl von Reifenmodellen entstanden ist [50, 71]. Es existiert keine eindeutige Klassifizierung von Reifenmodellen, allerdings werden sie häufig nach dem Detailierungsgrad beziehungsweise der Komplexität eingeordnet (vgl. Abbildung 2.9) [17, 26, 50, 71]. Sie können aber auch nach dem zugrundeliegenden Modellierungsansatz in empirische, semi-physikalische und physikalische Reifenmodelle [17, 58] oder nach dem Anwendungsgebiet unterteilt werden [26, 50]. Für fahrdynamische Untersuchungen eignen sich auf Grund der geringen Rechenzeit hauptsächlich mathematische Modelle und einfache MKS-Modelle, wobei die Übergänge beispielsweise bei kommerziell verfügbaren Modellen, wie *MF-Tyre* oder *SWIFT*, fließend sind [17]. Die im weiteren Verlauf verwendeten Reifenmodelle basieren auf Kennlinien zur Bestimmung der Reifenkräfte mit dem Reifenschlupf als Eingangsgröße, auf dessen Definition im folgenden Abschnitt eingegangen wird. Im Anschluss wird der mathematische Zusammenhang zwischen Schlupf und Reifenkraft statisch und dynamisch am Beispiel der Kraftschlussbeiwert-Schlupf-Kennlinie erläutert. Auf Grund der bereits aufgezeigten Variationsvielfalt an Reifenmodellen, die sich teilweise spezifischer Schlupfdefinitionen bedienen, wird sich im Folgenden vorrangig auf die im weiteren Verlauf verwendeten Modelle beschränkt.

2.1.4.1 Reifenschlupf

Der Reifenschlupf beschreibt die Kinematik der Scherdeformation der Profilstollen im Reifenlatsch und damit die Entstehung der Reifenkräfte [26, 71]. Dabei wird zwischen dem Umfangsschlupf (Längsschlupf) zur Beschreibung eines angetriebenen, gebremsten oder frei rollenden Rades und dem Querschlupf (Schräglauf bzw. Seitenschlupf) eines frei rollenden Rades unter Seitenkraft unterschieden.

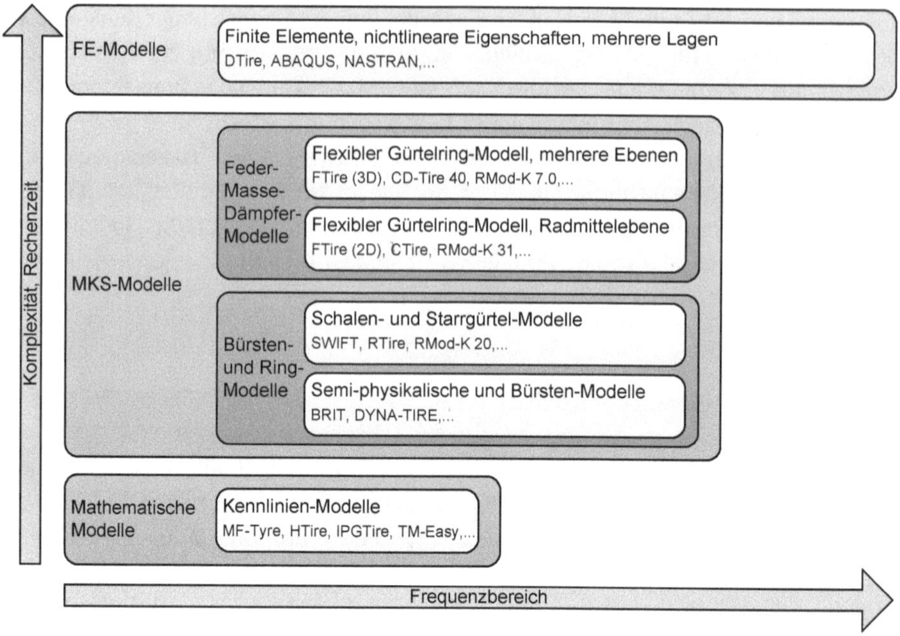

Abb. 2.9: Einordnung von Reifenmodellen nach Komplexität und Frequenzbereich mit Beispielen (vgl. [17, 50])

Ausgehend von der Definition des Umfangsschlupfes in der DIN ISO 8855 können in der Literatur verschiedene mathematische Formulierungen gefunden werden, die sich sowohl in der Differenzgeschwindigkeit (Zähler), als auch in der Bezugsgeschwindigkeit (Nenner) unterscheiden [31, 39, 67, 71]. Neben der grundsätzlichen Unterscheidung zwischen Antriebsschlupf s_A und Bremsschlupf s_B kann durch die Einführung der Maximumfunktion im Nenner eine allgemeine Gleichung für den Umfangsschlupf s_x aufgestellt werden, die den Antriebs- und Bremsfall wiedergibt [71]:

$$s_A = \frac{\omega_W \cdot r_{dyn} - v_{Wx}}{\omega_W \cdot r_{dyn}} \qquad s_B = -\frac{\omega_W \cdot r_{dyn} - v_{Wx}}{v_{Wx}}$$

$$s_x = \frac{\omega_W \cdot r_{dyn} - v_{Wx}}{\max\left(|v_{Wx}|, |\omega_W \cdot r_{dyn}|\right)} \tag{2.39}$$

Während die Wertebereiche von Antriebs- und Bremsschlupf mit [0; 1] angegeben werden können, liegt der Umfangsschlupf im Intervall [-1; 1]. Der dynamische Reifenradius r_{dyn} entspricht dem Radius eines fiktiven Kreises, dessen Umfang dem Abrollumfang des Reifens für eine Umdrehung entspricht und zwischen dem Konstruktionsradius r_0 und dem statischen Radradius r_{stat} liegt. Näherungsweise wird der dynamische Reifenradius bestimmt nach [71]:

$$r_{dyn} = \frac{2}{3} \cdot r_0 + \frac{1}{3} \cdot r_{stat} \tag{2.40}$$

Für den Querschlupf existieren in der Literatur ebenfalls verschiedene Definitionen, wobei sich diese in der Wahl der Bezugsgeschwindigkeit unterscheiden [31, 67, 71]. Mit Hilfe der Längs- und Querkomponente der Radgeschwindigkeit wird der Schräglaufwinkel α bestimmt, dessen Tangens dem Querschlupf s_y entspricht [71]:

$$s_y = \tan \alpha = \frac{-v_{Wy}}{v_{Wx}} \tag{2.41}$$

Der Wertebereich des Schräglaufwinkels liegt zwischen -90 ° und 90 ° beziehungsweise der des Querschlupfes im Intervall (-∞; ∞), wobei in gewöhnlichem Straßenverkehr der Betrag des Schräglaufwinkels unter 12 ° bleibt. Auf Grund der vorliegenden mathematischen Definitionen von Längs- und Querschlupf, stellt die Modellierung des Schlupfes zur numerischen Simulation eine Herausforderung dar. Beispielhaft führen folgende Fahrmanöver zu numerischen Fehlern oder Instabilität der numerischen Löser [68] sowie zum Überschreiten des Wertebereichs:

- Abbremsen zum Stillstand mit und ohne blockierenden Rädern
- Anfahren mit Fahrrichtungsumkehr mit und ohne durchdrehenden Rädern
- Stillstand auf geneigter Fahrbahnebene.

Durch Addieren einer fiktiven numerischen Geschwindigkeit zur Bezugsgeschwindigkeit kann ein Abbremsen zum Stillstand ohne Singularitätsprobleme simuliert werden. Deren Wert hängt vom verwendeten numerischen Löser ab und bewirkt ein Verschieben der Eigenwerte des Simulationsmodells in den stabilen Bereich des Lösers. [69]. Ebenso ist die Wahl einer alternativen Definition der Bezugsgeschwindigkeit v_B als Euklidische Norm zur Näherung der Maximumnorm in (2.39) anwendbar, was eine Differentiation des Schlupfes ohne Fallunterscheidung erlaubt. Gleichzeitig wird das Überschreiten des Wertebereichs des Umfangsschlupfes verhindert und der Querschlupf im Wertebereich [-1; 1] definiert:

$$s_x = \frac{\omega_W \cdot r_{dyn} - v_{Wx}}{\sqrt{(\omega_W \cdot r_{dyn})^2 + v_{Wx}^2 + v_{Wy}^2}} = \frac{\omega_W \cdot r_{dyn} - v_{Wx}}{v_B} \tag{2.42}$$

$$s_y = \frac{-v_{Wy}}{\sqrt{(\omega_W \cdot r_{dyn})^2 + v_{Wx}^2 + v_{Wy}^2}} = \frac{-v_{Wy}}{v_B} \tag{2.43}$$

Diese stationären Schlupfwerte werden als Eingang eines dynamischen Schlupfmodells für den dynamischen Umfangsschlupf s_{Dx} und den dynamischen Querschlupf s_{Dy} verwendet, welche als PT_1-Elemente mit geschwindigkeitsabhängiger Zeitkonstante modelliert werden [10]. Die Werte für σ_x und σ_y entsprechen näherungsweise den Relaxationslängen des Reifens in Umfangs- und Querrichtung.

$$\frac{\sigma_x}{v_B} \cdot \dot{s}_{Dx} + s_{Dx} = s_x \tag{2.44}$$

$$\frac{\sigma_y}{v_B} \cdot \dot{s}_{Dy} + s_{Dy} = s_y \tag{2.45}$$

Die Differentialgleichung des dynamischen Schlupfes ist in jedem Fahrzustand lösbar und erlaubt eine Änderung des Schlupfwertes im Stillstand. Somit wird die Erzeugung einer schlupfabhängigen Reifenkraft ermöglicht, die das Fahrzeug an einer geneigten Fahrbahnebene hält. Darüber hinaus wird das dynamische Verhalten des Reifenkraftaufbaus im Schlupfmodell näherungsweise mit abgebildet.

Da nur in wenigen Fahrsituation von reinem Längs- oder Querschlupf ausgegangen werden kann und Überlagerungseffekte bei gleichzeitiger Längs- und Querkraft am Reifen auftreten [71], wird zur Bestimmung der Reifenkraft der kombinierte Schlupf (resultierender Gesamtschlupf) $s_{D,res}$ verwendet:

$$s_{D,res} = \sqrt{s_{Dx}^2 + s_{Dy}^2} \tag{2.46}$$

Der dynamische Schlupf dient als Eingangsgröße des im Folgenden erläuterten Reifenmodells zur Berechnung der Reifenkräfte.

2.1.4.2 Reifenkräfte

Im Bereich der Kennlinien-Modelle existiert bereits eine Vielzahl verschiedener Ansätze zur Beschreibung der Reifenkräfte in Abhängigkeit des Schlupfes. Dazu zählen die *Magic Formula* von PACEJKA ET AL. [58], das HSRI-Reifenmodell von DUGOFF ET AL. [15, 71] und das Reifenmodell von BURCKHARDT [6, 31]. Diese Modelle berücksichtigen die Abnahme der Reifenkraft bei Überschreiten des kritischen Schlupfes $s_{D,krit}$, der den Übergang von der Haft- in die Gleitreibung markiert. Somit ist die nach der Coulomb'schen Reibung definierte maximal übertragbare Reifenkraft in (2.47) durch die Normalkraft F_{WTz} und dem maximalen Reibbeiwert μ_{max} begrenzt, was im KAMM'schen Kreis in Abbildung 2.10 veranschaulicht wird. Im Falle der Gleitreibung sinkt der Reibwert bis auf μ_G und damit die übertragbare Reifenkraft ab, was beispielsweise beim Bremsen mit blockierendem Rad auftritt.

$$\sqrt{F_{WTx}^2 + F_{WTy}^2} \leq \mu_{max} \cdot F_{WTz} \tag{2.47}$$

Das vereinfachte Reifenmodell von BURCKHARDT in (2.48) bildet eine Reibbeiwert-Schlupf-Kennlinie $\mu(s_{D,res})$ ab, mit der die resultierende Reifenkraft nach (2.49) aus dem kombinierten Schlupf $s_{D,res}$ und der Reifennormalkraft F_{WTz} bestimmt wird.

$$\mu\left(s_{D,res}\right) = C_1 \cdot \left(1 - e^{-C_2 \cdot s_{D,res}}\right) - C_3 \cdot s_{D,res} \tag{2.48}$$

$$\sqrt{F_{WTx}^2 + F_{WTy}^2} = \mu\left(s_{D,res}\right) \cdot F_{WTz} \tag{2.49}$$

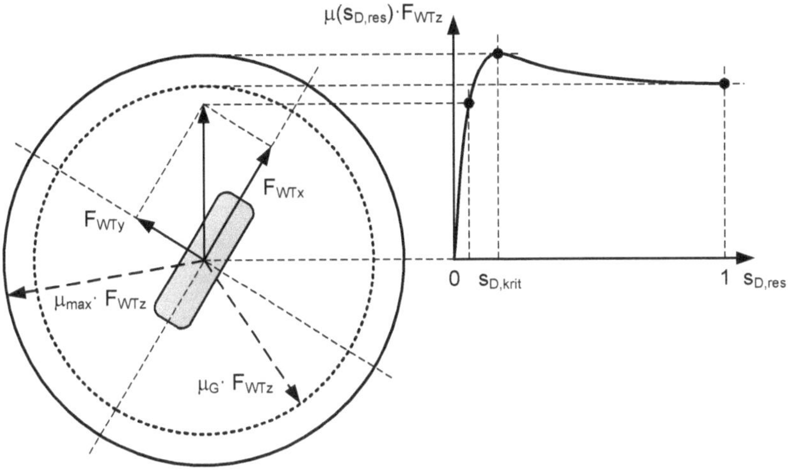

Abb. 2.10: Umfangs- und Seitenkraft am KAMM'schen Reibungskreis und schematische Darstellung der Reibkraft-Schlupf-Kennlinie (vgl. [71])

Die Parameter C_1, C_2 und C_3 hängen von der Beschaffenheit der Fahrbahn ab und beeinflussen den Wert und die Lage des maximalen Reibbeiwertes und den Anstieg der Kennlinie $c_{\mu 0}$ im Ursprung gemäß (2.50).

$$\left[s_{D,krit}\,;\mu_{max}\right] = \left[\frac{1}{C_2}\cdot\ln\left(\frac{C_1\cdot C_2}{C_3}\right);C_1-\frac{C_3}{C_2}\left(1+\ln\left(\frac{C_1\cdot C_2}{C_3}\right)\right)\right]$$

$$\left.\frac{\partial\mu\left(s_{D,res}\right)}{\partial s_{D,res}}\right|_{s_{D,res}=0} = c_{\mu 0} = C_1\cdot C_2 - C_3 \tag{2.50}$$

Abbildung 2.11 zeigt beispielhaft die Reibbeiwert-Schlupf-Kennlinien für unterschiedliche Fahrbahnoberflächen, deren Parameter [12] entnommen wurden. Entsprechend der geometrischen Beziehungen werden die Umfangs- und Querkraft aus dem Verhältnis der Schlupfwerte in Gleichung (2.51) und (2.52) bestimmt. Mit Hilfe der Dämpfungsparameter d_{Fx} und d_{Fy} können Deformations- und Scherspannungskräfte im Reifenlatsch bei Schlupfänderung berücksichtigt werden, indem das Einschwingverhalten der Reifenkräfte in Längs- und Querrichtung bei Schlupfänderung, beispielsweise an vorliegenden Messwerten, angepasst werden kann. Für die Simulation werden die Werte so gewählt, dass die aus der Numerik resultierenden Schwingungen der Reifenkräfte bei sprunghaften Änderungen des Raddrehmomentes und Verzögerungen bis zum Stillstand des Rades ausreichend gedämpft werden.

$$F_{WTx} = \mu\left(s_{D,res}\right)\cdot\frac{s_{Dx}}{s_{D,res}}\cdot F_{WTz} + d_{Fx}\cdot\dot{s}_{Dx} \tag{2.51}$$

$$F_{WTy} = \mu\left(s_{D,res}\right)\cdot\frac{s_{Dy}}{s_{D,res}}\cdot F_{WTz} + d_{Fy}\cdot\dot{s}_{Dy} \tag{2.52}$$

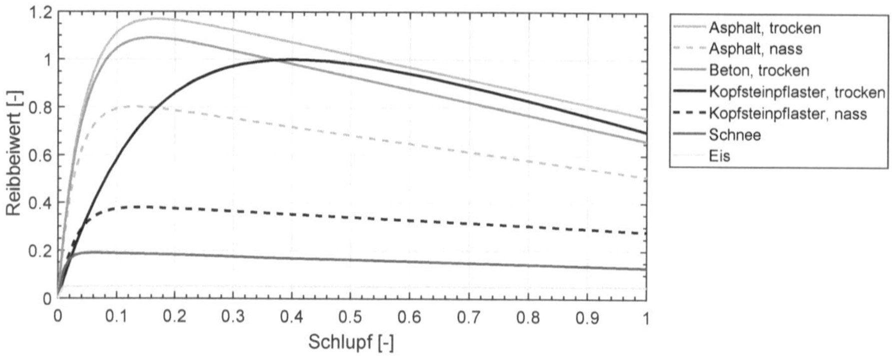

Abb. 2.11: Reibbeiwert-Schlupf-Kennlinien verschiedener Fahrbahnoberflächen (vgl. [6, 12])

An dieser Stelle sei darauf hingewiesen, dass der KAMM'sche Kreis von isotropen Eigenschaften des Reifens ausgeht, was auf Grund der Reifenprofile nicht exakt ist. Folglich nimmt die maximal übertragbare Querkraft des Reifens mit höherer Längskraft leicht ab, was einer elliptischen Grenzkurve (KREMPEL'sche Reibungsellipse) für die maximal übertragbare Reifenkraft entspricht [26, 71].

2.2 Zustands- und Parameterschätzung

Für die Anwendung effektiver Regelungs- und Steuerungsverfahren sowie die Überwachung und Fehlererkennung technischer Systeme oder Prozesse ist die Kenntnis des Systemzustandes Voraussetzung [32, 59, 84]. Die als Beobachter bezeichneten mathematischen Modelle erlauben die Rekonstruktion des Systemzustandes aus den zeitlichen Verläufen der Ein- und Ausgangsgrößen des Systems. Dies wird notwendig, wenn nicht alle Zustandsgrößen aus technischer Sicht oder Kostengründen messtechnisch erfasst werden können. Gleichzeitig sind bei realen Systemen die Messinformationen fehlerbehaftet und verfälschen die Schätzung des Systemzustandes. Eine weitere Herausforderung stellt die Modellierung des Systems selbst dar, da eine genauere mathematische Beschreibung zwar die Qualität der Schätzung verbessert, im Umkehrschluss die Komplexität des verwendeten Modells stark ansteigen kann. Gleichzeitig muss in vielen Fällen davon ausgegangen werden, dass die Parameter des Modells auf Grund äußerer Einflüsse wie Temperaturschwankungen, Alterung der Bauteile oder Manipulation sich in Grenzen verändern können. Um unter diesen Gegebenheiten eine möglichst gute Schätzung von Systemzustand und Parametern zu ermöglichen, wurde eine Vielzahl mathematischer Verfahren entwickelt, die mittlerweile auch in Echtzeitanwendungen immer mehr an Bedeutung gewinnen. Im weiteren Verlauf kommen zur optimalen Zustands- und Parameterschätzungen das Kalman-Filter und die Methode der kleinsten Fehlerquadrate sowie deren spezielle Erweiterungen zum Einsatz, die auf deterministischen Optimierungsverfahren basieren. Es existieren ebenfalls Verfahren auf der Basis künstlicher Neuronaler Netze oder Fuzzy-Logik, die hier allerdings nicht weiter betrachtet werden.

2.2.1 Erweitertes Kalman-Filter

Die ursprüngliche Formulierung des Kalman-Filters [34] beziehungsweise des Kalman-Bucy-Filters [33] galt der optimalen Zustandsschätzung kontinuierlicher und zeitdiskreter linearer Systeme. Soll der Algorithmus des Kalman-Filters für nichtlineare Systemgleichungen angewendet werden, müssen zusätzlich in jedem Rechenschritt eine Linearisierung der Systemgleichungen und die Nachführung des Betriebspunktes erfolgen [59]. Da zur optimalen Zustandsschätzung nichtlinearer Systeme alle zurückliegenden Messungen in Betracht gezogen werden müssen und das Kalman-Filter lediglich die zum aktuellen Zeitpunkt vorliegenden Messwerte verwendet, handelt es sich beim Erweiterten Kalman-Filter um eine suboptimale Zustandsschätzung. Jedoch wird dies auf Grund der verhältnismäßig einfachen Struktur und geringeren Rechenaufwands gegenüber beispielsweise Partikel-Filtern in vielen Anwendungen in Kauf genommen oder ermöglicht überhaupt die Echtzeitfähigkeit der Zustandsschätzung [9, 59]. Weitere Varianten des Kalman-Filters, wie das Sigma-Point Kalman-Filter [49], sowie Erweiterungen, beispielsweise für den Umgang mit korrelierenden, nicht mittelwertfreien Zustands- und Messrauschen [77], sowie Herleitungen [9, 23, 59, 77] können der Literatur entnommen werden.

Grundlage der mathematischen Formulierung bilden die nichtlinearen zeitdiskreten Systemgleichungen (2.53) und (2.54) mit differenzierbaren Funktionen $\boldsymbol{f}(\boldsymbol{x}_k, \boldsymbol{u}_k)$ und $\boldsymbol{g}(\boldsymbol{x}_k, \boldsymbol{u}_k)$ sowie den stochastischen Rauschprozessen $\boldsymbol{w}_k$ und $\boldsymbol{v}_k$.

$$\boldsymbol{x}_{k+1} = \boldsymbol{f}(\boldsymbol{x}_k, \boldsymbol{u}_k) + \boldsymbol{w}_k \tag{2.53}$$

$$\boldsymbol{y}_k = \boldsymbol{g}(\boldsymbol{x}_k, \boldsymbol{u}_k) + \boldsymbol{v}_k \tag{2.54}$$

Zur Initialisierung des Algorithmus werden der Zustand und die Kovarianzmatrix der Schätzfehler anhand des Erwartungswertes nach (2.55) und (2.56) a priori bestimmt, was durch ein hochgestelltes Minuszeichen gekennzeichnet wird. Gleichzeitig werden die Kovarianzmatrizen des Prozessrauschen $\mathbf{Q}_k$ und des Messrauschens $\mathbf{R}_k$ in (2.57) und (2.58) anhand der erwarteten Kovarianzwerte $\boldsymbol{w}_k$ und $\boldsymbol{v}_k$ sowie deren Mittelwerte $\boldsymbol{\mu}_w$ und $\boldsymbol{\mu}_v$ definiert und zunächst als konstant angenommen.

$$\hat{\boldsymbol{x}}_0^- = \mathbb{E}[\boldsymbol{x}_0] \tag{2.55}$$

$$\mathbf{P}_0^- = \mathbb{E}\left[\left(\boldsymbol{x}_0 - \hat{\boldsymbol{x}}_0^-\right)\left(\boldsymbol{x}_0 - \hat{\boldsymbol{x}}_0^-\right)^T\right] \tag{2.56}$$

$$\mathbf{Q}_k = \mathbb{E}\left[(\boldsymbol{w}_k - \boldsymbol{\mu}_w)(\boldsymbol{w}_k - \boldsymbol{\mu}_w)^T\right] \tag{2.57}$$

$$\mathbf{R}_k = \mathbb{E}\left[(\boldsymbol{v}_k - \boldsymbol{\mu}_v)(\boldsymbol{v}_k - \boldsymbol{\mu}_v)^T\right] \tag{2.58}$$

Des Weiteren wird der Initialwert der Kalman-Verstärkung bestimmt aus:

$$\mathbf{G}_0 = \mathbf{P}_0^- \cdot \mathbf{C}_0^T \cdot \left(\mathbf{C}_0 \cdot \mathbf{P}_0^- \cdot \mathbf{C}_0^T + \mathbf{R}_k\right)^{-1} \tag{2.59}$$

$$\text{mit} \quad \mathbf{C}_0 = \left.\frac{\partial \boldsymbol{g}(\boldsymbol{x}_k, \boldsymbol{u}_k)}{\partial \boldsymbol{x}_k}\right|_{\boldsymbol{x}_k = \hat{\boldsymbol{x}}_0^-} \tag{2.60}$$

Nach Einlesen der Messwerte $\boldsymbol{y}_k$ wird die Korrektur der Zustandsschätzung vorgenommen und der a posteriori geschätzte Zustand sowie die Kovarianzmatrix der Schätzfehler mittels (2.61) und (2.62) berechnet, was mit einem hochgestellten Pluszeichen verdeutlicht werden soll. Die JOSEPH-Form stellt dabei sicher, dass die Kovarianzmatrix der Schätzfehler symmetrisch und positiv definit ist, benötigt jedoch einen höheren Rechenaufwand.

$$\hat{\boldsymbol{x}}_k^+ = \hat{\boldsymbol{x}}_k^- + \mathbf{G}_k \left(\boldsymbol{y}_k - \boldsymbol{g}\left(\hat{\boldsymbol{x}}_k^+, \boldsymbol{u}_k\right)\right) \tag{2.61}$$

$$\mathbf{P}_k^+ = (\mathbf{I} - \mathbf{G}_k \cdot \mathbf{C}_k)\,\mathbf{P}_k^-$$

$$\text{JOSEPH-Form:} \quad \mathbf{P}_k^+ = (\mathbf{I} - \mathbf{G}_k \cdot \mathbf{C}_k)\,\mathbf{P}_k^- (\mathbf{I} - \mathbf{G}_k \cdot \mathbf{C}_k)^T + \mathbf{G}_k \cdot \mathbf{R}_k \cdot \mathbf{G}_k^T \tag{2.62}$$

Für den korrigierten Schätzwert werden nach Linearisierung der Systemgleichungen in $\boldsymbol{f}(\boldsymbol{x}_k, \boldsymbol{u}_k)$ eine Ein-Schritt-Prädiktion der Zustände und die Kovarianzmatrix der Schätzfehler a priori ermittelt.

$$\hat{\boldsymbol{x}}_{k+1}^- = \boldsymbol{f}\left(\hat{\boldsymbol{x}}_k^+, \boldsymbol{u}_k\right) \tag{2.63}$$

$$\mathbf{P}_{k+1}^- = \mathbf{A}_k \cdot \mathbf{P}_k^+ \cdot \mathbf{A}_k^T + \mathbf{Q}_k \tag{2.64}$$

$$\text{mit} \quad \mathbf{A}_k = \left.\frac{\partial \boldsymbol{f}(\boldsymbol{x}_k, \boldsymbol{u}_k)}{\partial \boldsymbol{x}_k}\right|_{\boldsymbol{x}_k = \hat{\boldsymbol{x}}_k^+} \tag{2.65}$$

Durch Linearisierung der Ausgangsgleichung $\boldsymbol{g}(\boldsymbol{x}_k, \boldsymbol{u}_k)$ wird abschließend die Kalman-Verstärkung $\mathbf{G}_k$ für den nächsten Iterationsschritt ermittelt.

$$\mathbf{G}_{k+1} = \mathbf{P}_{k+1}^- \cdot \mathbf{C}_{k+1}^T \cdot \left(\mathbf{C}_{k+1} \cdot \mathbf{P}_{k+1}^- \cdot \mathbf{C}_{k+1}^T + \mathbf{R}_k\right)^{-1} \tag{2.66}$$

$$\text{mit} \quad \mathbf{C}_{k+1} = \left.\frac{\partial \boldsymbol{g}(\boldsymbol{x}_k, \boldsymbol{u}_k)}{\partial \boldsymbol{x}_k}\right|_{\boldsymbol{x}_k = \hat{\boldsymbol{x}}_{k+1}^-} \tag{2.67}$$

Die a priori Schätzung des Zustandes in (2.63) eignet sich zur Berechnung der Stellgrößen der Regelung im folgenden Zeitschritt $\boldsymbol{u}_{k+1}$, während die Korrektur der Zustände gemäß (2.61) eher zur Systemüberwachung herangezogen wird [59].

2.2.2 Rekursive kleinste Fehlerquadrate

Als Methode der kleinsten Fehlerquadrate wird ein Spezialfall der Minimierung mehrdimensionaler Funktionen bezeichnet, der sehr häufig in praktischen Anwendungen Einsatz findet, beispielsweise bei der Messwertfilterung oder der Parameteridentifikation statischer Systeme (*Curve-Fitting* o.ä.). Die zu minimierende Kostenfunktion

$z(\boldsymbol{p})$ summiert die Quadrate der Residuen w_i auf, wobei im Falle der linearen kleinsten Fehlerquadrate diese eine lineare Funktion der Optimierungsvariablen $\boldsymbol{p}$ sind.

$$z(\boldsymbol{p}) = \frac{1}{2}\sum_{i=1}^{m} w_i^2(\boldsymbol{p}) \tag{2.68}$$

Die Kostenfunktion für einen gegebenen Vektor $\boldsymbol{y}$ der Länge m und der Koeffizientenmatrix $\mathbf{C}$ der Größe $m \times n$ zur optimalen Schätzung des Parametervektors $\boldsymbol{p}$ der Länge n lautet demnach:

$$z(\hat{\boldsymbol{p}}) = \frac{1}{2}\left\|\boldsymbol{y} - \mathbf{C}\cdot\hat{\boldsymbol{p}}\right\|^2 \tag{2.69}$$

Im Falle einer quadratischen Matrix $\mathbf{C}$, ergibt sich die Lösung durch einfache Inversion. Wenn jedoch $m>n$ wird, handelt es sich um ein überbestimmtes Gleichungssystem, dessen optimale Lösung gefunden werden soll. Durch Nullsetzen der ersten Ableitung von (2.69) nach dem Parametervektor kann die Lösungsvorschrift nach (2.70) gefunden werden. Die Matrix $\mathbf{C}^+$ wird als Pseudoinverse der Matrix $\mathbf{C}$ bezeichnet. [59]

$$\boldsymbol{p}^* = \left(\mathbf{C}^T\cdot\mathbf{C}\right)^{-1}\cdot\mathbf{C}^T\cdot\boldsymbol{y} = \mathbf{C}^+\cdot\boldsymbol{y} \tag{2.70}$$

Da in den meisten Anwendungsfällen die Anzahl m der Messungen kontinuierlich wächst und diese zur Verbesserung der Schätzung einbezogen werden sollen, muss (2.70) erneut berechnet werden. Hierzu ist die Inversion einer Matrix der Größe $n \times n$ und zwei Multiplikationen von $n \times m$-Matrizen durchzuführen, deren Rechen- und Speicheraufwand unter Umständen nicht im laufenden Prozess realisiert werden kann. Es lässt sich jedoch zeigen [59], dass die Lösung der obigen Gleichung sich ebenfalls als rekursive Berechnungsprozedur formulieren lässt. Die rekursiven kleinsten Fehlerquadrate erlauben die Aktualisierung des Schätzwerts mit Hilfe des alten Schätzwerts und der neuen Messwerte. Zunächst müssen zur Berechnung der Startlösung des Schätzwerts n Messungen erfasst und in der $\mathbf{Y}_n$ gestapelt sowie die Matrix Π_n berechnet werden.

$$\hat{\boldsymbol{p}}_n = \mathbf{C}_n^{-1}\cdot\mathbf{Y}_n \tag{2.71}$$

$$\Pi_n = \left(\mathbf{C}_n^T\cdot\mathbf{C}_n\right)^{-1} \tag{2.72}$$

Nun können ausgehend von $k=n$ die nächsten Schätzungen rekursiv mit Hilfe des neuen Messwerts y_{k+1} und des Modellvektors c_{k+1} berechnet werden. Der alte Schätzwert wird dabei um die Abweichung vom Messwert zum Modellwert korrigiert, wobei mit dem Vektor $\boldsymbol{h}_k$ skaliert wird.

$$\hat{\boldsymbol{p}}_{k+1} = \hat{\boldsymbol{p}}_k + \boldsymbol{h}_k\left(y_{k+1} - \boldsymbol{c}_{k+1}^T\cdot\hat{\boldsymbol{p}}_k\right) \tag{2.73}$$

$$\boldsymbol{h}_k = \frac{\Pi_k\cdot\boldsymbol{c}_{k+1}}{\boldsymbol{c}_{k+1}^T\cdot\Pi_k\cdot\boldsymbol{c}_{k+1} + 1} \tag{2.74}$$

$$\Pi_{k+1} = \Pi_k - \boldsymbol{h}_k\cdot\boldsymbol{c}_{k+1}^T\cdot\Pi_k \tag{2.75}$$

Zur Lösung der Gleichungen (2.73) bis (2.75) fällt der Rechenaufwand deutlich geringer aus, da unter anderem keine Matrixinversion nötig ist, und bleibt konstant mit steigendem k. Gleichzeitig ist lediglich die Speicherung von $\hat{\boldsymbol{p}}_k$ und Π_k erforderlich, deren Speicherplatzbedarf ebenfalls nicht mit wachsendem k ansteigt. [59]

Wird über eine längere Zeitdauer geschätzt, nimmt der Einfluss neuer Messwerte auf die Schätzung kontinuierlich ab, was sich bei der Schätzung zeitveränderlicher Modellparameter negativ auswirkt. Abhilfe bietet die adaptive Variante der rekursiven kleinsten Fehlerquadrate mit Vergessensfaktor. Durch Einführen des Vergessensfaktors γ in die Kostenfunktion werden mit steigendem k ältere Messungen weniger gewichtet. [59]

$$z_\gamma(\hat{\boldsymbol{p}}) = \frac{1}{2}\sum_{i=1}^{k} \gamma^{k-i} \cdot w_i^2 \quad ; \quad 0 < \gamma \leq 1 \tag{2.76}$$

Die Wahl des Wertes für γ hängt von der Anwendung ab und stellt einen Kompromiss dar zwischen schnellerer Adaption auf Veränderungen mit kleinen beziehungsweise guter Filterung von Messfehlern mit hohen Werten für γ dar. Die rekursive Berechnung der kleinsten Fehlerquadrate mit Vergessensfaktor ist in den Gleichungen (2.77) bis (2.81) zusammengefasst. [59]

$$\hat{\boldsymbol{p}}_n = \mathbf{C}_n^{-1} \cdot \mathbf{Y}_n \tag{2.77}$$

$$\Pi_n = \left(\mathbf{C}_n^T \cdot \Gamma_n \cdot \mathbf{C}_n\right)^{-1} \quad \text{mit} \quad \Gamma_n = diag\left(\gamma^{n-i}\right) \tag{2.78}$$

$$\hat{\boldsymbol{p}}_{k+1} = \hat{\boldsymbol{p}}_k + \boldsymbol{h}_k\left(y_{k+1} - \boldsymbol{c}_{k+1}^T \cdot \hat{\boldsymbol{p}}_k\right) \tag{2.79}$$

$$\boldsymbol{h}_k = \frac{\Pi_k \cdot \boldsymbol{c}_{k+1}}{\boldsymbol{c}_{k+1}^T \cdot \Pi_k \cdot \boldsymbol{c}_{k+1} + \gamma} \tag{2.80}$$

$$\Pi_{k+1} = \frac{1}{\gamma}\left(\Pi_k - \boldsymbol{h}_k \cdot \boldsymbol{c}_{k+1}^T \cdot \Pi_k\right) \tag{2.81}$$

Eine alternative Möglichkeit der adaptiven kleinsten Fehlerquadrate ist das Verfahren der rollenden Horizonte, bei dem nur die letzten N Messungen für die Schätzung in Betracht gezogen werden. Die rekursiven Berechnungsformeln lauten nach dem Anhäufen von N Messungen [59]:

$$\hat{\boldsymbol{p}}_{k+1,N+1} = \hat{\boldsymbol{p}}_{k,N} + \boldsymbol{h}_{k,N}\left(y_{k+1} - \boldsymbol{c}_{k+1}^T \cdot \hat{\boldsymbol{p}}_{k,N}\right) \tag{2.82}$$

$$\boldsymbol{h}_{k,N} = \frac{\Pi_{k,N} \cdot \boldsymbol{c}_{k+1}}{\boldsymbol{c}_{k+1}^T \cdot \Pi_{k,N} \cdot \boldsymbol{c}_{k+1} + 1} \tag{2.83}$$

$$\Pi_{k+1,N+1} = \Pi_{k,N} - \boldsymbol{h}_{k,N} \cdot \boldsymbol{c}_{k+1}^T \cdot \Pi_{k,N} \tag{2.84}$$

Anschließend muss die (k–N+1)-te Messung aus der Schätzung wie folgt wieder entfernt werden.

$$\hat{\boldsymbol{p}}_{k+1,N} = \hat{\boldsymbol{p}}_{k+1,N+1} + \boldsymbol{h}_{k+1,N+1}\left(y_{k-N+1} - \boldsymbol{c}_{k-N+1}^T \cdot \hat{\boldsymbol{p}}_{k+1,N+1}\right) \tag{2.85}$$

$$\boldsymbol{h}_{k+1,N+1} = \frac{\Pi_{k+1,N+1} \cdot \boldsymbol{c}_{k-N+1}}{\boldsymbol{c}_{k-N+1}^T \cdot \Pi_{k+1,N+1} \cdot \boldsymbol{c}_{k-N+1} - 1} \tag{2.86}$$

$$\Pi_{k+1,N} = \Pi_{k+1,N+1} - \boldsymbol{h}_{k+1,N+1} \cdot \boldsymbol{c}_{k-N+1}^T \cdot \Pi_{k+1,N+1} \tag{2.87}$$

Auch hier hängt die Wahl N von der zugrundeliegenden Anwendung ab, wobei zusätzlich zum leicht erhöhten Rechenaufwand die Speicherung der letzten N Messwerte und den dazugehörigen Modellvektoren nötig wird [59]. Weiterführende Erläuterungen und ergänzende Verfahren der Parameter- und Zustandsschätzung können [32, 59, 77] entnommen wernden.

3 Fahrdynamikregelung mit elektrischen Einzelradantrieben

Die gesamte Systemstruktur einer Fahrdynamikregelung greift auf verschiedene Komponenten des Fahrzeuges und deren Funktionen zu, wodurch sich für die Entwicklung eines solch komplexen Systems die Verwendung der Methode des Konzeptionierens anbietet. Zur Beschreibung des Konzeptes einer Fahrdynamikregelung mit elektrischen Einzelradantrieben wird nach der Top-Down-Methode zunächst das Grobkonzept entlang der Kette Fahrer, Antrieb beziehungsweise Lenkung, Rad sowie Fahrzeugaufbau unter Berücksichtigung möglicher Umwelteinflüsse aufgestellt. Dabei lässt sich eine hierarchische Unterteilung in eine Regelung auf Rad- und Fahrzeugebene identifizieren, wobei die Ebene der Fahrzeugregelung über der der Radregelung liegt. Beide Teilsysteme werden in eine Beobachter- und eine Regelungsstruktur aufgeteilt, die im nächsten Schritt getrennt voneinander genauer konzeptioniert werden. Hierbei ist eine gleichzeitige Betrachtung des Beobachterkonzeptes auf Fahrzeug- und Radebene angebracht, da beide Teilsysteme Informationen, beispielsweise die geschätzten Radkräfte oder die Fahrgeschwindigkeit, austauschen müssen. Die Regelungsstruktur kann ebenfalls in rad- und fahrzeugaufbaubezogene Regelgrößen sowie den damit verbundenen Systemdynamiken unterteilt werden und erlaubt den Aufbau einer Kaskadenregelung, bei der die einzelnen Regelkreise von innen nach außen entwickelt und ausgelegt werden können.

Aus der Vielzahl an möglichen oder bereits in der Literatur beschrieben Lösungsansätzen zur Regelung der Fahrdynamik und den damit verbundenen Beobachter- und Regelungskonzepten werden im Abschnitt 3.2 Verfahren beziehungsweise Methoden zur Umsetzung des vorgestellten Konzeptes festgelegt. Zur frühzeitigen Beurteilung der Einsetzbarkeit des Systems kommen modellgestützte Simulationswerkzeuge zum Einsatz, die eine freie Funktionsentwicklung im Rahmen einer kommerziell verfügbaren Gesamtfahrzeugsimulation erlauben. Mit Hilfe des im Anschluss beschriebenen Versuchsfahrzeugs mit vier Radnabenmotoren soll die technische Realisierbarkeit des in der Simulation entwickelten Gesamtsystems nachgewiesen werden. Die hierfür simulierten und realen Fahrversuche werden ebenfalls kurz beschrieben und setzen sich aus genormten und synthetischen Fahrmanövern zusammen, zu denen ein Doppelspurwechsel nach ISO 3888 oder ein Anfahr-Brems-Manöver mit maximalen Antriebs- und Bremsmomenten zählen.

3.1 Konzeption der Systemstruktur

Die Systemstruktur der bremsbasierten Fahrdynamikregelungen entstand durch die schrittweise Weiterentwicklung der Systemkomponenten und deren Funktionen von ABS über ASR bis zum ESP und baut auf den vorherigen, zumeist in Serie befindlichen

DOI 10.1515/9783110564303-003

Systemstrukturen auf. Dies ist nachvollziehbar, da deren Funktionalität sich bereits im praktischen Einsatz bewährt hat und die Entwicklung einer von Grund auf neuen Systemstruktur weitaus mehr Zeit und Kosten in Anspruch nehmen würde. Die letztliche Einwirkung auf die Fahrdynamik erfolgt bisher über einen radindividuellen kontrollierten Bremseingriff, um beispielsweise ein Blockieren der Räder zu vermeiden (ABS) oder ein Übersteuern des Fahrzeuges zu verhindern (ESP). Mittels elektrischen Einzelradantriebs wird die radindividuelle Stellung des erforderlichen Verzögerungsmoments mit höherer Genauigkeit und Dynamik realisiert und um die Möglichkeit der Stellung positiver Drehmomente am Rad erweitert. Da zu den neuen Eigenschaften des Stellsystems weitere Variationen der Antriebsform (Zweiradantrieb/Vierradantrieb beziehungsweise Direktantrieb oder getriebeübersetzt) hinzukommen, wird zunächst ein allgemein gehaltenes Grobkonzept zur Realisierung der Fahrdynamikregelung im Gesamtsystem vorgestellt. Die entstandene hierarchische Systemstruktur erlaubt anhand der Führungsgröße der Regelung eine Unterteilung in Rad- und Fahrzeugebene, denen jeweils ein Beobachter zur Ermittlung der relevanten Fahrzustände hinzugefügt wird. Die Strukturen von Rad- und Fahrzeugbeobachter sowie die Konzeption der Regelungsstruktur werden anschließend genauer beleuchtet.

3.1.1 Hierarchische Gesamtsystemstruktur

Der funktionale Zusammenhang der Komponenten, die zur Realisierung einer Fahrdynamikregelung für Kraftfahrzeuge mit elektrischen Einzelradantrieben zum Einsatz kommen, erlaubt eine Partitionierung des Gesamtsystems gemäß Abbildung 3.1. Im Teilsystem „Fahrzeug“, bestehend aus Fahrer, Antriebsstrang und Lenkung sowie Rädern und Fahrzeugaufbau, findet hauptsächlich der Energiefluss statt, der die Bewegung des Fahrzeuges entsprechend des Fahrerwunsches über Pedale, Lenkrad oder ähnlichem beschreibt. Auf das Fahrzeug, insbesondere Räder und Fahrzeugaufbau, wirken Umwelteinflüsse ein, die im Allgemeinen weder technisch beeinflussbar sind noch messtechnisch erfasst oder vorhergesagt werden können. Dem Fahrer können diese Informationen zumindest qualitativ zur Verfügung stehen. Hierzu zählen beispielsweise Änderungen der Beschaffenheit der Fahrbahn und Windböen. Das Teilsystem „Fahrdynamikregelung“ fasst die funktionalen Komponenten zusammen, die für die Umsetzung der Regelung der Fahrdynamik notwendig sind. Da es sich um einen groben Konzeptentwurf handelt, wird auf eine vollständige Darstellung der einzelnen Funktionsteile zunächst verzichtet und auf die folgenden Abschnitte dieses Kapitels verwiesen. Auf Grund der gewählten Schnittstellen lassen sich zwei Ebenen der Fahrdynamikregelung definieren. Die Regelung auf Radebene stellt die Schnittstelle zum Antriebsstrang dar und realisiert die radindividuelle Regelung des Umfangsschlupfes. Um die erforderlichen Zustandsgrößen zu ermitteln, werden im Radbeobachter die Messwerte der im Antriebsstrang beziehungsweise am Rad vorhandenen Sensorik verarbeitet. Hierdurch können nicht oder nur mit sehr hohem Aufwand messbare Größen,

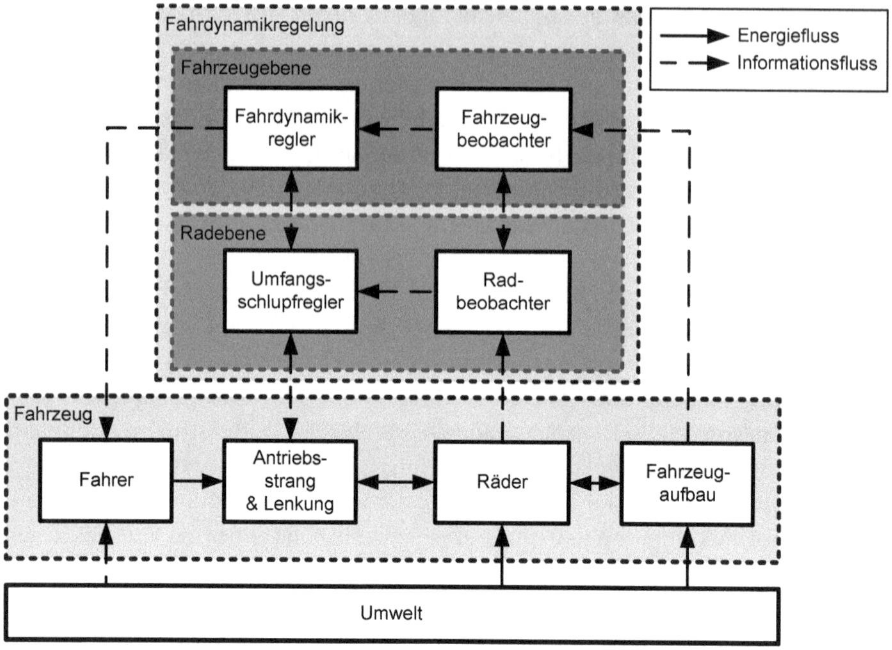

Abb. 3.1: Hierarchisches Gesamtkonzept für die Fahrdynamikregelung mit elektrischen Einzelradantrieben

beispielsweise Längs- und Querschlupf am Rad, geschätzt werden. Als übergeordnetes Regelungssystem wird die Regelung auf Fahrzeugebene eingeführt, die alle weiteren Fahrzustandsdaten aus vorhandenen Sensoren im Fahrzeugaufbau erfasst und mit dem Radbeobachter kombiniert. Der eingesetzte Fahrdynamikregler umfasst das Erkennen eines fahrdynamisch kritischen Fahrmanövers sowie die Berechnung und Regelung adäquater Sollwerte zur Erhaltung der Fahrzeugstabilität. Dabei steht der Umfangsschlupfregler auf Radebene als Schnittstelle zur Verfügung, der wiederum Stellgrößenbegrenzungen an die Fahrzeugebene weitergeben kann. Gleichzeitig ist zumindest ein Informationsfluss zum Fahrer zu gewährleisten, um diesen auf einen bevorstehenden oder momentanen Regeleingriff hinzuweisen.

Für eine effiziente Durchführung der Fahrdynamikregelung sind die verwendeten Beobachter auf Rad- und Fahrzeugebene essentiell. Hierbei steht die möglichst genaue und robuste Schätzung der relevanten Fahrzustandsgrößen auf Basis bereits vorhandener Sensorik im Fokus. Welchen Einfluss der elektrische Einzelradantrieb auf das Konzept des Beobachters hat und welche Ein- und Ausgangsgrößen benötigt werden, wird im Folgenden näher erläutert.

Tab. 3.1: Übersicht einiger Beobachterkonzepte für die Längs- und Quergeschwindigkeit

Quelle		[75]	[30]	[96]	[29]	[45]	[95]	[22]	[53]	[80]	[85]
Schätz-größe(n)	Längsgeschwindigkeit	X	X	X	X	X				X	
	Quergeschwindigkeit	X	X	X	X	X	X			X	
	Schwimmwinkel						X	X	X		X
	Gierrate	X	X					X	X		X
Modelle	Längsdynamik	X	X	X							
	Querdynamik	X	X	X							
	Längskinematik				X	X					
	Querkinematik				X	X					
	Gierdynamik	X	X	X	X	X					
	Raddynamik					X				X	X
	Einspurmodell							X	X		
	Zweispurmodell						X			X	X
Beobachter	Kalman-Filter						X		X		
	Erweitertes Kalman-Filter	X			X						X
	Luenberger Beobachter	X									
	Kaskadierter Beobachter					X					
	Nichtlinearer Beobachter		X	X	X			X		X	

3.1.2 Beobachterstruktur

Zur Bewertung der Stabilität des Fahrzustandes und zur Berechnung der Sollwerte werden im ESP aus den Messgrößen Lenkwinkel, Gierrate und Querbeschleunigung unter anderem der Schwimmwinkel, die Schräglaufwinkel der Räder sowie deren Seiten- und Aufstandskräfte mit Hilfe eines Kalman-Filters unter Verwendung eines Zweispurmodells für die Fahrzeugdynamik geschätzt [31, 95]. Insbesondere die Erfassung der Quergeschwindigkeit und des Schwimmwinkels ist nicht ohne den Einsatz teurer und wartungsintensiver Messtechnik realisierbar, sodass diese Größen in der Serienanwendung mit einem Beobachter geschätzt werden. Die Schätzung der Längs- und Quergeschwindigkeit mit hoher Genauigkeit in jeder Fahrsituation stellt allerdings unabhängig von der Art des Antriebs eine Herausforderung dar. Daher existiert mittlerweile eine Vielzahl verschiedener Ansätze für Fahrzustandsbeobachter basierend auf Gleichungen der Dynamik oder Kinematik von Fahrzeug und Rädern kombiniert mit linearen und nichtlinearen Beobachtern. In Tabelle 3.1 ist eine Auswahl von Beobachteransätzen zur Schätzung der Längs- und Quergeschwindigkeit beziehungsweise des Schwimmwinkels sowie der Gierrate mit den jeweiligen Schätzgrößen, den verwendeten Typen von Modellgleichungen und Beobachtern gegenübergestellt.

Zusammenfassend lässt sich festhalten, dass die Verwendung nichtlinearer Beobachter mit mathematisch optimierten Rückführungsverstärkungen und das Erweiterte

Kalman-Filter in Kombination mit einem dynamischen Modell der Längs-, Quer- und Gierdynamik sehr gute Ergebnisse liefern, wenn Längs-, Querbeschleunigung, Gierrate sowie Raddrehzahlen und der Lenkwinkel als Messgrößen zur Verfügung stehen. Da diese Sensoren in aktuellen Serienfahrzeugen auf Grund der gesetzlich verpflichtenden ESP-Funktionalität standardmäßig zur Verfügung stehen, wird zur Konzeption der Beobachterstruktur dieser Ansatz weiterverfolgt. Zwar wird derzeit vermehrt der Unscented Kalman-Filter in wissenschaftlichen Beiträgen als Alternative zum Erweiterten Kalman-Filter für die Fahrzustandsschätzung eingesetzt, allerdings soll im späteren Entwurfsprozess der vergleichweise einfache und stringente Entwurf eines Erweiterten Kalman-Filters dem eines nichtlinearen Beobachters gegenübergestellt werden.

Die hierarchische Unterteilung der Fahrdynamikregelung spiegelt sich auch in der Beobachterstruktur wider. Jeder für sich arbeitenden Radbeobachter ist mit dem Fahrzeugbeobachter zum Zwecke des Informationsaustausches bidirektional gekoppelt, was die Abbildung 3.2 zusammen mit den wichtigsten Komponenten des Rad- und Fahrzeugbeobachters verdeutlicht. Diese Kopplung ist erforderlich, um beispielsweise die auf der Radebene gewählte Regelgröße des Radschlupfes zu ermitteln. Hierzu werden die Raddrehzahl und die Geschwindigkeit der Radaufstandspunkte, die mit Hilfe der Schätzung der Geschwindigkeit des Fahrzeugaufbaus berechnet werden, benötigt. Die Ermittlung der Drehzahl des Rades erfolgt im Radbeobachter unter Verwendung des Modells der Raddynamik. Antriebsstrang, Lenkung und Räder stellen die benötigten Mess- und Schätzwerte zur Verfügung, zu denen das Motor- beziehungsweise Raddrehmoment, die Motor- oder Raddrehzahl und der Radeinschlagswinkel zählen. Die zur Regelung des Motordrehmoments vom Motorcontroller bereits verarbeiteten Größen und die aus dem Regelungsprinzip bedingten hochauflösenden Drehzahlgeber des Motors werden hierfür herangezogen. Dies erlaubt eine weitaus genauere Bestimmung von Drehmoment und Drehzahl am Rad und folglich auch eine potentiell bessere Schätzung der Raddynamik als es mit konventionellen Antriebssträngen mit Zentralmotor möglich ist. Das Modell der Raddynamik dient hierbei in erster Linie der Glättung der Raddrehzahlmesswerte, die unter anderem mit Mess- und Quantisierungsrauschen behaftet sind. Die Ermittlung des Radlenkwinkels aus der Lenkradbewegung ist, wie eingangs erwähnt, bereits in aktuellen Fahrdynamikregelungen erforderlich und wird als gegeben angenommen.

Wird davon ausgegangen, dass die Schätzung des Radschlupfes mit genügender Genauigkeit erfolgt, wird dessen Verwendung zur Schätzung der Radkräfte interessant. Neben dem Radschlupf muss hierzu die Radaufstandskraft bekannt sein, die von einem Radlast-Schätzer beispielsweise aus dem Fahrzustand berechnet wird oder bei Vorhandensein eines elektronischen Fahrwerksystems direkt zur Verfügung steht. Ebenfalls ist zur Bestimmung der Reifenkräfte die Charakteristik des Reifen-Fahrbahn-Kontaktes notwendig, die zum Beispiel als Kraftschlussbeiwert geschätzt werden muss. Die Schätzung der Reifenkraft und deren Komponenten ist im Sinne der Fahrdynamikregelung vorteilhaft, da gleichzeitig die Ausnutzung des Kraftschlusspotenzials ermittelt wird und Begrenzungen der Stellgrößen insbesondere bei Beeinflussung der Querdynamik leichter identifiziert werden können.

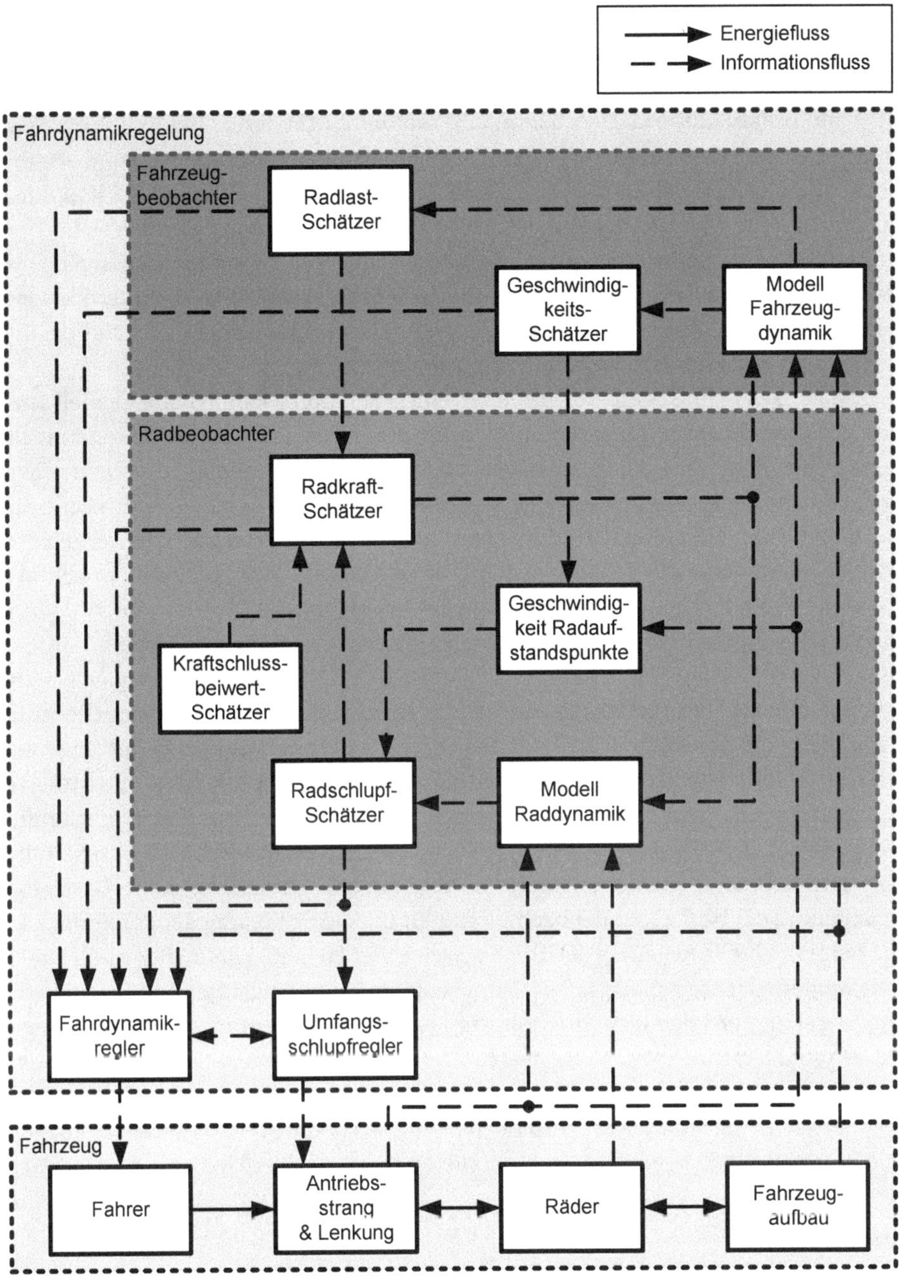

Abb. 3.2: Konzept der Beobachterstruktur für Rad- und Fahrzeugbeobachter

Gleichzeitig ist bei guter Schätzung der Reifenkräfte eine Rückkopplung auf die Radbeobachter und den Fahrzeugbeobachter zu erwägen, um die Fahrzustandsschätzung zu stützen oder eine Parameterschätzung, beispielsweise der Fahrzeugmasse, während der Fahrt durchzuführen. Darüber hinaus könnten Schätzfehler der Reifenkraft auf sich ändernde Verhältnisse im Reifen-Fahrbahn-Kontakt beruhen und somit für die Schätzung des Kraftschlussbeiwertes herangezogen werden. Mit der Rückkopplung der Reifenkräfte wird von der klassischen Beobachterstruktur abgewichen, sodass die Anwendbarkeit entsprechender Entwurfsverfahren geprüft werden muss und ob ein eventueller Mehraufwand die Verbesserung des Schätzergebnisses rechtfertigt. Eine genauere Analyse dieses Verbesserungspotentials wird im weiteren Verlauf bei der Implementierung des Beobachterkonzepts durchgeführt.

Da zur Schätzung der Reifenkräfte aus einem schlupfbasierten Reifenmodell stets dessen Parameter ermittelt oder nachgeführt werden müssen, ist die Reifenkraft als Regelgröße nicht ohne Weiteres einsetzbar. Die mit elektrischen Einzelradantrieben erzielte höhere Genauigkeit der Messung beziehungsweise Schätzung von Drehmoment und Drehzahl am Rad eröffnet allerdings die Möglichkeit zur Erweiterung des Radbeobachters um die Schätzung der Reifenlängskraft. Es wäre nunmehr kein parametriertes Reifenmodell zur Ermittlung der Reifenlängskräfte erforderlich, sodass die Verwendung der Reifenkraft als Regelgröße wieder in Betracht kommt. Darüber hinaus werden Schlupf und Kraft in Umfangsrichtung vom Beobachter gleichzeitig bereitgestellt und können beispielsweise vom Fahrzeugbeobachter verwendet oder in Verbindung mit den Radaufstandskräften zur Schätzung des Reibbeiwertes zwischen Reifen und Fahrbahn herangezogen werden. Bei der Ermittlung der Kraftschlussreserve profitiert der Fahrdynamikregler ebenfalls von der Schätzung der Reifenlängskräfte. Die grundsätzliche Beobachterstruktur bleibt dabei erhalten, wie das Blockschaltbild des erweiterten Beobachterkonzeptes in Abbildung 3.3 veranschaulicht. Durch die Erweiterung der bisherigen Beobachterstruktur um die Schätzung der Radkraft kann die radindividuelle Regelung des Umfangsschlupfes zu einem Radregler verallgemeinert werden, der die Schätzgrößen Reifenschlupf, Reifenlängskraft und Reibbeiwert verwendet und im folgenden Abschnitt zur Regelungsstruktur genauer konzeptioniert werden soll. Mit Hilfe der Reifenlängskraft-Schätzung ohne Verwendung eines Reifenmodells wird die Ermittlung des Reibbeiwertes ohne gegenseitige Beeinflussung mit der Schlupfschätzung ermöglicht. Verschiedene Ansätze zur Reifenlängskraft-Schätzung aus Drehzahl- und Drehmomentinformationen werden in der Literatur, beispielsweise in [2, 27], bereits diskutiert, wobei der Einsatz als Regelgröße bisher nicht in eine praktische Umsetzung mündete. Folglich wird die Schätzung und Regelung des Umfangsschlupfes im weiteren Vorgehen betrachtet. Im Abschnitt 4.3 wird der Entwurf eines Radbeobachters mit Radkraftschätzung vorgestellt.

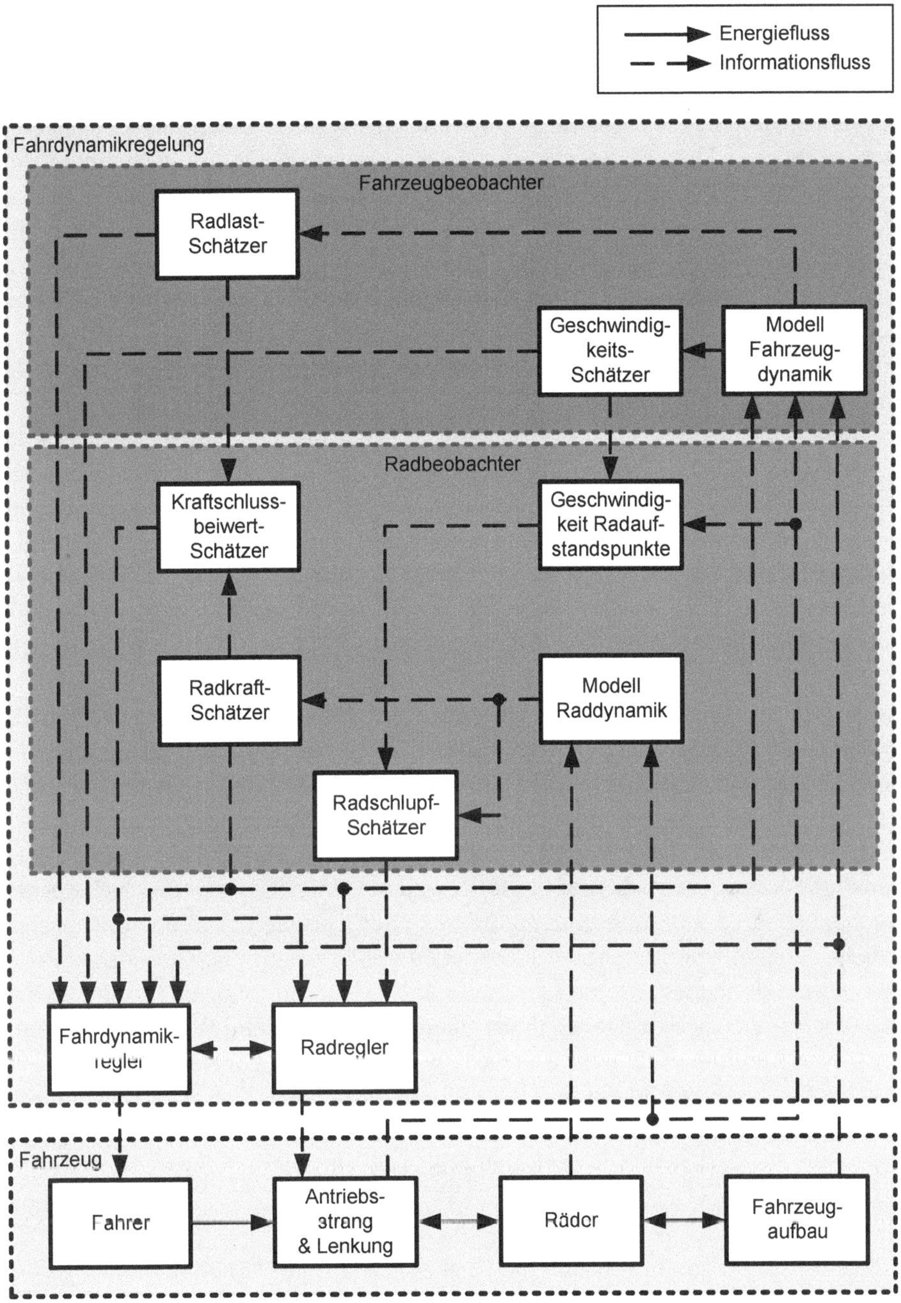

Abb. 3.3: Erweitertes Konzept der Beobachterstruktur für Rad- und Fahrzeugbeobachter mit Reifenkraftschätzung

3.1.3 Regelungsstruktur

Eine Regelung der Fahrdynamik bedeutet heute üblicherweise eine Regelung der Längs- oder Querdynamik, die die Aufrechterhaltung oder Wiederherstellung der Fahrzeugstabilität zum Ziel hat. Hierzu wird zumeist ein Referenzmodell zur Bestimmung der Sollwerte verwendet, welches in Abhängigkeit der Vorgaben des Fahrers einen stabilen Fahrzustand bestimmt oder die Grenzen der Fahrstabilität abbildet. Durch einen geeigneten Beobachter wird die Reaktion des Fahrzeugs mit Hilfe der vorhandenen Sensoren geschätzt und eine Regelabweichung berechnet. In der Literatur werden verschiedene Konzepte mit unterschiedlichen Regelgrößen, Referenzmodellen zur Sollwertbestimmung und Regler-Typen diskutiert, was Tabelle 3.2 beispielhaft für die Regelung der Fahrzeugquerdynamik widerspiegelt.

Bereits im ursprünglichen Konzept des ESP [95] wurden die Fahrzeuggierrate und der Schwimmwinkel als Regelgrößen verwendet, wobei in neueren Veröffentlichungen [31] lediglich die Gierrate geregelt wird und der Schwimmwinkel den Regeleingriff begrenzt. Neben wenigen Konzepten, in denen die Querbeschleunigung [57] oder die Quergeschwindigkeit [18] geregelt werden, basieren alle recherchierten Fahrdynamikregelungen auf die Regelung der Gierrate, deren Sollwerte zumeist anhand der Kinematik oder Dynamik des Einspurmodells bestimmt werden. Als Regler-Typ wird häufig ein adaptiver linearer Regler (zum Beispiel *Gain-Scheduling*), ein *Sliding-Mode*-Regler oder ein linearer, quadratisch-optimaler Zustandsregler (LQ-Regler) verwendet, dessen Parameter nach verschiedenen Bewertungskriterien bestimmt werden. Hierdurch wird beispielsweise eine Maximierung der Fahrzeugstabilität bei gleichzeitiger Minimierung des Stell- beziehungsweise Energieaufwands angestrebt. Im Gegensatz zum klassischen linearen Regler, bei dem eine Stellgröße bestimmt wird und anschließend die Verteilung auf mehrere Stellglieder erfolgt, wird mit einem LQ-Regler versucht, beide Sachverhalte in der Lösung eines mathematischen Optimierungsproblems zu vereinen. Die Stellgrößenverteilung, auch *Control Allocation* genannt, soll für überaktuierte Systeme ein optimales Zusammenspiel der Aktoren zur Erfüllung der Regelungsaufgabe umsetzen, wie sie beispielhaft bei einer integrierten Fahrdynamikregelung mit Lenk- und Bremseingriffen vorliegt. Dem gegenüber stehen vorrangig der erhöhte Parametrier- und Rechenaufwand dieser Regler-Arten, was sich nachteilig auf die angestrebte praktische Umsetzung auswirken kann. Um dies zu vermeiden, wird im Folgenden für das Regelungskonzept eines Elektrofahrzeugs mit Einzelradantrieben ein hierarchischer Ansatz mit Kaskadenstruktur verfolgt, der die gesonderte Integration einer optimierungsbasierten Stellgrößenverteilung vorsieht.

In Abschnitt 1.1.5 wurde bereits das Potenzial elektrischer Einzelradantriebe gegenüber konventionellen Antriebssträngen mit Zentralmotor hinsichtlich der Fahrdynamikregelung aufgezeigt. Abbildung 3.4 zeigt zur besseren Erläuterung eine Darstellung der vorgeschlagenen Regelungsstruktur auf Basis des in Abschnitt 3.1.1 vorgestellten hierarchischen Gesamtkonzeptes. Mit der Möglichkeit der hochdynamischen Regelung des Drehmoments wird eine radindividuelle Regelung des Umfangsschlupfes umsetzbar,

Tab. 3.2: Übersicht einiger Konzepte zur Regelung der Fahrzeugquerdynamik (EAL: Ein-/Ausgangslinearisierung, GS: Gain-Scheduling, PP: Polplatzierung, SM: Sliding-Mode Regler)

Quelle		[93]	[31]	[7]	[76]	[85]	[39]	[16]	[57]	[13]	[97]	[82]
Regelgröße(n)	Gierrate	X	X	X	X	X	X	X	X	X	X	X
	Schwimmwinkel				X	X	X	X			X	X
	Querbeschleunigung								X			
	Reifenschlupf										X	X
	Raddrehmoment									X		
Sollwert-vorgabe	Lenkverhalten stationär	X							X			
	Lineares Einspurmodell		X		X	X		X		X	X	
	Nichtlin. Einspurmodell			X								
	Nichtlin., reduziertes Zweispurmodell						X	X				X
Regler-Typ	Linearer Regler								PI	PI	SM	
	Linearer Regler mit Begrenzungen		PID									
	LQ-Zustandsregler	GS			X	GS	PP	EAL		X	X	SM
	Internal Model Control			$H\infty$								

die in konventionellen Antriebssträngen sonst vom Antriebs- und Bremsschlupfregler (ABS/ASR) mittels radindividueller Bremseingriffe realisiert wird. Die Umfangsschlupf-Regelung stellt bezüglich der Drehmomentregelung der elektrischen Maschine einen überlagerten Regelkreis dar. Durch die Trägheit der Motormechanik und des Antriebsstrangs ändert sich in Abhängigkeit des eingeregelten Drehmoments verzögert die Raddrehzahl, was bezüglich der aktuellen Fahrzeuggeschwindigkeit einer Änderung des Umfangsschlupfes entspricht. Die Vorgabe der Sollwerte für den Umfangsschlupf an jedem Rad wird von einer übergeordneten Ebene, der Regelung der Fahrzeugdynamik, koordiniert. Hierzu wird die bisherige Struktur der Kaskadenregelung um eine weitere Regelschleife erweitert, die den im Fahrzeugbeobachter ermittelten Fahrzustand zur Berechnung der Sollwerte in Betracht zieht. Ähnlich dem Sollwertrechner im ESP wird der aktuelle Fahrzustand mit einem Referenzmodell verglichen, um ein Erreichen der Stabilitätsgrenze zu erkennen. Hierfür kommt das bereits in Abschnitt 2.1.1 vorgestellte lineare Einspurmodell zum Einsatz. Eine adäquate Nachführung der einzelnen Umfangsschlupf-Sollwerte zur Umsetzung eines gewünschten Fahrverhaltens oder zur Stabilisierung des Fahrzustands erfolgt mittels Fahrdynamikregler und Radschlupfverteilung. Als Regelgröße wird die Fahrzeuggierrate unter möglicher Berücksichtigung der Querbeschleunigung und des Schwimmwinkels verwendet. [31, 39, 64, 95].

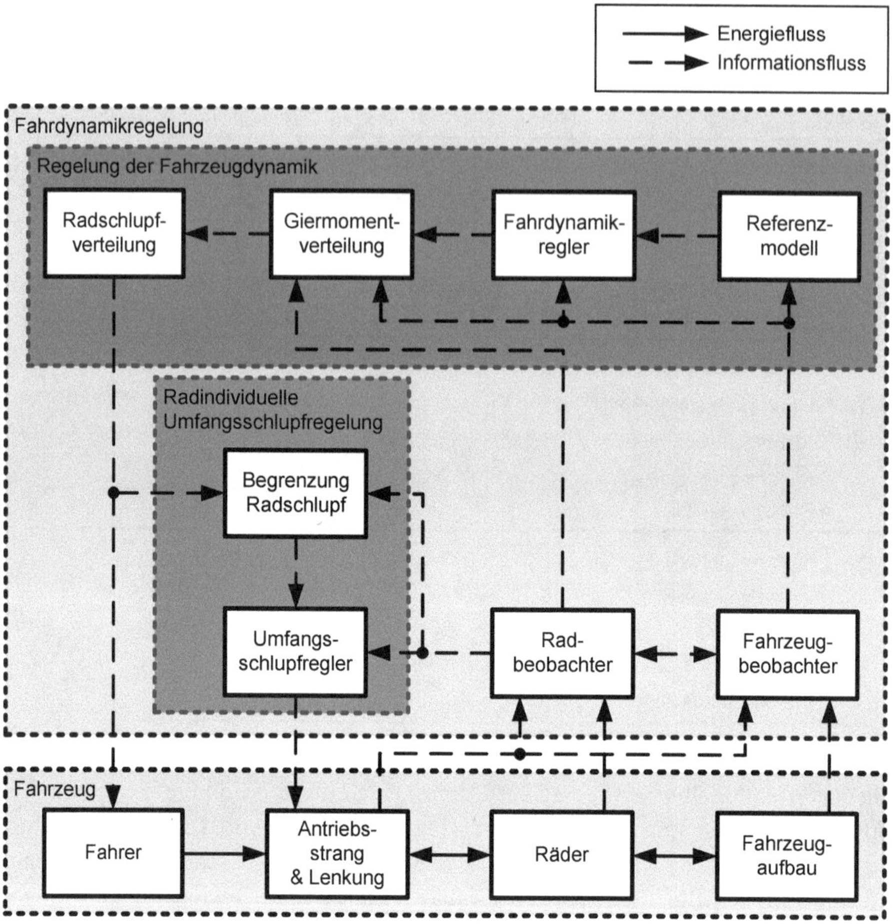

Abb. 3.4: Konzept der Regelungsstruktur für die Fahrdynamikregelung

Wird vom Radbeobachter des erweiterten Beobachterkonzeptes die Reifenlängskraft als Schätzgröße bereitgestellt, kann diese in das bisherige Regelungskonzept eingebunden werden. Dabei ergeben sich verschiedene Möglichkeiten der Verwendung von Reifenschlupf und Reifenkraft als Regelgröße. Beispielhaft könnte eine Regelung der Reifenlängskraft unter Berücksichtigung des Reifenschlupfes erfolgen, der bei Überschreitung kritischer Schlupfwerte die stellbare Reifenkraft begrenzt. Im erweiterten Regelungskonzept in Abbildung 3.5 wird dementsprechend vorgeschlagen, die Regelung des Umfangsschlupf durch einen vorgelagerten Reifenlängskraftregler zu ergänzen. Hierdurch wird die Schnittstelle zur überlagerten Regelungsebene entscheidend vereinfacht, da die Kraft als physikalische Bezugsgröße verwendet wird. Vom Fahrdynamikregler können nun Sollwerte für die Längskräfte übergeben werden und müssen nicht vorher in Schlupfwerte umgerechnet werden.

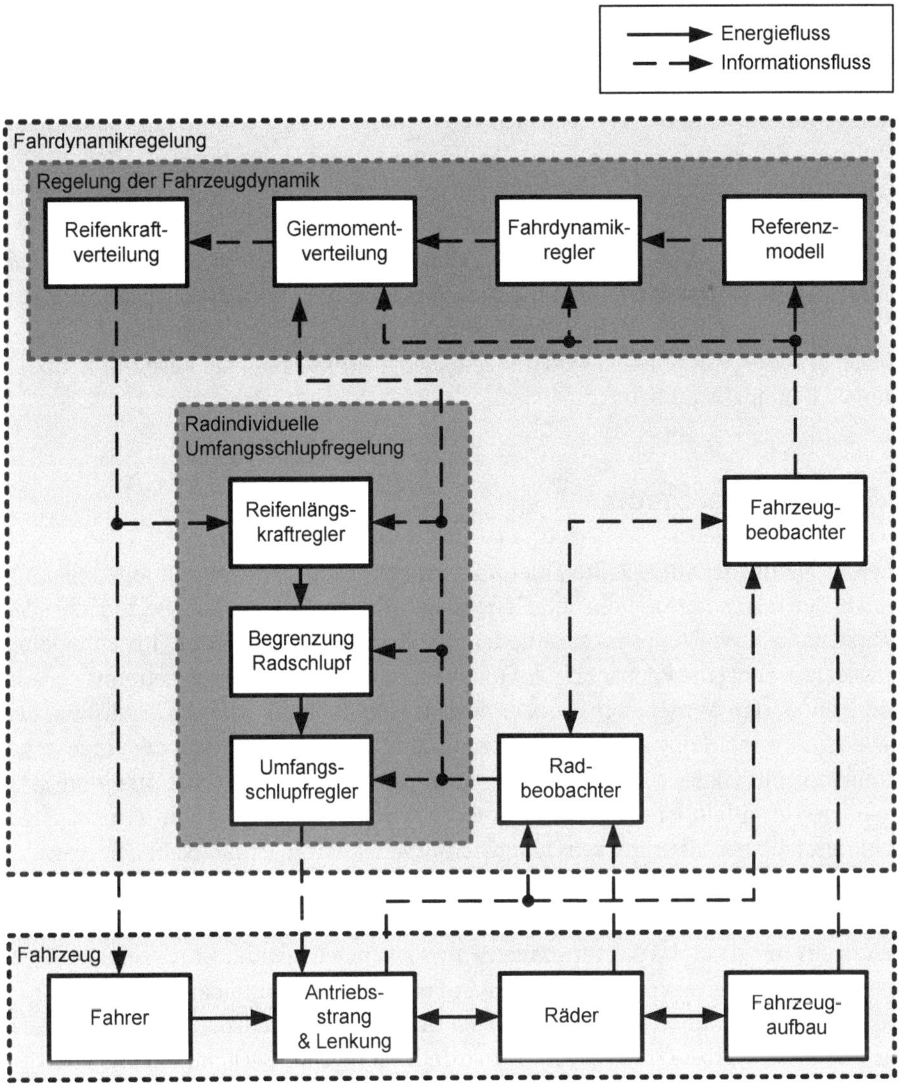

Abb. 3.5: Erweitertes Konzept der Regelungsstruktur für die Fahrdynamikregelung mit Reifenkraftschätzung

In der Giermoment- und Reifenkraftverteilung kann ebenfalls auf Basis der physikalischen Größe der Kraft der Stelleingriff koordiniert werden. Die notwendige Schätzung der Haftgrenze zur Begrenzung des Stelleingriffs wird hierdurch nicht entscheidend verbessert, wobei mit Hilfe der Reifenquerkräfte und der Radlasten das Kraftschlusspotenzial zu jedem Zeitpunkt überprüft werden kann. Zur Detektion des Überschreitens der Haftgrenze und Aufrechterhaltung der Traktion ist darüber hinaus eine Begrenzung des zu stellenden Radschlupfes vorgesehen, um im Ernstfall ein Durchdrehen oder Blockieren der Räder zu verhindern. Wenn hierdurch sichergestellt wird, dass keine Sollwerte an den Umfangsschlupfregler übergeben werden, die zu instabilen Fahrzuständen führen, ist mit einer deutlichen Vereinfachung des Reglerentwurfs zu rechnen, da lineare dynamische Systemmodelle herangezogen werden können. Gleichzeitig kann über die Begrenzung des Radschlupfes eine Schnittstelle zu parallel bestehenden stabilisierenden Fahrdynamikregelungen, wie dem ABS, eingerichtet werden.

Wie bereits erwähnt, wurden bisher keine praktischen Umsetzungen einer Regelung der Reifenlängskraft veröffentlicht, sodass im Hinblick auf die angestrebte prototypische Implementierung die erweiterte Regelungsstruktur im folgenden Abschnitt zunächst außer Acht gelassen wird und lediglich die Umsetzung der Regelungsstruktur ohne Reifenlängskraft betrachtet wird.

3.2 Lösungsmethodik

Die Umsetzung des vorgestellten hierarchischen Konzepts zur Fahrdynamikregelung wird in den folgenden Kapiteln detaillierter beschrieben. In Kapitel 4 wird zunächst der Fahrzustandsbeobachter als kaskadierter nichtlinearer Beobachter mit Rückkopplung umgesetzt, wobei die Beobachter auf Radebene und Fahrzeugebene getrennt voneinander entworfen werden. Zur Beobachtung der Raddynamik wird die Ermittlung der Beobachterverstärkung mittels Polplatzierung untersucht. Trotzdem der eingesetzte Motorcontroller bereits Drehmoment und Drehzahl am Rad indirekt über den Elektroantrieb ermittelt, ist die Verwendung der Drehzahlmesswerte zum Zwecke einer Schlupfschätzung auf Grund von Quantisierungseffekten nicht praktikabel. Bei bekanntem Raddrehmoment nutzt der Radbeobachter die Trägheit des Rades zur Glättung des Drehzahlverlaufs, was gegenüber einer reinen Filterung des Signals geringere Zeitverzögerungen ermöglicht. Da das verwendete Fahrzeugmodell nichtlineare Systemgleichungen enthält, werden ein Erweitertes Kalman-Filter und ein nichtlinearer Beobachter mit mathematisch optimierten Beobachterverstärkungen zur Schätzung der Geschwindigkeiten des Fahrzeugaufbaus gegenüber gestellt. Infolge des serienmäßigen Einsatzes von ESP wird heute kostengünstig die Beschleunigung und Drehwinkelgeschwindigkeit des Fahrzeugaufbaus messtechnisch erfasst. Bedingt durch das kapazitive Messprinzip eines MEMS Beschleunigungssensors weisen dessen Signale ein Rauschen auf, welches durch das Erweiterte Kalman-Filter effektiv unterdrückt werden kann. Wird ein nichtlinearer Beobachter verwendet, muss im Gegensatz zum Erweiterten Kalman-Filter keine Arbeitspunkt-Linearisierung durchgeführt werden. Allerdings existiert keine geschlossene mathematische Lösung zur Bestimmung der Beobachterverstärkungen. Da jedoch Messwerte und Informationen über die Bandbreite des Sensors vorliegen, wird eine Auslegung des Beobachters hinsichtlich Rauschunterdrückung mittels mathematischer Optimierung der Beobachterrückführung durchgeführt. Die Kopplung der Teilsysteme erfolgt im Radschlupfschätzer, der ein dynamisches Schlupfmodell und die Schätzung der Reifenkräfte mittels schlupfbasiertem Reifenmodell (vereinfachtes Reifenmodell nach BURCKHARDT) beinhaltet, die auf die Eingänge der Rad- und Fahrzeugdynamik rückgekoppelt werden. Hierdurch wird einerseits eine verbesserte Schätzung der Zustände angestrebt, andererseits werden Möglichkeiten der Beobachtung von externen Störgrößen beziehungsweise der Erkennung von Parameteränderungen des Reifenmodells in Abhängigkeit der Schätzfehler eröffnet.

Kapitel 5 beinhaltet die Umsetzung, die Validierung und den Test der Regelungsstruktur. Die Wahl einer Kaskadenregelung ermöglicht die schrittweise Auslegung der einzelnen Regelschleifen von innen nach außen [46, 73]. Ausgehend von der Dynamik des drehmomentgeregelten Direktantriebs an jedem Rad, wird eine radindividuelle Umfangsschlupfregelung mittels adaptiven PID-Regler nach dem Verfahren der Polplatzierung entworfen. Die Reglerparameter werden dafür in Abhängigkeit des Arbeitspunktes nachgeführt und können mit Hilfe linearer Regelungstheorie ausgelegt werden (*Gain-Scheduling*) [1]. Somit wird die Dynamik des geschlossenen Umfangsschlupf-Regelkreises vorgegeben und erleichtert den Entwurf der äußeren Regelschleife. Da die Fahrzeugquerdynamik des nichtlinearen ebenen Zweispurmodells auf ein System zweiter Ordnung reduziert werden kann, wird ebenfalls die Verwendung eines adaptiven PID-Reglers zur Regelung der Fahrzeugquerdynamik möglich. In dem Zuge wird erneut das Verfahren der Polplatzierung eingesetzt, um das dynamische Verhalten der Gierrate vorzugeben beziehungsweise zu begrenzen. Das Hauptaugenmerk des Regelungsalgorithmus liegt dabei auf einer effektiven und stabilitätssichernden Verteilung der Stellgröße. Zur anschließenden Verteilung der Stellgröße wird ein mathematisches Optimierungsproblem formuliert, dessen Zielfunktion die Wirkung des Stelleingriffs auf die Längsdynamik unter der Bedingung der Erfüllung der Stellaufgabe minimiert.

Bei der Durchführung der Entwurfsmethoden sowie Validierung und Test in der Simulation kommen modellgestützte Entwicklungswerkzeuge zum Einsatz. In einer erweiterbaren Softwareumgebung für Gesamtfahrzeug-Simulationen werden hierbei die beschriebenen Konzepte zur Beobachtung und Regelung implementiert und an einem parametrierten Beispielfahrzeug dimensioniert und getestet. Zum Nachweis der Realisierbarkeit des entwickelten Beobachter- und Regelungskonzeptes an einem praktischen Beispiel wird dieses in einem Versuchsfahrzeug mit Radnabenmotoren implementiert. Anhand ausgewählter Fahrmanöver soll sowohl in der Simulation, als auch in realen Fahrversuchen, die Funktionalität des Konzeptes nachgewiesen werden. Eine genauere Beschreibung der verwendeten Software zur Simulation des Gesamtfahrzeuges ist im folgenden Abschnitt 3.2.1 zu finden, während das eingesetzte Versuchsfahrzeug und die Fahrmanöver in den darauf folgenden Abschnitten 3.2.2 und 3.2.3 vorgestellt werden.

3.2.1 Modellgestützter Entwurf mittels Gesamtfahrzeug-Simulation

In der Forschung und Entwicklung von Fahrzeugsystemen sind rechnergestützte Entwurfs- und Berechnungsverfahren heute stark etabliert, um die stetig wachsenden Anforderungen an Funktionsumfang, Zuverlässigkeit und Variantenvielfalt neuer Produkte bei immer kürzeren Entwicklungszeiten zu realisieren. Neben der Einsparung kostenintensiver Prototypen bietet die Simulation die Möglichkeit, Testszenarien einfacher und reproduzierbar darzustellen. Im Bereich der Fahrzeugmodellierung wurde hierzu in Abschnitt 2.1 auf die unterschiedlichen Modellarten, deren Detailgrad und den damit verbundenen Parametrieraufwand eingegangen. Um den Modellierungsaufwand einer geeigneten Umgebung zur Fahrzeugsimulation gering zu halten, wird zum modellgestützten Entwurf der Beobachter- und Regelungskonzepte die Gesamtfahrzeug-Simulationssoftware *CarMaker* der Firma *IPG Automotive GmbH* genutzt. Darin sind neben komplexen MKS-Modellen der Dynamik und/oder Kinematik des Fahrzeuges sowie dessen Bestandteilen, beispielsweise Radaufhängungen, Räder, Lenkung und Antrieb, ebenfalls Modelle des Fahrers und der Umgebungsbedingungen enthalten. Mittels graphischer Benutzeroberfläche können hierbei beliebige Fahrmanöver, Streckenprofile und Umweltbedingungen definiert werden. Des Weiteren bietet *CarMaker* die Möglichkeit, eigene Funktionen und Algorithmen über eine Schnittstelle mit der Simulationssoftware *MATLAB® und Simulink®* der Firma *MathWorks* hinzuzufügen (*CarMaker for Simulink®*).

Tab. 3.3: Gewichtsbilanz der Antriebsstrangkomponenten zwischen verbrennungsmotorischem Antrieb und elektrischem Einzelradantrieb mit Radnabenmotoren

Verbrennungsmotorischer Zentralantrieb		**Elektrischer Einzelradantrieb**	
Komponente	Gewicht [kg]	Komponente	Gewicht [kg]
Motor	150	Batterie	460
Getriebe	90	Ladegerät	12
Kardanwelle	8	DC/DC-Wandler	5
Differential	30	Leistungselektronik (4×)	12
Antriebswellen	8	Radnabenmotoren (4×)	80
Kraftstoff	55		
Abgastrakt	21		
Summe	362		585
Gewichtsbilanz			+123

Auf Basis eines in *CarMaker* bereits vorparametrierten Fahrzeuges (BMW E60 Bj. 2003) wurde für die simulierten Fahrversuche ein Elektrofahrzeug mit radindividuellen Antrieben in Form von Radnabenmotoren definiert. Um die Auswirkungen der Modifikation des Antriebsstrangs auf Gewicht und Massenträgheitsmomente von Rädern und Aufbau zu berücksichtigen, wurde eine Massebilanz der Antriebsstrangkomponenten abgeschätzt (vgl. Tabelle 3.3).

Als Vereinfachung wurde angenommen, dass sich der Austausch der Komponenten nicht auf die Schwerpunktlage des Fahrzeugaufbaus auswirkt. Die zusätzliche Masse der Radnabenmotoren wurde unter Verrechnung der Radlager durch eine erhöhte Masse der Radträger ebenfalls näherungsweise berücksichtigt, während das Massenträgheitsmoment des Rotors der elektrischen Maschine im Antriebsmodell definiert wird. Bei der Festlegung der Leistungsdaten des Radnabenmotors wurden die in [36] angegebenen Kennwerte verwendet, die eine elektrische Dauerleistung von 40 kW bei einem Dauerdrehmoment von 300 Nm sowie ein maximales Drehmoment von 750 Nm ergeben. Ausgehend von der Nennspannung dieses Motors von 400 V wurde eine entsprechende Traktionsbatterie für das Simulationsmodell dimensioniert, die auf heute darstellbaren Energie- und Leistungsdichten von Lithium-Ionen-Akkumulatoren beruht und einen Energieinhalt von etwa 60 kWh aufweist. Die sich durch diese Änderungen ergebenen mechanischen Fahrzeugparameter sind in Tabelle 3.4 zusammengefasst.

Zudem wurde das Fahrzeugmodell mit in heutigen Serienfahrzeugen gängigen Sensoren ausgestattet, wozu ein Lenkradwinkelsensor und ein Sensorcluster zur Messung der Längs- und Querbeschleunigung sowie der Gierrate zählen. Aus den Motorcontrollern der Radnabenmotoren werden die Drehzahl und das aus den Parametern des Motors geschätzte Drehmoment entnommen. Um die für die einzelnen Sensoren spezifischen Eigenschaften der Messwerte, wie Bandbreite, Rauschen, Quantisierung oder Messbereich, zu berücksichtigen, wurden entsprechende Sensormodelle entwickelt und anhand von Datenblättern oder Messungen parametriert.

Tab. 3.4: Resultierende mechanische Fahrzeugparameter des verwendeten Simulationsmodells in *CarMaker* (gerundet)

Fahrzeugparameterdaten Simulation	
Bezeichnung	**Werte**
Fahrzeuggesamtmasse [kg]	1750,2
Fahrzeuggesamtschwerpunkt (x / y / z) [m]	2,31 / 0 / 0,55
Fahrzeuggesamtträgheitstensor [kgm^2]	$\begin{bmatrix} 685 & 0 & -16,3 \\ 0 & 2633,7 & 0 \\ -16,3 & 0 & 2914,5 \end{bmatrix}$
Achslast vorne / hinten [kg]	959,3 / 790,9
Radstand [m]	2,89
Abstand Schwerpunkt Vorder-/Hinterachse [m]	1,31 / -1,58

3.2.2 Versuchsfahrzeug mit Radnabenmotoren

Im Rahmen des Forschungs- und Transferschwerpunktes Automotive sowie weiteren Rahmenförderungsprogrammen wurden an der Otto-von-Guericke-Universität Magdeburg sowohl innovative Fahrzeug- und Antriebskonzepte als auch Fahrzeugkomponenten erforscht. Damit diese Systeme nicht nur auf speziellen Prüfständen getestet werden können, die die während der Fahrt auftretenden Lasten nur mit hohem Aufwand nachbilden, wurde zusätzlich in Zusammenarbeit mit dem Institut für Kompetenz in AutoMobilität (IKAM GmbH) der Modulträger Elektrofahrzeug „BugEE“ für den Einsatz in Forschung und Lehre entwickelt [74]. Als Fahrzeugbasis diente ein kommerziell verfügbares Fahrzeug aus dem Freizeitbereich (Offroad Buggy), welches zu einem Elektrofahrzeug mit vier Radnabenmotoren umgerüstet wurde. Die vier einzeln geregelten Radnabenantriebe sind mit der restlichen Fahrzeuginfrastruktur (Batterie, frei programmierbares Steuergerät, Sensoren, etc.) mittels CAN-Bus verbunden. Somit werden eine radindividuelle Vorgabe des Drehmoments und eine messtechnische Erfassung von Drehzahl und Drehmoment an jedem Rad ermöglicht. Eine Übersicht der im „BugEE“ verbauten Komponenten und deren Aufteilung am Hochvolt- und Niedervolt-Bordnetz sowie der Kommunikation über CAN-Bus ist in Abbildung 3.6 zusammengefasst. Weitere Informationen und eine detaillierte Beschreibung des Fahrzeugkonzeptes und der Komponenten kann [74] entnommen werden. In Tabelle 3.5 sind die mechanischen Fahrzeugparameter des „BugEE“ aufgelistet, die zur Parametrierung des Beobachters und der Fahrdynamikregelung herangezogen wurden.

Die Traktionsbatterie des „BugEE“ besteht aus mehreren verschalteten Lithium-Polymer-Akkumulatoren und einem Batteriemanagementsystem sowie Überwachung der Betriebszustände (Batteriestrom, Zellspannungen, Zelltemperaturen, etc.) beim Laden und Entladen des Batteriesystems und stellt die geforderte elektrische Leistung für die Radnabenantriebe zur Verfügung. Jeder der vier Radnabenantriebe ist aus einem Motorcontroller *Gen4 Size 4* der Firma *Sevcon* und einem Radnabenmotor (PMSM) mit

Tab. 3.5: Mechanische Fahrzeugparameter des Modulträgers Elektrofahrzeug „BugEE“ (gerundet) [24]

Fahrzeugparameterdaten Modulträger Elektrofahrzeug „BugEE“	
Bezeichnung	**Werte**
Fahrzeuggesamtmasse [kg]	581
Fahrzeuggesamtschwerpunkt (x / y / z) [m]	0,99 / 0 / 0,32
Massenträgheitsmoment um z-Achse [kgm^2]	808,9
Achslast vorne / hinten [kg]	255,64 / 325,36
Radstand [m]	2,25
Spurweite vorne / hinten [m]	1,52 / 1,45
Abstand Schwerpunkt Vorder-/Hinterachse [m]	1,26 / -0,99

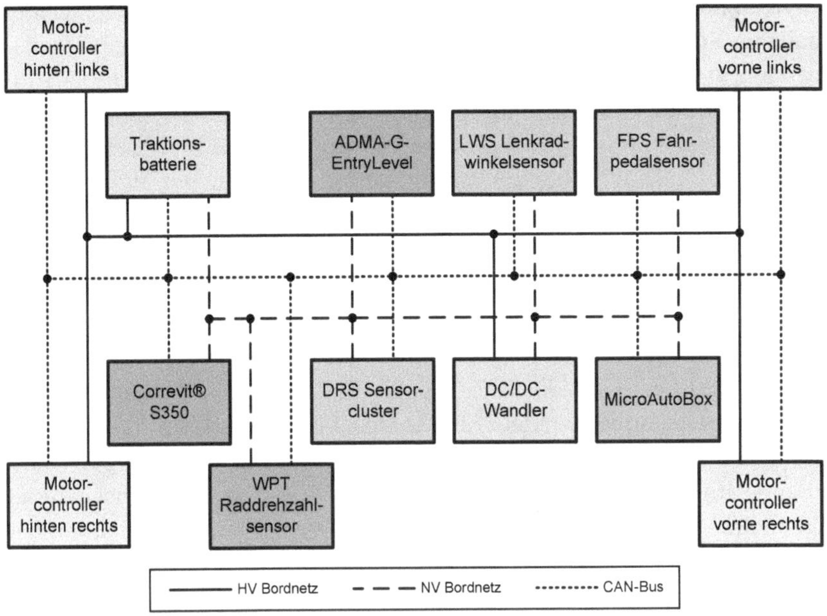

Abb. 3.6: Komponentenübersicht Modulträger Elektrofahrzeug „BugEE“ (vgl. [74])

Hall-Effekt-Sensoren der Firma *Taizhou Quanshun Motor Co., Ltd.* aufgebaut. Der Motorcontroller realisiert die Regelung des Motordrehmoments (feldorientierte Regelung), wobei Soll- und Istwert des Drehmoments und die Motordrehzahl auf dem CAN-Bus übertragen werden. Das maximale Drehmoment in der aktuellen Ausbaustufe beträgt 160 Nm an jedem Vorderrad und 290 Nm je Hinterrad, wobei die mechanische Dauerleistung der Elektromotoren an den Vorderrädern 6,5 kW und an den Hinterrädern 8 kW beträgt. Die Erfassung des Fahrerwunsches erfolgt über ein speziell entwickeltes Fahrpedalsensor-System, bestehend aus einem robusten linearen Potentiometer zur Erfassung des Pedalweges und einem Mikrocontroller mit CAN-Schnittstelle zur Verarbeitung und Ausgabe. Alle weiteren Messsignale werden von im Automobilbereich serienmäßig verbauten Sensoren bereitgestellt. Zur Erfassung des Lenkradwinkels wird ein auf dem anisotropen magnetoresistiven Effekt basierter Lenkwinkelsensor aus der Generation 3 (*LWS3.1*) der *Robert Bosch GmbH* verwendet. Die Messwerte für Längsbeschleunigung, Querbeschleunigung, Gierrate und Gierwinkelbeschleunigung werden in einem Sensorcluster (*DRS-MM3.R8k*) der Firma *Bosch* bereitgestellt, dessen integrierte Beschleunigungssensoren und Gyroskope auf der MEMS-Technologie basieren.

Für die während der Fahrversuche durchgeführte Messwerterfassung wurde das Fahrzeug mit zusätzlichen Sensorsystemen ausgestattet. Diese dienen hauptsächlich einer hochauflösenden, redundanten Erfassung der für die Bewertung der Fahrdynamik wichtigen Kenngrößen, welche ebenfalls vom einzusetzenden Beobachter geschätzt werden sollen. Somit kann einerseits mit Hilfe der vorliegenden Messwerte im Vorfeld eine Anpassung der Beobachterverstärkungen durchgeführt und andererseits nach der Implementierung in das Fahrzeug eine qualitative und quantitative Aussage über die ermittelten Schätzergebnisse der beobachteten Werte im realen Fahrversuch getroffen werden. Bei den im Nachfolgenden als Referenzsensorik bezeichneten Messsystemen handelt es sich um kommerziell verfügbare und in der Automobilindustrie häufig eingesetzte Sensoren zur Bewertung der Fahrdynamik. Dazu gehören eine GPS-gestützte Kreiselmessplattform *Automotive Dynamic Motion Analyzer* der Version *EntryLevel* (*ADMA-G-EntryLevel*) der Firma *GeneSys Elektronik GmbH* sowie ein zweiachsiger optischer Geschwindigkeitssensor *Correvit® S-350* und ein hochauflösender *Radimpulsgeber Typ CWPTA* der Firma *Kistler Group*, die in Abbildung 3.7 dargestellt sind.

Angefangen vom Radbeobachter über Fahrzeugbeobachter bis hin zur Schlupfschätzung können mit diesen Systemen sämtliche Schätzgrößen messtechnisch erfasst werden. Das *ADMA* wurde in der Nähe des *DRS*-Sensorclusters und möglichst nahe am Schwerpunkt des Fahrzeuges montiert und ermittelt mittels Filteralgorithmus aus den internen Beschleunigungs- und Drehratensensoren sowie GPS sowohl die translatorischen Beschleunigungen, Geschwindigkeiten und die Position des Fahrzeugschwerpunktes als auch die Winkelgeschwindigkeiten um alle drei Raumachsen (Nick-, Wank-, und Gierrate) und die Kardanwinkel. Eine verbesserte Messung der Geschwindigkeit in Längs- und Querrichtung ist zwar mit dem optischen Sensor *Correvit® S-350* möglich, jedoch liefert das System erst Geschwindigkeitswerte ab einer Längsgeschwindigkeit von 0,5 km/h. Es ist jedoch möglich, beide Systeme miteinander zu verbinden und dem Filteralgorithmus des *ADMA* die Geschwindigkeitssignale des *Correvit® S-350* einzuspeisen. Per Konfigurationssoftware des Sensors kann ein Messpunkt relativ zum Schwerpunkt des Fahrzeuges beziehungsweise zur Position des Sensors definiert werden, für den die Geschwindigkeit ausgegeben werden soll. Folglich können in Kombination mit dem *Radimpulsgeber Typ CWPTA* und dem eingemessenen Reifenradius die Längs- und Quergeschwindigkeit des Radaufstandspunktes, die Radumfangsgeschwindigkeit und somit der Reifenschlupf messtechnisch erfasst werden.

Da sämtliche Fahrzeugkomponenten und die verwendete Referenzsensorik eine konfigurierbare CAN-Schnittstelle ausweisen, erfolgt die Messwerterfassung und Auswertung mit einem frei programmierbaren Steuergerät (*MicroAutoBox II*) der Firma *dSPACE GmbH*, die die auf dem CAN-Bus befindlichen Nachrichten mit einer minimalen Abtastzeit von 1 ms auswerten kann. Abhängig vom geplanten Fahrmanöver können ausgewählte Daten aus dem Steuergerät und auf dem CAN-Bus mit einer proprietären Software während der Fahrt auf einem Laptop gespeichert und im weiteren Verlauf genauer analysiert werden. Dazu werden im folgenden Abschnitt standardisierte und synthetische Fahrmanöver vorgestellt, die während des Entwurfsprozesses und zur Bewertung der Fahrdynamik eines Fahrzeuges herangezogen werden. Aus der laut Normung geforderten Messwerte wird eine Liste der erforderlichen Messsignale für die jeweiligen Fahrmanöver erstellt.

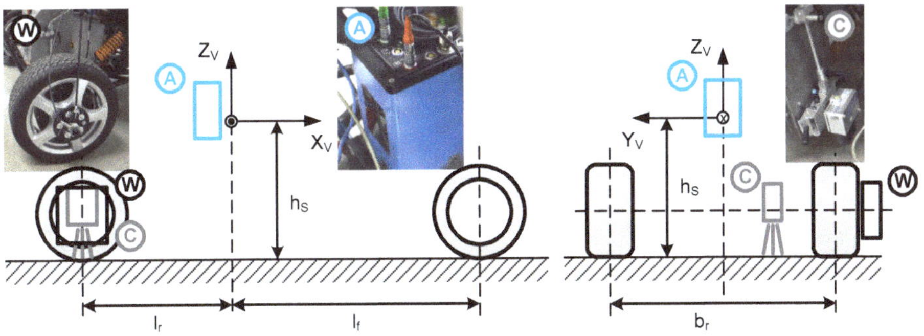

Abb. 3.7: Schematische Darstellung der Einbaulage von *ADMA-G-EntryLevel* (A), *Correvit® S-350* (C) und *Radimpulsgeber Typ CWPTA* (W) im Versuchsfahrzeug

3.2.3 Fahrmanöver zur Bewertung der Fahrdynamik

Während des Testens neuer Fahrzeugmodelle, Fahrzeugkomponenten oder Funktionen im Fahrzeug werden festgelegte Fahrmanöver durchgeführt, damit die gewonnenen Ergebnisse mit anderen Fahrversuchen vergleichbar sind. Hauptsächlich werden die Ergebnisse aus Fahrdynamikversuchen bei der Fahrzeug- und Fahrwerkabstimmung (Radaufhängung, Federdämpfer, Lenkung, Reifen, Antrieb,...) und zur Funktionsentwicklung und Applikation von Regelungssystemen eingesetzt. Dabei handelt es sich um firmenintern definierte oder international standardisierte Fahrmanöver. Insbesondere zur Bewertung der Fahrdynamik sind oder waren unter anderem folgende genormten Fahrmanöver veröffentlicht worden:
- Stationäre Kreisfahrt (DIN ISO 4138, seit 2009 ersatzlos zurückgezogen)
- Doppelspurwechsel (ISO 3888)
- Lenkwinkelsprung (DIN ISO 7401)
- Lastwechselreaktion bei Kreisfahrt (DIN ISO 9816, seit 2008 ersatzlos zurückgezogen)
- Bremsen in der Kurve (DIN ISO 7975)
- Sinuswedeltest (DIN ISO 7401).

Dank moderner Simulationswerkzeuge können bei der Entwicklung neuer Funktionen oder Systeme bereits während der Konzeptphase Fahrmanöver simuliert werden, ohne zeit- und kostenintensive Prototypen herzustellen. Zudem ist bei der Simulation der Fahrmanöver eine exakte Reproduzierbarkeit der Ergebnisse möglich, was bei realen Fahrversuchen nicht der Fall ist. In der Simulation kommen dennoch nur eine Auswahl der oben genannten standardisierten Fahrmanöver zum Einsatz, wobei sich auf die stationäre Kreisfahrt nach DIN ISO 4138, dem Doppelspurwechsel nach ISO 3888 und einen Lenkwinkelsprung nach DIN ISO 7401 beschränkt wird. Da für die realen Versuchsfahrten kein ausgebildeter Testfahrer und keine abgegrenzte und entsprechend große Fahrdynamikfläche zur Verfügung stehen, wird lediglich die stationäre Kreisfahrt

Tab. 3.6: Übersicht erforderlicher und optionaler Messsignale verschiedener Fahrmanöver

Messwert	ISO 4138	ISO 3888	ISO 7401	Anf.-Br.	8-Kurs	Slalom
Längsbeschleunigung [m/s^2]				X		
Querbeschleunigung [m/s^2]	X	X	X		X	X
Längsgeschwindigkeit [m/s]	(X)	X	(X)	X	X	(X)
Quergeschwindigkeit [m/s]					X	X
Gierrate [rad/s]; [°/s]	(X)	X	X		X	X
Schwimmwinkel [rad]; [°]	(X)	(X)			(X)	(X)
Nickwinkel [rad]; [°]				(X)		
Wankwinkel [rad]; [°]	(X)	(X)	(X)		(X)	(X)
Lenkradwinkel [rad]; [°]	X		X		X	X
Raddrehzahlen [rad/s]; [min^{-1}]	(X)			X	(X)	(X)

mit reduziertem Kurvenradius durchgeführt, um Gefahrensituationen auf Grund hoher Geschwindigkeiten möglichst auszuschließen. Um weitere Fahrmanöver und Fahrsituationen darzustellen, werden synthetische Fahrmanöver definiert, die ebenfalls ohne hohes Risiko im Fahrversuch absolviert werden können. Um eine vorwiegend längsdynamische Anregung des Fahrzeuges zu erreichen, wird ein Anfahr-Brems-Manöver durchgeführt, bei dem das Fahrzeug mit festgelegten beziehungsweise maximalen Antriebsmomenten beschleunigt und nach einer kurzen Rollphase mit festgelegten oder maximalen Bremsmomenten verzögert wird. Um im Gegensatz zur stationären Kreisfahrt eine wechselseitige Anregung der Querdynamik hervorzurufen, wird eine achtförmige Bahn mit konstanter Geschwindigkeit gefahren. Durch schrittweises Erhöhen der Fahrzeuggeschwindigkeit kann eine Analyse der Querdynamik, zum Beispiel beim Wechsel von einer Rechts- in eine Linkskurve, untersucht werden. Tabelle 3.6 fast die wichtigsten Messwerte zusammen und weist sie den jeweiligen Fahrversuchen zu. Alle weiteren Größen können aus diesen Werten berechnet werden.

4 Beobachtung und Bewertung des Fahrzustandes

Für die Realisierung der konzipierten hierarchischen Fahrdynamikregelung ist die Beobachtung des Fahrzustandes essentiell, sodass die Umsetzung des Beobachterkonzeptes zunächst betrachtet wird. Insbesondere die nicht ohne großen Aufwand messbare Regelgröße des Reifenschlupfes ist neben anderen fahrdynamischen Kenngrößen für das weitere Vorgehen erforderlich. Da zur Schätzung des Reifenschlupfes sowohl die Drehzahl des Rades als auch die translatorische Geschwindigkeit des Radmittelpunktes benötigt werden, erfolgt zunächst der Entwurf von Rad- und Fahrzeugbeobachter getrennt voneinander, bevor die Schätzgrößen beider Systeme zusammengeführt werden. Die Verwendbarkeit des geschätzten Reifenschlupfes als Regelgröße wird im Anschluss anhand geeigneter Fahrversuche validiert. Abschließend werden in diesem Kapitel zwei Ansätze zur Erweiterung des Radbeobachters um die Reifenlängskraft-Schätzung vorgestellt und anhand von Simulationsergebnissen und realen Messdaten vergleichend bewertet.

4.1 Umsetzung des Beobachterkonzeptes

Anhand verschiedener Fahrmanöver werden im Folgenden in der Simulation die Beobachterverstärkungen des Rad- und Fahrzeugbeobachters bestimmt und die Ergebnisse der Schätzung erläutert. Der Radbeobachter wird nach dem Verfahren der Polplatzierung dimensioniert, während der Fahrzeugbeobachter in Form eines Erweiterten Kalman-Filters und eines nichtlinearen Beobachters entworfen wird. Anschließend werden beide Beobachter miteinander verglichen. Zur Festlegung der Beobachterverstärkungen des nichtlinearen Beobachters werden die Übertragungsfunktionen der Messgrößen auf die jeweilige Schätzgröße gebildet und ebenfalls nach dem Verfahren der Polplatzierung gewählt. Als Simulationsumgebung wird *IPG CarMaker* in Verbindung mit *MATLAB® und Simulink®* verwendet. Die Art des Fahrmanövers richtet sich dabei nach der zu untersuchenden Schätzgröße. Dazu wurden ein Anfahr- und Bremsmanöver mit maximalen Radmomenten und Blockieren der Räder zur Anregung der Längsdynamik sowie eine stationäre Kreisfahrt nach ISO 4138 und ein ISO 3888 Doppelspurwechsel zur Untersuchung der Querdynamik ausgewählt. Um Messungenauigkeiten durch Rauschen, Quantisierungsfehler sowie Bandbreite der Messung oder statische Abweichungen zu berücksichtigen, wurde für jeden verwendeten Sensor ein entsprechendes Modell implementiert und anhand der Datenblätter serienmäßig verbauter Sensoren oder den messtechnisch erfassten Eigenschaften parametriert. Sämtliche Untersuchungen wurden am rückgekoppelten kaskadierten Beobachter durchgeführt.

Unter Verwendung der Schätzgrößen von Rad- und Fahrzeugbeobachter erfolgt anschließend die modellbasierte Schätzung von Reifenschlupf und Reifenkraft in Längs-

DOI 10.1515/9783110564303-004

und Querrichtung sowie der quasistationären Radlasten. Die Simulationsergebnisse aus einem längsdynamischen und querdynamischen Fahrmanöver werden gegenübergestellt und diskutiert. Anschließend werden Ansätze zur Bewertung des Fahrzustandes vorgestellt, die sich aus den beobachteten Bewegungsgrößen beziehungsweise den geschätzten Reifenkräften ermitteln lassen. Mit Hilfe der Abweichungen der vom Fahrzeugbeobachter ermittelten Bewegungsgrößen zu einem linearen Einspurmodell soll der Übergang des Fahrverhaltens vom linearen in den nichtlinearen Bereich detektiert werden. Die Ermittlung des Kraftschlusspotentials aus den wirkenden Reifenkräften ermöglicht eine Abschätzung der Kraftschlussreserve und damit verbunden die mögliche Begrenzung der Stellgröße bei einem radindividuellen Regeleingriff.

Auf Basis des modellgestützten Entwurfs wird anhand von Messungen im realen Fahrversuch die Einsetzbarkeit des Beobachters gezeigt. Hierzu wird der Beobachteralgorithmus in das frei programmierbare Steuergerät des Versuchsfahrzeuges implementiert und dessen Schätzwerte während eines Anfahr-Brems-Manövers, einer stationären Kreisfahrt und einer Fahrt auf einem achtförmigen Kurs mit den Messungen der Referenzsensorik verglichen.

4.1.1 Entwurf von Rad- und Fahrzeugbeobachter

Zur Schätzung des Reifenschlupfes werden die Geschwindigkeit des Reifenaufstandspunktes sowie die Raddrehzahl aus den Schätzgrößen des Rad- und Fahrzeugbeobachters ermittelt. Trotzdem die Raddrehzahl mit den Sensoren, die in den Radnabenmotoren eingesetzt werden, mit einer weitaus höheren Genauigkeit erfasst wird als konventionelle Drehzahlsensoren des ABS aufweisen, ist eine direkte Verwendung der Messwerte zur Schlupfschätzung auf Grund sensorspezifischer Messfehler nicht praktikabel. Dazu gehören beispielsweise Quantisierungsfehler, die bei der Auswertung von Hall-Sensoren oder Inkrementalgebern auftreten. Abhängig von der Anzahl der Inkremente pro Umdrehung und der verwendeten Abtastfrequenz ist der Bereich der Drehzahlmessung nach oben und unten begrenzt. Zudem treten bei sehr niedrigen Raddrehzahlen während des Anfahrens oder Anhaltens im Falle einer asynchronen Abtastung der Signale höhere Abtastzeiten auf, während bei höheren Drehzahlen die relativen Messfehler steigen. Wird die Drehzahl mittels synchroner Abtastung bestimmt, stellen sich diese Sachverhalte genau entgegengesetzt dar, weshalb die Nutzung einer hybriden Abtastung in Frage kommt, die die beiden Zählverfahren geeignet verbindet. Welches Verfahren letztlich eingesetzt wird, muss im Einzelfall anhand des zu messenden Drehzahlbereichs, der Inkrementanzahl pro Umdrehung sowie der verfügbaren Hardware entschieden werden. Auf Grund der relativ kleinen Drehzahlwerte am Rad und der Forderung nach hoher Genauigkeit im Bereich kleiner Drehzahlen an dieser Stelle von einer asynchronen Abtastung ausgegangen.

Im Folgenden wird daher ein Radbeobachter entworfen, der zur Glättung des Drehzahlsignals verwendet werden soll. Im Gegensatz zu einer Filterung des Messsignals

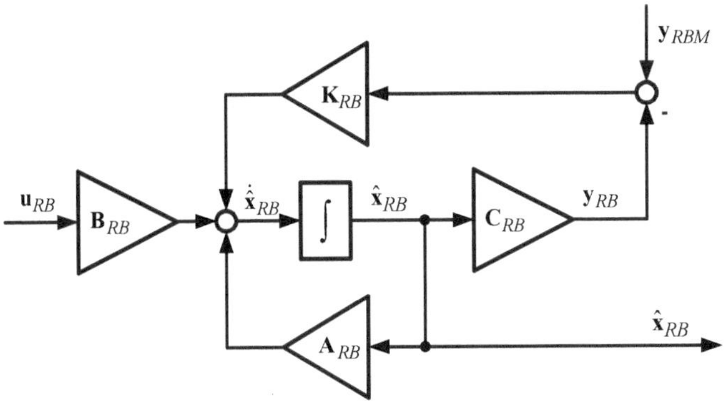

Abb. 4.1: Blockschaltbild des Radbeobachters

mittels Tiefpass erlaubt ein Beobachter unter Verwendung bekannter Eingangsgrößen weitaus geringere Verzögerungszeiten. Im Falle eines elektrischen Radnabenantriebs wird das Motor- bzw. Antriebsmoment mit relativ hoher Genauigkeit von dem Motorcontroller bestimmt, während das Bremsmoment aus den Bremsdrücken geschätzt werden kann, die vom ABS- oder ESP-Steuergerät bereitgestellt werden. Als Modellgleichung für den Radbeobachter wird die Differentialgleichung des Rades nach Gleichung (2.30) herangezogen. Die Raddrehzahl $\hat{\omega}_{Wy}$ wird als Schätz- und Ausgangsgröße gewählt, während das Antriebsmoment M_{WA}, das Bremsmoment M_{WB} und die Reifenlängskraft F_{WTx} als Eingangsgrößen im Zustandsraummodell in (4.1) definiert werden. Als Messgröße steht ebenfalls die Raddrehzahl ω_{WM} zur Verfügung. Das Blockschaltbild des Radbeobachters in Abbildung 4.1 entspricht der allgemein bekannten Struktur zur Beobachtung linearer Systeme.

$$\begin{aligned}
&\text{Schätzgrößen} && \hat{\mathbf{x}}_{RB} = \left[\hat{\omega}_{Wy}\right] \\
&\text{Eingangsgrößen} && \mathbf{u}_{RB} = \left[M_{WA}, M_{WB}, F_{WTx}\right] \\
&\text{Ausgangsgrößen} && \mathbf{y}_{RB} = \left[\hat{\omega}_{Wy}\right] \\
&\text{Messgrößen} && \mathbf{y}_{RBM} = \left[\omega_{Wy}\right] \\
&\text{Systemmatrix} && \mathbf{A}_{RB} = \left[-\frac{k_R}{J_{Wy}}\right] \\
&\text{Eingangsmatrix} && \mathbf{B}_{RB} = \left[\frac{1}{J_{Wy}} \quad -\frac{1}{J_{Wy}} - \frac{r_W}{J_{Wy}}\right] \\
&\text{Ausgangsmatrix} && \mathbf{C}_{RB} = \left[1\right]
\end{aligned} \qquad (4.1)$$

Die Beobachtbarkeit des Systems wird mit dem Rang der Beobachtbarkeitsmatrix $\mathbf{S}_{RB}$ nachgewiesen, die aus der Systemmatrix $\mathbf{A}_{RB}$ und der Ausgangsmatrix $\mathbf{C}_{RB}$ ermittelt wird. Da der Rang der Beobachtbarkeitsmatrix der Länge des Schätzgrößenvektors entspricht, ist das System beobachtbar.

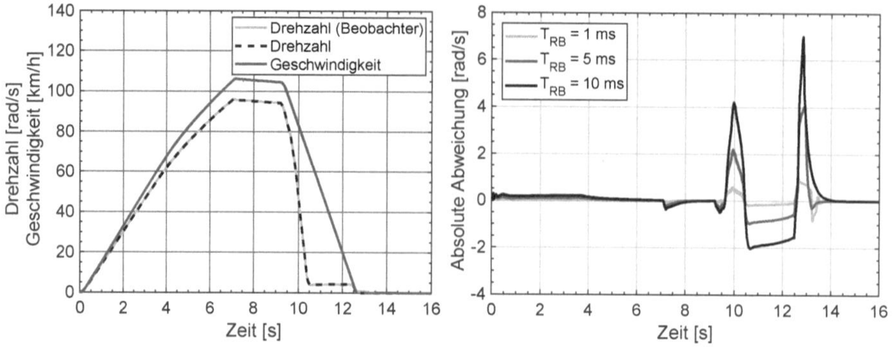

Abb. 4.2: (Beobachtete) Drehzahl am linken Vorderrad sowie Geschwindigkeit des Fahrzeugs (links) und absoluter Schätzfehler (rechts) in einem simulierten Anfahr-Brems-Manöver

$$Rang\left(\mathbf{S}_{RB}\right) = Rang\left(\mathbf{C}_{RB} \cdot \mathbf{A}_{RB}^{0}\right) = 1 \tag{4.2}$$

Aus der Anzahl der Mess- und Schätzgrößen ergibt sich die Größe der Beobachter-Verstärkungsmatrix K_{RB} von 1×1. Mittels Polplatzierung wird über den Wert von K_{RB} die Dynamik des Beobachter-Schätzfehlers festgelegt. Als gewünschtes Verhalten wird ein PT_1-System mit Verstärkung 1 und Zeitkonstante T_{RB} angesetzt, sodass durch Gleichsetzen der Gleichungen für die Eigenwerte beider Systeme die Beobachter-Verstärkung in Abhängigkeit der Modellparameter und der Zeitkonstante T_{RB} bestimmt werden kann.

$$\mathbf{K}_{RB} = \left[-\frac{k_R}{J_{Wy}} + \frac{1}{T_{RB}}\right] \tag{4.3}$$

Die Zeitkonstante T_{RB} wird nun derart gewählt, dass ein Kompromiss aus guter Glättung der Drehzahlmesswerte und geringer Zeitkonstante des Beobachter-Schätzfehlers erzielt wird. Hierzu wird das Fahrzeug in der Simulation mit maximalem Antriebsmoment beschleunigt und nach einer kurzen Phase des Rollens mit maximalem Bremsmoment verzögert. Da keine Fahrdynamikregelsysteme aktiviert sind, blockieren die Räder während des Bremsvorgangs bis zum Stillstand. In Abbildung 4.2 sind beispielhaft für das linke Vorderrad die zeitlichen Verläufe der vom Beobachter geschätzten Raddrehzahl und der Raddrehzahl aus der Simulation für den beschriebenen Versuch dargestellt.

Der ebenfalls eingezeichneten Geschwindigkeit des Fahrzeuges kann entnommen werden, dass während des Bremsens das Rad zum Blockieren neigt. Für die Zeitkonstante des Schätzfehlers des Radbeobachters wurde ein Wert von 10 ms gewählt und der absolute Schätzfehler ermittelt. Durch schrittweises Verringern dieses Wertes, wurde schließlich eine Zeitkonstante von 1 ms festgelegt, da diese die besten Ergebnisse lieferte (vgl. Abbildung 4.2 rechts). Im Umkehrschluss bedeutet dies eine Erhöhung der Beobachterverstärkung und somit eine stärkere Gewichtung der Sensorwerte in der Korrektur der Schätzwerte. In Abbildung 4.3 sind die Bereiche des Anfahrens und Anhaltens zur besseren Erläuterung detaillierter dargestellt.

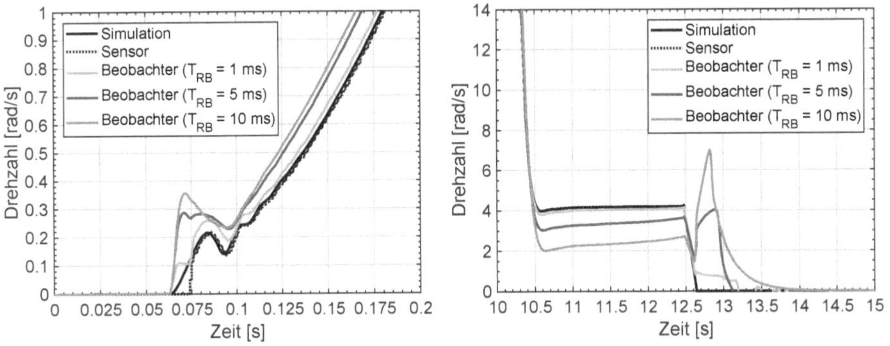

Abb. 4.3: (Beobachtete) Drehzahl und Sensorwerte während des Anfahrens (links) und Anhaltens (rechts) in einem simulierten Anfahr-Brems-Manöver

Im Moment des Anfahrens ist erkennbar, dass der Sensorwert auf Grund des eingesetzten Sensormodells eine zeitliche Verzögerung sowie eine Begrenzung des Messbereichs auf einen Minimalwert aufweist. Unabhängig von der gewählten Zeitkonstante des Beobachterfehlers eilt der beobachtete Wert der Raddrehzahl dem aus der Simulation jedoch voraus. Dieser gegenüber der Simulation übermäßige Anstieg der Drehzahl im Moment des Anfahrens lässt sich anhand der Modellgleichungen der Raddynamik nach (2.30) erläutern. Da im Fahrzeugstillstand sowohl die Raddrehzahl als auch die Fahrzeuggeschwindigkeit Null sind, wird auf ebener Fahrbahn im Reifenmodell ebenfalls eine Reifenlängskraft von Null geschätzt. Folglich wirkt lediglich das Massenträgheitsmoment des Rades dem Motormoment entgegen, da die weitaus höhere Trägheit des Fahrzeuges zeitverzögert in der Reifenlängskraft zu Buche schlägt. Je kleiner der Wert von T_{RB} gewählt wurde, desto schneller erfolgt erwartungsgemäß die Korrektur der Schätzung. Im Gegensatz zum Anfahren treten während der Vollbremsung weitaus höhere Schätzfehler auf. Eine Verzögerung des Fahrzeuges bis zum Stillstand bei blockierenden Rädern stellt sowohl für die Simulation als auch für den Beobachter eine Grenzsituation dar. Während der Vollbremsung wird die Drehzahl augenscheinlich auf einem Minimalwert gehalten, solange die Fahrzeuggeschwindigkeit oberhalb einer bestimmten Grenze ist. Somit lässt sich ebenfalls der abrupte lineare Abfall der Drehzahl bei etwa 12,5 s erklären, da in diesem Moment das Fahrzeug zum Stehen kommt (vgl. Abbildung 4.2 links). In einem entsprechenden realen Fahrversuch in Abschnitt 4.2 soll daher das Verhalten des Beobachters bei blockierenden Rädern genauer untersucht werden.

Zur Schätzung des Reifenschlupfes werden die Geschwindigkeiten der Radaufstandspunkte aus der Bewegung des Fahrzeugaufbaus bestimmt. Heute serienmäßig eingesetzte Sensoren zur Erfassung der Fahrzeugaufbaubewegung bestehen mindestens aus Beschleunigungs- und Drehratensensoren für Längs- und Querbeschleunigung sowie die Gierrate. Diese Sensoren basieren auf der MEMS-Technologie und weisen Messfehler auf, die aus dem Messprinzip resultieren. Die Beschleunigung wird kapazitiv aus der Auslenkung einer trägen Masse ermittelt, wodurch die Messsignale verrauscht sind. Zudem führen eine unebene Fahrbahn, Nick- und Wankbewegungen des Fahrzeugaufbaus sowie falsche Einbaulagen zu einem statischen oder dynamischen Versatz des Nullpunktes. Eine numerische Integration der Messwerte zur Ermittlung der Geschwindigkeit führt daher mit zunehmender Messdauer zu sehr hohen Abweichungen. Messsignale der Drehratensensoren (Gyroskope) weisen zwar ein geringeres Messrauschen auf, jedoch sind der Nullpunkt und die Empfindlichkeit temperaturabhängig. Auf modernen Sensorchips sind deshalb zusätzlich zum Sensorsystem häufig Temperatursensoren oder aktive Temperaturkompensationen bereits integriert, die eine Verringerung der Messungenauigkeiten ermöglichen.

Trotzdem ist weiterhin der Einsatz eines Beobachters zur Schätzung der Längs- und Quergeschwindigkeit sowie der Gierrate notwendig. Die Differentialgleichungen des nichtlinearen ebenen Zweispurmodells (2.15)-(2.17) werden als Modellgleichungen des Beobachters $\boldsymbol{f}_{FB}(\hat{\boldsymbol{x}}_{FB}, \boldsymbol{u}_{FB})$ verwendet, wobei zur Vereinfachung die Windgeschwindigkeit vernachlässigt und die fahrzeugorientierten Querkräfte vorne und hinten (F_{Vyf}, F_{Vyr}) zusammengefasst werden. Weitere Eingangsgrößen sind die fahrzeugorientierten Längskräfte (F_{Vxfl}, F_{Vxfr}, F_{Vxrl}, F_{Vxrr}). Zur Berechnung der Ausgangsgrößen werden die Gleichungen $\boldsymbol{g}_{FB}(\hat{\boldsymbol{x}}_{FB}, \boldsymbol{u}_{FB})$ herangezogen. Die Definitionen der Vektoren für Schätz-, Eingangs-, Ausgangsgrößen und Messgrößen sowie die Zustands- und Ausgangsgleichungen sind in (4.4), (4.5) und (4.6) zusammengefasst.

$$
\begin{aligned}
&\text{Schätzgrößen} && \hat{\boldsymbol{x}}_{FB} = \left[\hat{v}_{Vx}, \hat{v}_{Vy}, \hat{\omega}_{Vz}\right] \\
&\text{Eingangsgrößen} && \boldsymbol{u}_{FB} = \left[F_{Vxfl}, F_{Vxfr}, F_{Vxrl}, F_{Vxrr}, F_{Vyf}, F_{Vyr}\right] \\
&\text{Ausgangsgrößen} && \hat{\boldsymbol{y}}_{FB} = \left[\hat{a}_{Vx}, \hat{a}_{Vy}, \hat{\omega}_{Vz}, \hat{v}_{Vx}\right] \\
&\text{Messgrößen} && \boldsymbol{y}_{FBM} = \left[a_{xM}, a_{yM}, \omega_{zM}, v_{xM}\right] \\
&\text{Zustandsgleichungen} && \dot{\hat{\boldsymbol{x}}}_{FB} = \boldsymbol{f}_{FB}\left(\hat{\boldsymbol{x}}_{FB}, \boldsymbol{u}_{FB}\right) \\
&\text{Ausgangsgleichungen} && \boldsymbol{y}_{FB} = \boldsymbol{g}_{FB}\left(\hat{\boldsymbol{x}}_{FB}, \boldsymbol{u}_{FB}\right)
\end{aligned}
\tag{4.4}
$$

$$
\boldsymbol{f}_{FB}\left(\hat{\boldsymbol{x}}_{FB}, \boldsymbol{u}_{FB}\right) =
\begin{bmatrix}
\frac{1}{m_V}\left(F_{Vxfl} + F_{Vxfr} + F_{Vxrl} + F_{Vxrr} - \frac{\varrho}{2} c_{Wx} A_{refx} \hat{v}_{Vx} \sqrt{\hat{v}_{Vx}^2 + \hat{v}_{Vy}^2}\right) + \hat{v}_{Vy}\hat{\omega}_{Vz} \\
\frac{1}{m_V}\left(F_{Vyf} + F_{Vyr}\right) - \hat{v}_{Vx}\hat{\omega}_{Vz} \\
\frac{1}{J_{Vz}}\left(\frac{b_f}{2}\left(F_{Vxfr} - F_{Vxfl}\right) + \frac{b_r}{2}\left(F_{Vxrr} - F_{Vxrl}\right) + l_f F_{Vyf} - l_r F_{Vyr}\right)
\end{bmatrix}
\tag{4.5}
$$

$$\boldsymbol{g}_{FB}\left(\hat{\boldsymbol{x}}_{FB}, \boldsymbol{u}_{FB}\right) =$$
$$\begin{bmatrix} \frac{1}{m_V}\left(F_{Vxfl} + F_{Vxfr} + F_{Vxrl} + F_{Vxrr} - \frac{\varrho}{2} c_{Wx} A_{refx} \hat{v}_{Vx} \sqrt{\hat{v}_{Vx}^2 + \hat{v}_{Vy}^2}\right) \\ \frac{1}{m_V}\left(F_{Vyf} + F_{Vyr}\right) \\ \hat{\omega}_{Vz} \\ \hat{v}_{Vx} \end{bmatrix} \tag{4.6}$$

Aus diesen nichtlinearen Systemgleichungen können die Systemmatrix $\mathbf{A}_{FB}$ und die Ausgangsmatrix $\mathbf{C}_{FB}$ durch Linearisierung an einem Betriebspunkt $\boldsymbol{x}_{FB,B}$ bestimmt werden. Eine Überprüfung der Beobachtbarkeit anhand der Beobachtbarkeitsmatrix $\mathbf{S}_{FB}$ zeigt, dass eine weitere Messgröße nötig ist, damit die Matrix $\mathbf{S}_{FB}$ den Rang drei aufweist. Ohne Einsatz weiterer Sensorsysteme kann nur die Längsgeschwindigkeit gewählt werden, die zumindest näherungsweise aus den Drehzahlen der Räder geschätzt werden kann. Alternativ ist die Messung der Längs- und Quergeschwindigkeit mittels GPS-System zu erwägen [4], welches in vielen Serienfahrzeugen bereits vorhanden ist. Abhängig von der Empfangsqualität beziehungsweise der Anzahl der sichtbaren Satelliten, beispielsweise in Tunneln oder zwischen sehr hohen Gebäuden, kann die Messgenauigkeit schwanken oder die Messung sogar ausfallen, sodass an dieser Stelle hiervon abgesehen wird.

$$\mathbf{A}_{FB} = \left.\frac{\partial \boldsymbol{f}_{FB}\left(\hat{\boldsymbol{x}}_{FB}, \boldsymbol{u}_{FB}\right)}{\partial \hat{\boldsymbol{x}}_{FB}}\right|_{\hat{\boldsymbol{x}}_{FB}=\boldsymbol{x}_{FB,B}}$$
$$= \begin{bmatrix} -\frac{\varrho c_{Wx} A_{refx}\left(2v_{Vx,B}^2 + v_{Vy,B}^2\right)}{2m_V\sqrt{v_{Vx,B}^2 + v_{Vy,B}^2}} & \omega_{Vz,B} - \frac{\varrho c_{Wx} A_{refx} v_{Vx,B} v_{Vy,B}}{2m_V\sqrt{v_{Vx,B}^2 + v_{Vy,B}^2}} & v_{Vy,B} \\ -\omega_{Vz,B} & 0 & -v_{Vx,B} \\ 0 & 0 & 0 \end{bmatrix} \tag{4.7}$$

$$\mathbf{C}_{FB} = \left.\frac{\partial \boldsymbol{g}_{FB}\left(\hat{\boldsymbol{x}}_{FB}, \boldsymbol{u}_{FB}\right)}{\partial \boldsymbol{y}_{FB}}\right|_{\hat{\boldsymbol{x}}_{FB}=\boldsymbol{x}_{FB,B}}$$
$$= \begin{bmatrix} -\frac{\varrho c_{Wx} A_{refx}\left(2v_{Vx,B}^2 + v_{Vy,B}^2\right)}{2m_V\sqrt{v_{Vx,B}^2 + v_{Vy,B}^2}} & -\frac{\varrho c_{Wx} A_{refx} v_{Vx,B} v_{Vy,B}}{2m_V\sqrt{v_{Vx,B}^2 + v_{Vy,B}^2}} & 0 \\ 0 & 0 & 0 \\ 0 & 0 & 1 \\ 1 & 0 & 0 \end{bmatrix} \tag{4.8}$$

$$Rang\left(\mathbf{S}_{FB}\right) = Rang\left(\begin{bmatrix} \mathbf{C}_{FB} \cdot \mathbf{A}_{FB}^0 \\ \mathbf{C}_{FB} \cdot \mathbf{A}_{FB}^1 \\ \mathbf{C}_{FB} \cdot \mathbf{A}_{FB}^2 \end{bmatrix}\right) = 3 \tag{4.9}$$

Da es sich um ein nichtlineares System handelt, ist ein geschlossener Nachweis auf schwache oder vollständige Beobachtbarkeit nur schwer möglich, da die Durchführbarkeit der benötigten analytischen Berechnungen von den Systemgleichungen abhängig sind [1]. Mit der in [1] vorgestellten Berechnungsvorschrift kann für das vorliegende Systemmodell dennoch die schwache Beobachtbarkeit nachgewiesen werden. An dieser Stelle wird weiterhin die Zustandsraumdarstellung des linearisierten Systems betrachtet, da die Systemmatrizen im weiteren Verlauf zur Anwendung kommen. Der Rang der Beobachtbarkeitsmatrix $\mathbf{S}_{FB}$ hängt vom Betriebspunkt ab, sodass der Nachweis auf Beobachtbarkeit nach (4.9) nicht bei jedem möglichen Systemzustand gültig ist. Es lässt sich beispielsweise zeigen, dass bei Geradeausfahrt ($v_{Vy,B}$=0, $\omega_{Vz,B}$=0) die Querdynamik nicht mehr beobachtbar ist und der Rang der Beobachtbarkeitsmatrix auf zwei sinkt. Bei Stillstand des Fahrzeuges ($v_{Vx,B}$=0, $v_{Vy,B}$=0, $\omega_{Vz,B}$=0) ist das System ebenfalls nicht beobachtbar.

Unter Verwendung der nichtlinearen Systemgleichungen (4.4) wird zur Beobachtung der Fahrzeugbewegung ein Erweitertes Kalman-Filter mit der in Abschnitt 2.2.1 beschriebenen Vorgehensweise entworfen. Zur Initialisierung des Algorithmus wird als Anfangszustand $\hat{\boldsymbol{x}}_0^-$ der Stillstand des Fahrzeuges gewählt, da dieser den wahrscheinlichsten Fahrzustand nach dem Start des Steuergeräts darstellt. Demnach können die Werte der Hauptdiagonalen in der Kovarianzmatrix der Schätzfehler $\mathbf{P}_0^-$ a priori gering angesetzt werden. Die Kovarianzmatrix des Prozessrauschens $\mathbf{Q}_k$ wird als konstant angenommen und nach der Struktur in (4.10) besetzt, wobei die Werte der Kovarianzen $\boldsymbol{w}_k$ zunächst für alle Zustände gleich groß angenommen wurden. In der Simulation erwies sich ein Herabsetzen der Kovarianz von Längsgeschwindigkeit und Gierrate sowie die Besetzung der Nebenelemente der nichtmessbaren Quergeschwindigkeit als vorteilhaft für die Genauigkeit der Schätzung, da das Produkt aus Längsgeschwindigkeit und Gierrate einen großen Einfluss auf die Quergeschwindigkeit hat.

$$\mathbf{Q}_k = \begin{bmatrix} w_{vx}^2 & w_{vx}\cdot w_{\omega z} & 0 \\ w_{vx}\cdot w_{\omega z} & w_{vy}^2 & w_{vx}\cdot w_{\omega z} \\ 0 & w_{vx}\cdot w_{\omega z} & w_{\omega z}^2 \end{bmatrix} \quad ; \quad \boldsymbol{w}_k = \begin{bmatrix} w_{vx} \\ w_{vy} \\ w_{\omega z} \end{bmatrix} = \begin{bmatrix} 0,1 \\ 1 \\ 0,5 \end{bmatrix} \tag{4.10}$$

Mit ähnlicher Verfahrensweise wurde die Kovarianzmatrix des Messrauschens $\mathbf{R}_k$ in (4.11) festgelegt, wobei die Kovarianzen der Längsbeschleunigung v_{ax}, der Querbeschleunigung v_{ay} sowie der Gierrate $v_{\omega z}$ dem Datenblatt des jeweiligen Sensors entnommen wurden. Die Kovarianz der Messung der Längsgeschwindigkeit v_{vx} wird in Abhängigkeit der Raddrehzahlen $\hat{\boldsymbol{\omega}}_W$, der Raddrehmomente $\boldsymbol{M}_W$ und des Fahrzustandes $\hat{\boldsymbol{x}}_{FB}$ bestimmt. Hierdurch sollen einerseits die oben genannte drehzahlabhängige Messgenauigkeit und andererseits die Fahrzustände berücksichtigt werden, in denen mit einer Verringerung der Messgenauigkeit auf Grund signifikanter Radschlupfwerte zu rechnen ist. Da die Ausgangsgleichung für die Querbeschleunigung nach $\boldsymbol{g}_{FB}(\hat{\boldsymbol{x}}_{FB}, \boldsymbol{u}_{FB})$ in (4.4) von keiner Schätzgröße abhängig ist, entsteht in der Ausgangsmatrix $\mathbf{C}_{FB}$ eine Nullzeile und folglich bei der Berechnung der Kalman-Verstärkung eine Nullspalte. Abweichungen von gemessener zu geschätzter Querbeschleunigung haben somit keinen Einfluss auf die Korrektur der Schätzgrößen und die Messinformation geht verloren. Bei Kurvenfahrten ist jedoch die wirkende Zentrifugalbeschleunigung hauptsächlich in der gemessenen Querbeschleunigung enthalten, sodass über die Elemente auf den Nebendiagonalen in $\mathbf{R}_k$ die Längsgeschwindigkeit und die Gierrate zusätzlich korrigiert werden können. Über die Zustandsgleichungen erfolgt dann ebenfalls eine Korrektur der Quergeschwindigkeit.

$$\mathbf{R}_k\left(\hat{\boldsymbol{\omega}}_W, \boldsymbol{M}_W, \hat{\boldsymbol{x}}_{FB}\right) = \begin{bmatrix} v_{ax} & v_{ayvx} & v_{\omega zvx} & 0 \\ v_{ayvx} & v_{ay} & v_{ay\omega z} & 0 \\ v_{\omega zvx} & v_{ay\omega z} & v_{\omega z} & 0 \\ 0 & 0 & 0 & v_{vx}\left(\hat{\boldsymbol{\omega}}_W, \boldsymbol{M}_W, \hat{\boldsymbol{x}}_{FB}\right) \end{bmatrix} \tag{4.11}$$

Neben dem Erweiterten Kalman-Filter werden zur Schätzung der Fahrzeuggeschwindigkeit häufig nichtlineare Beobachter eingesetzt, weshalb dieser Beobachtertyp ebenfalls untersucht werden soll. Die bisherigen Aussagen zur Beobachtbarkeit der Fahrzeugdynamik nach (4.4) gelten ebenfalls für den nichtlinearen Beobachter. Im Gegensatz zum Erweiterten Kalman-Filter existiert keine festgelegte Vorschrift zur Struktur eines nichtlinearen Beobachters beziehungsweise der Berechnung der Rückführungsverstärkungen oder der Berücksichtigung von Ungenauigkeiten in Modellgleichungen oder Messwerten. Eine Zusammenfassung der verwendeten Mess- und Schätzgrößen sowie der Modellgleichungen kann (4.12) und (4.13) entnommen werden.

$$\begin{aligned} &\text{Schätzgrößen} && \hat{\boldsymbol{x}}_{FB} = \left[\hat{a}_{Vx}, \hat{a}_{Vy}, \hat{v}_{Vx}, \hat{v}_{Vy}, \hat{\omega}_{Vz}\right] \\ &\text{Eingangsgrößen} && \boldsymbol{u}_{FB} = \left[F_{Vxfl}, F_{Vxfr}, F_{Vxrl}, F_{Vxrr}, F_{Vyf}, F_{Vyr}\right] \\ &\text{Ausgangsgrößen} && \boldsymbol{y}_{FB} = \left[\hat{a}_{Vx}, \hat{a}_{Vy}, \hat{\omega}_{Vz}, \hat{v}_{Vx}\right] \\ &\text{Messgrößen} && \boldsymbol{y}_{FBM} = \left[a_{xM}, a_{yM}, \omega_{zM}, v_{xM}\right] \\ &\text{Modellgleichungen} && \boldsymbol{f}_{FBS} = \boldsymbol{f}_{FB}\left(\hat{\boldsymbol{x}}_{FB}, \boldsymbol{u}_{FB}\right) = \left[a_{xS}, a_{yS}, \dot{\omega}_{zM}\right] \end{aligned} \tag{4.12}$$

$$\boldsymbol{f}_{FBS} = \begin{bmatrix} a_{xS} \\ a_{yS} \\ \dot{\omega}_{zS} \end{bmatrix} =$$

$$\begin{bmatrix} \frac{1}{m_V}\left(F_{Vxfl} + F_{Vxfr} + F_{Vxrl} + F_{Vxrr} - \frac{\varrho}{2} c_{Wx} A_{refx} \hat{v}_{Vx} \sqrt{\hat{v}_{Vx}^2 + \hat{v}_{Vy}^2}\right) + \hat{v}_{Vy}\hat{\omega}_{Vz} \\ \frac{1}{m_V}\left(F_{Vyf} + F_{Vyr}\right) - \hat{v}_{Vx}\hat{\omega}_{Vz} \\ \frac{1}{J_{Vz}}\left(\frac{b_f}{2}\left(F_{Vxfr} - F_{Vxfl}\right) + \frac{b_r}{2}\left(F_{Vxrr} - F_{Vxrl}\right) + l_f F_{Vyf} - l_r F_{Vyr}\right) \end{bmatrix} \tag{4.13}$$

Um das Messrauschen der Beschleunigungssensoren innerhalb des Beobachters zu filtern, wurden die Längs- und Querbeschleunigung in den Vektor der Schätzgrößen aufgenommen. Die mittels Systemgleichungen bestimmte Längs- und Querbeschleunigung (a_{xS}, a_{yS}) und die Messwerte (a_{xM}, a_{yM}) gehen gewichtet in die Schätzung der Längs- und Querbeschleunigung ($\hat{a}_{Vx}$, $\hat{a}_{Vy}$) ein, was ein Überblenden von Modell- und Messwerten bewirkt. Schätzungen der Gierrate $\hat{\omega}_{Vz}$ und Längsgeschwindigkeit $\hat{v}_{Vx}$, werden mit den entsprechenden Sensorwerten (ω_{zM}, v_{xM}) korrigiert. Abbildung 4.4

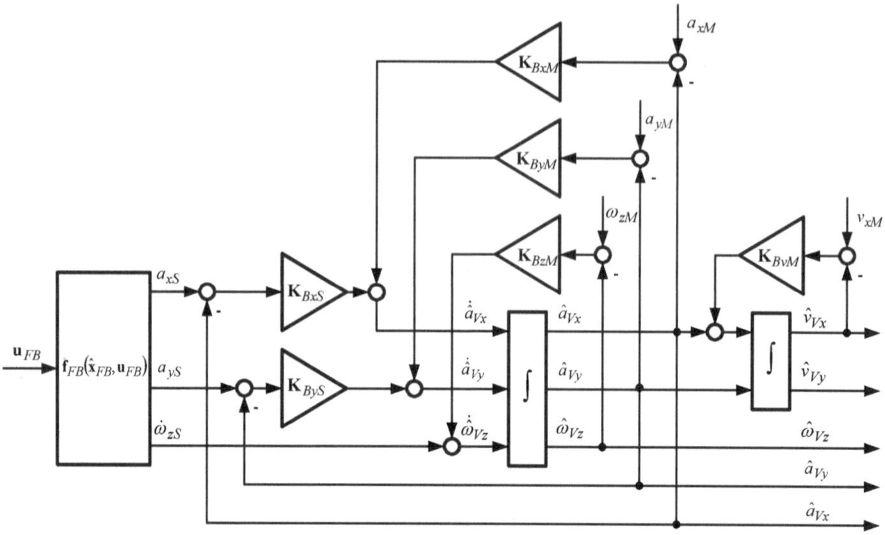

Abb. 4.4: Blockschaltbild des nichtlinearen Fahrzeugbeobachters

verdeutlicht die Struktur des nichtlinearen Fahrzeugbeobachters anhand eines Blockschaltbildes. Hieraus ergeben sich folgende Differentialgleichungen der Schätzgrößen:

$$\dot{\hat{a}}_{Vx} = K_{BxS} \cdot (a_{xS} - \hat{a}_{Vx}) + K_{BxM} \cdot (a_{xM} - \hat{a}_{Vx}) \tag{4.14}$$

$$\dot{\hat{a}}_{Vy} = K_{ByS} \cdot (a_{yS} - \hat{a}_{Vy}) + K_{ByM} \cdot (a_{yM} - \hat{a}_{Vy}) \tag{4.15}$$

$$\dot{\hat{\omega}}_{Vz} = \dot{\omega}_{zS} + K_{BzM} \cdot (\omega_{zM} - \hat{\omega}_{Vz}) \tag{4.16}$$

$$\dot{\hat{v}}_{Vx} = \hat{a}_{Vx} + K_{BvM} \cdot (v_{xM} - \hat{v}_{Vx}) \tag{4.17}$$

Ziel ist es, die Werte der Beobachterverstärkungen derart zu wählen, dass ein gutes Schätzergebnis bei gleichzeitiger Unterdrückung von Messrauschen und geringem zeitlichen Versatz erzielt wird. Zu diesem Zweck wurden die Beobachtergleichungen (4.14) bis (4.17) in den Bildbereich transformiert (Laplace-Operator s) und die Übertragungsfunktionen der Messgrößen auf die jeweiligen Schätzgrößen ermittelt. Die Übertragungsfunktionen der Längs- und Querbeschleunigung in (4.18) und (4.19) weisen die Struktur eines PT_1-Gliedes auf.

$$\frac{\hat{A}_{Vx}(s)}{A_{xM}(s)} = \frac{K_{BxM}}{s + K_{BxM} + K_{BxS}} \tag{4.18}$$

$$\frac{\hat{A}_{Vy}(s)}{A_{yM}(s)} = \frac{K_{ByM}}{s + K_{ByM} + K_{ByS}} \tag{4.19}$$

Mittels Koeffizientenvergleich zu einem gewünschten Übertragungsverhalten mit vorgegebenem Verstärkungsfaktor $K_{Bx/y}$ und festgelegter Zeitkonstante $T_{Bx/y}$ lassen sich die

Tab. 4.1: Gewünschtes Übertragungsverhalten und Beobachterverstärkungen des nichtlinearen Fahrzeugbeobachters

	Gewünschtes Übertragungsverhalten	Beobachterverstärkungen	
Längsbeschleunigung	$G_{Ax,soll}(s) = \frac{K_{Bx}}{T_{Bx} \cdot s + 1}$	$K_{BxM} = \frac{K_{Bx}}{T_{Bx}}\,;\, K_{BxS} = \frac{1 - K_{Bx}}{T_{Bx}}$	(4.22)
Querbeschleunigung	$G_{Ay,soll}(s) = \frac{K_{By}}{T_{By} \cdot s + 1}$	$K_{ByM} = \frac{K_{By}}{T_{By}}\,;\, K_{ByS} = \frac{1 - K_{By}}{T_{By}}$	(4.23)
Gierwinkelgeschwindigkeit	$G_{\Omega,soll}(s) = \frac{1}{T_{Bz} \cdot s + 1}$	$K_{BzM} = \frac{1}{T_{Bz}}$	(4.24)
Längsgeschwindigkeit	$G_{Vx,soll}(s) = \frac{1}{T_{Bv}(\hat{\boldsymbol{\omega}}_W, \boldsymbol{M}_W, \hat{\boldsymbol{x}}_{FB}) \cdot s + 1}$	$K_{BvM} = \frac{1}{T_{Bv}(\hat{\boldsymbol{\omega}}_W, \boldsymbol{M}_W, \hat{\boldsymbol{x}}_{FB})}$	(4.25)

Gleichungen der Beobachterverstärkungen herleiten. Da in den Beobachtergleichungen der Längs- und Querbeschleunigung die gewichtete Summe aus dem Vergleich der Schätzgröße mit Modell- und Sensorwert eingehen, muss als weitere Gleichung festgelegt werden, dass die Summe der Verstärkungsfaktoren der einzelnen Übertragungsfunktionen Eins ergibt. Auf gleicher Weise werden die Beobachterverstärkungen für die Schätzung der Gierrate und Längsgeschwindigkeit festgelegt. Die Übertragungsfunktionen von Mess- auf Schätzgröße im Bildbereich können (4.20) und (4.21) entnommen werden und besitzen ebenfalls die Struktur eines PT_1-Gliedes.

$$\frac{\hat{\Omega}_{Vz}(s)}{\Omega_{zM}(s)} = \frac{K_{BzM}}{s + K_{BzM}} \tag{4.20}$$

$$\frac{\hat{V}_{Vx}(s)}{V_{xM}(s)} = \frac{K_{BvM}}{s + K_{BvM}} \tag{4.21}$$

Durch Koeffizientenvergleich mit einem gewünschten Übertragungsverhalten lassen sich folglich die Gleichungen für die Beobachterverstärkungen finden. Die Messgenauigkeit der Längsgeschwindigkeit wird auch hier abhängig von der Drehzahl, dem Drehmoment und dem Fahrzustand betrachtet. Tabelle 4.1 fasst die Gleichungen der Übertragungsfunktionen sowie der Beobachterverstärkungen des nichtlinearen Fahrzeugbeobachters zusammen.

Die Verstärkungsfaktoren des nichtlinearen Beobachters werden anhand der Fahrmanöver des Doppelspurwechsels nach ISO 3888 und einem Anfahr-Brems-Manöver mit maximalen Antriebs- und Bremsmomenten festgelegt. Die Zeitverläufe für die Schätzung von Längsbeschleunigung und Längsgeschwindigkeit sowie deren absoluten Abweichungen während des Anfahr-Brems-Manövers sind in Abbildung 4.5 beziehungsweise Abbildung 4.6 dargestellt. Nach Initialisierung der Werte nach theoretischen Gesichtspunkten, beispielsweise der Bandbreite der Sensoren, wird durch iterative Änderung der Werte eine Verbesserung der Schätzergebnisse erzielt. Bis auf die Schätzung der Längsgeschwindigkeit aus den Raddrehzahlen wurde von einer vom Fahrzustand abhängigen Bestimmung der Verstärkungsfaktoren abgesehen, da dies die Komplexität des ohnehin händischen Entwurfsprozesses erhöhen würde. Die Beobachterzeitkonstanten der Beschleunigungssensoren für Längs- und Querrichtung T_{Bx} und T_{By} wurden auf 10 ms festgelegt, um bei der angegebenen theoretischen Bandbreite von 250 Hz eine genügend hohe Rauschunterdrückung zu erzielen. Da die Eigenfrequenzen des Fahrzeugaufbaus auf Grund dessen hoher Massenträgheit weitaus geringer ausfallen, ist hierdurch kein hoher Zeitversatz oder Dämpfung der Bewegungsgrößen des Fahrzeugs zu erwarten. Eine stärkere Gewichtung der Messwerte hat sowohl für die Längs-, als auch für die Querbeschleunigung zu besseren Schätzergebnissen geführt und wurde zu $K_{Bx} = 0{,}85$ und $K_{By} = 0{,}9$ gewählt. Hierdurch werden zwar Schätzungen aus den Modellgleichungen weniger berücksichtigt, jedoch hängen diese insbesondere für die Quergeschwindigkeitsänderung stark von den Parametern des Reifenmodells ab, welche großen Schwankungen unterliegen können. Allerdings gehen durch diese Maßnahme ungewollte Anteile der Erdbeschleunigung über die Messwerte in die Schätzung ein, beispielsweise auf Grund von Straßensteigung bzw. Straßenquerneigung oder der Nick- und Wankbewegung des Fahrzeugaufbaus selbst. Dies ist beispielhaft während der Beschleunigungsphase in Abbildung 4.5 anhand der absoluten Abweichungen in der Längsbeschleunigung erkennbar, welche auf Grund des entgegengesetzt wirkenden Anteils der Erdbeschleunigung negativ sind. Im Gegensatz zum nichtlinearen Beobachter ist dieser Effekt im Erweiterten Kalman-Filter deutlich stärker ausgeprägt. Zur Kompensation ist eine Erweiterung des Fahrzeugbeobachters um die Schätzung von Nickwinkel und Straßensteigung sowie Wankwinkel und Straßenquerneigung mittels erweiterten Sensorsystem (beispielsweise Vertikalbeschleunigung, Nick- und Wankrate sowie Einfederweg) [54, 55] oder eines Störgrößenbeobachters denkbar. Bei der Schätzung der Gierrate hat sich ausgehend vom Startwert ebenfalls eine Erhöhung der Beobachterverstärkung positiv auf das Schätzergebnis ausgewirkt. Für die simulierten Fahrversuche stellte ein Wert von $T_{Bz} = 4$ ms einen guten Kompromiss aus Genauigkeit und Rauschunterdrückung dar.

Um die Schätzung der Längsgeschwindigkeit mit Hilfe der Raddrehzahlen durchzuführen, ohne die anschließende Schätzung des Reifenschlupfes negativ zu beeinflussen, muss die Beobachterverstärkung abhängig vom Fahrzustand gewählt werden [29, 39]. In einer Analyse möglicher Einflüsse auf die Messgenauigkeit der Längsgeschwindigkeit wurden zur Bestimmung des relativen Fehlers mögliche Änderungen des

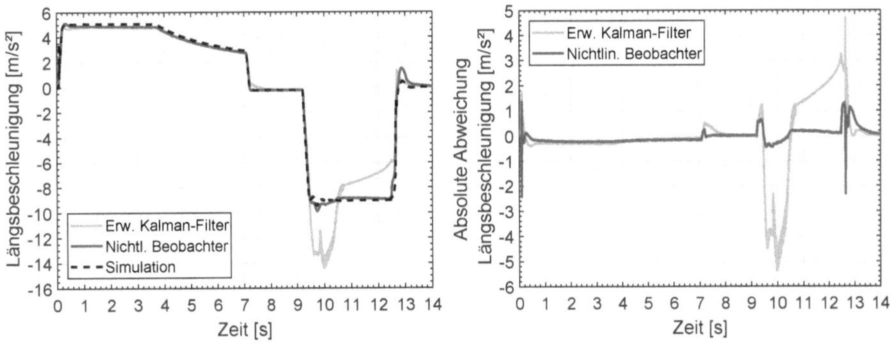

Abb. 4.5: (Beobachtete) Längsbeschleunigung (links) und absolute Abweichungen (rechts) in einem simulierten Anfahr-Brems-Manöver

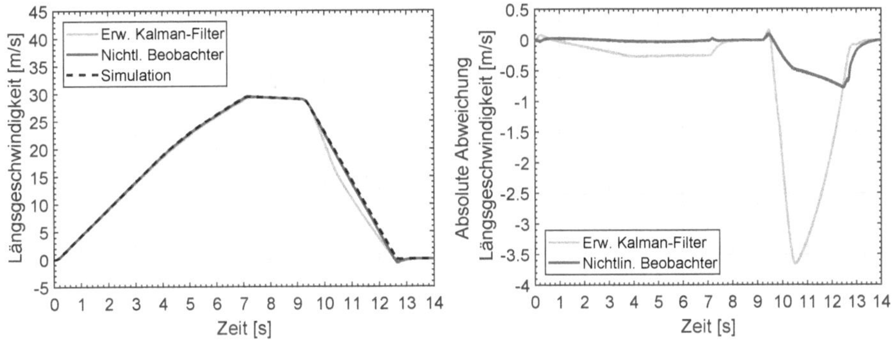

Abb. 4.6: (Beobachtete) Längsgeschwindigkeit (links) und absolute Abweichungen (rechts) in einem simulierten Anfahr-Brems-Manöver

Reifenradius, Messfehler des Drehzahlsensors sowie wirkende Antriebs- bzw. Bremsmomente am Rad untersucht. Während Messfehler des Drehzahlsensors und ein falsch angenommener Radradius sich direkt auf die Genauigkeit der Längsgeschwindigkeit auswirken, stellen kurzzeitig oder dauerhaft wirkende Raddrehmomente ein Indiz für das Vorhandensein von Reifenlängsschlupf dar. In diesen Fällen erfolgt eine Anpassung des Verstärkungsfaktors, sodass die Korrektur durch den zeitweise verfälschten Messwert herabgesetzt wird. Zusätzlich wird unter anderem in [29] vorgeschlagen, den Verstärkungsfaktor in Abhängigkeit der Längsbeschleunigung des Fahrzeuges zu wählen, da hohe Beschleunigungswerte ebenfalls auf ein Fahrmanöver mit signifikanten Werten für den Reifenlängsschlupf hinweisen. Beim Fahren mit konstanter Geschwindigkeit steigt der Längsschlupf mit der gefahrenen Geschwindigkeit zwar an, jedoch fallen dessen Werte für Personenkraftwagen im Vergleich zu einer Beschleunigung oder Verzögerung des Fahrzeuges gering aus.

Die mittels Fahrzeugbeobachter ermittelten Schätzgrößen Längs- und Quergeschwindigkeit sowie Gierrate werden einerseits zur Ermittlung der Geschwindigkeiten der Radaufstandspunkte und folglich dem Reifenschlupf herangezogen, sind andererseits aber auch bei der Schätzung der Radlasten und des Fahrzustands unerlässlich. In einem querdynamisch kritischen Fahrmanöver eines Doppelspurwechsels nach ISO 3888 werden in der Simulation die Schätzergebnisse des nichtlinearen Beobachters und des Erweiterten Kalman-Filters im Folgenden miteinander verglichen. In Abbildung 4.7 sind die zeitlichen Verläufe wichtiger Kenngrößen sowie die absoluten Abweichungen der Schätzgrößen während des Durchfahrens der Pylonengassen mit einer Geschwindigkeit von etwa 100 km/h graphisch dargestellt. Hierbei werden Querbeschleunigungen von bis zu 70 % der Erdbeschleunigung erreicht, sodass während der beiden Spurwechsel von einem nichtlinearen Verhalten des Fahrzeuges ausgegangen werden kann. Die absoluten Abweichungen in der Längsgeschwindigkeit können sowohl für das Erweiterte Kalman-Filter als auch für den nichtlinearen Beobachter als vernachlässigbar klein angesehen werden. Zudem wird während dieses Fahrmanövers die Längsdynamik wenig beeinflusst, sodass eine genauere Analyse der Schätzung der Längsgeschwindigkeit im Anschluss anhand anderer Szenarien durchgeführt werden soll. Für die Schätzung von Quergeschwindigkeit und Gierrate, insbesondere während des Gegenlenkens in der dritten Pylonengasse, liefert der nichtlineare Beobachter etwas bessere Schätzergebnisse als das Erweiterte Kalman-Filter. Mittels Kalman-Filter werden überwiegend zu geringe Werte geschätzt, da die absolute Abweichung jeweils das entgegengesetzte Vorzeichen aufweist. Von einer weiterführenden Untersuchung der gewählten Kovarianzen auf das Schätzergebnis wird im Rahmen des modellgestützten Entwurfs des Beobachters an dieser Stelle abgesehen und kann notwendigenfalls für die Umsetzung der Fahrdynamikregelung wieder aufgegriffen werden.

Im direkten Vergleich zwischen Erweitertem Kalman-Filter und nichtlinearem Beobachter in Abbildung 4.5 und Abbildung 4.6 sind auch in dem Anfahr-Brems-Manöver die Schätzfehler des nichtlinearen Beobachters geringer, wobei insbesondere während des Bremsens mit blockierenden Rad hohe absolute Abweichungen beim Erweiterten Kalman-Filter auftreten. Dies ist den Eigenschaften des Erweiterten Kalman-Filters geschuldet, der auf einer Linearisierung am aktuellen Betriebspunkt durch Taylor-Entwicklung bis zum linearen Glied beruht, jedoch im stark nichtlinearen Bereich des zugrundeliegenden Fahrzeugmodells betrieben wird. Hierdurch kommt es zu Fehlern in der Berechnung des a posteriori geschätzten Zustandes über die Kalman-Verstärkung in Gleichung (2.61) und der a priori ermittelten Kovarianzmatrix der Schätzfehler nach Gleichung (2.64), welche basierend auf dem linearisierten System bestimmt werden. Der geschätzte Zustand und dessen Kovarianz werden also linear transformiert, obwohl ein nichtlineares System zugrunde liegt, was zu Ungenauigkeiten in der Schätzung und im schlimmsten Fall zur Divergenz des Algorithmus führen kann [49]. Derart fahrdynamisch kritische Manöver sollen letztlich durch die Fahrdynamikregelung jedoch vermieden werden, sodass die Benutzung des Erweiterten Kalman-Filters nicht grundsätzlich ausgeschlossen werden muss. Andernfalls sollte auf das Unscented Kalman-Filter zurückgegriffen werden, bei dem auf Grund der nichtlinearen Transformation der Sigma-Punkte im nichtlinearen Bereich bessere Schätzergebnisse zu erwarten sind [49].

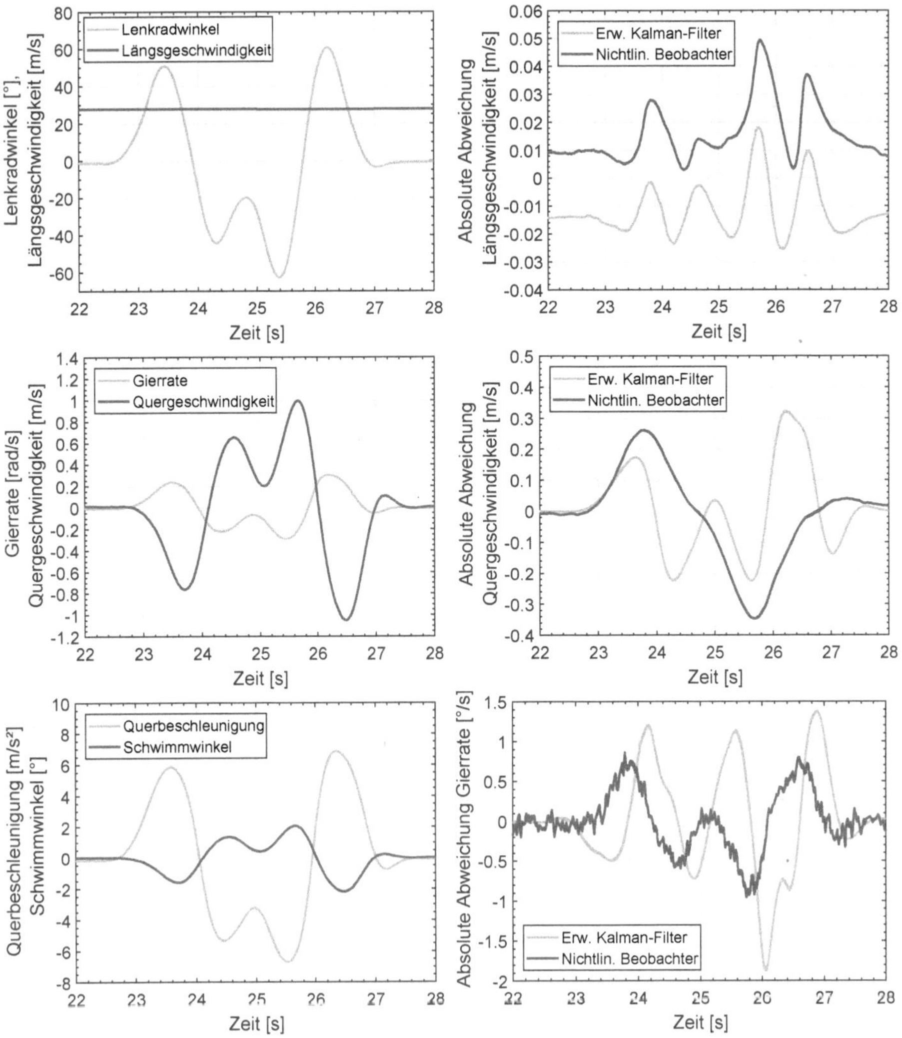

Abb. 4.7: Fahrdynamische Kenngrößen (links) sowie absolute Abweichungen der Schätzgrößen Längs- und Quergeschwindigkeit sowie Gierrate (rechts) während eines simulierten Doppelspurwechsels

4.1.2 Reifenschlupf- und Fahrzustandsschätzung

Zur Schätzung des Reifenschlupfes werden die im Rad- und Fahrzeugbeobachter ermittelten Schätzgrößen verwendet. Hierzu müssen zunächst die Geschwindigkeiten der Radaufstandspunkte $\boldsymbol{v}_{Wi}$ aus der Längs- und Quergeschwindigkeit sowie der Gierrate des Fahrzeugaufbaus berechnet werden. Mit Hilfe der Abmessungen für Abstand der Vorder- und Hinterachse zum Schwerpunkt (l_f, l_r), Spurbreite vorne und hinten (b_f, b_r) und der Schwerpunkthöhe h_S aus Abbildung 2.5 ergeben sich unter Vernachlässigung des Radsturzes die Gleichungen in (4.26). Eine analytische Darstellung der resultierenden Gleichungen kann dem Anhang B.5 entnommen werden.

$$\boldsymbol{v}_{Wi} = \mathbf{T}_{VWi}^{T}(\delta_i) \cdot \left(\begin{bmatrix} v_{Vx} \\ v_{Vy} \\ 0 \end{bmatrix} + \begin{bmatrix} 0 \\ 0 \\ \omega_{Vz} \end{bmatrix} \times \boldsymbol{r}_{Vi} \right) \quad ; \quad i = \{fl, fr, rl, rr\}$$

$$\boldsymbol{r}_{Vfl} = \begin{bmatrix} l_f \\ b_f/2 \\ -h_S \end{bmatrix} ; \quad \boldsymbol{r}_{Vfr} = \begin{bmatrix} l_f \\ -b_f/2 \\ -h_S \end{bmatrix} ; \quad \boldsymbol{r}_{Vrl} = \begin{bmatrix} -l_r \\ b_r/2 \\ -h_S \end{bmatrix} ; \quad \boldsymbol{r}_{Vrr} = \begin{bmatrix} -l_r \\ -b_r/2 \\ -h_S \end{bmatrix} \tag{4.26}$$

Die ermittelten Geschwindigkeiten der Radaufstandspunkte werden als Eingangsgrößen des dynamischen Schlupfmodells nach den Gleichungen (2.42)-(2.46) verwendet, um eine Schätzung des Längs- und Querschlupfes sowie des resultierenden Gesamtschlupfes durchzuführen. Für die angestrebte Regelung des Reifenlängsschlupfes ist dessen Schätzung von besonderem Interesse. Anhand des bereits durchgeführten Anfahr-Brems-Manövers wird die Relaxationslänge σ_x zur Verbesserung der Reifenschlupf-Schätzung angepasst. Um die im Beobachterkonzept vorgeschlagene Rückkopplung der Reifenkräfte als Eingangsgrößen für Rad- und Fahrzeugbeobachter zu ermitteln, werden diese radweise nach dem vereinfachten Reibbeiwert-Schlupf-Modell nach BURCKHARDT gemäß (2.48) bestimmt. Bei der Parametrierung der Reibbeiwert-Schlupf-Kennlinie wurden konstante Parameter für trockenen Asphalt gewählt [12]. Für die Berechnung von Reifenlängs- und Reifenquerkraft in (2.51) und (2.52) werden die quasi-statischen Radaufstandskräfte nach (2.22) verwendet.

Die zeitlichen Verläufe von Längsschlupf, Reifenlängskraft und Reifenvertikalkraft am vorderen linken sowie am hinteren rechten Rad während des Anfahrens werden jeweils für das Erweiterte Kalman-Filter (links) und den nichtlinearen Beobachter (rechts) in Abbildung 4.8 bis Abbildung 4.10 gegenübergestellt.

Beide Beobachtertypen bilden den qualitativen Verlauf des Längsschlupfes aus der Simulation gut ab, wobei quantitativ vom Erweiterten Kalman-Filter zu hohe Schlupfwerte geschätzt werden. Die auftretenden Abweichungen steigen mit höherem Antriebsmoment beziehungsweise höherer, zur Beschleunigung des Fahrzeugs beitragender, Längskraft am Reifen. Verdeutlichen lässt sich dies an den kleiner werdenden Abweichungen nach einer Simulationszeit von 3,8 s, da die Motoren sich ab diesem Zeitpunkt in der Leistungsbegrenzung befinden und das zur Verfügung stehende Drehmoment bei weiterer Beschleunigung entlang der Leistungshyperbel abnimmt.

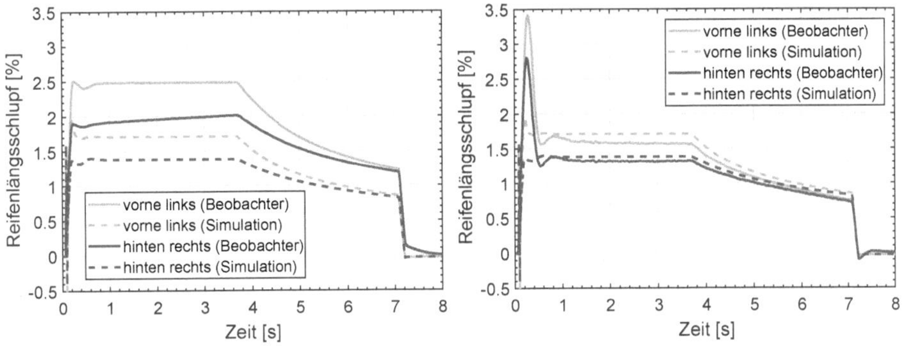

Abb. 4.8: (Geschätzter) Längsschlupf am linken Vorderrad und am rechten Hinterrad mit Erweiterten Kalman-Filter (links) sowie nichtlinearen Beobachter (rechts) während des Anfahrens

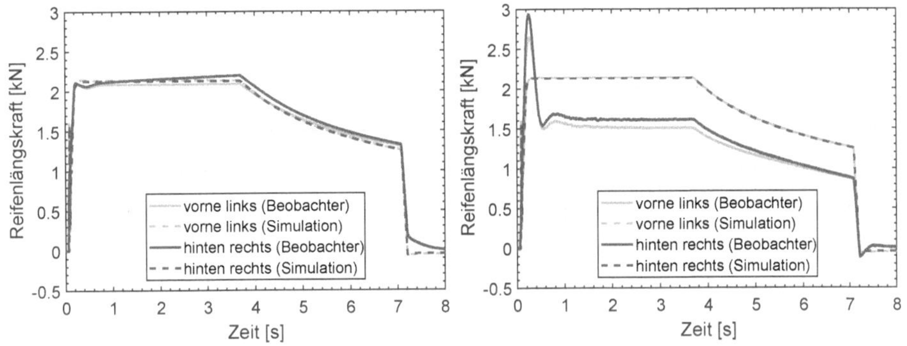

Abb. 4.9: (Geschätzte) Reifenlängskraft am linken Vorderrad und am rechten Hinterrad mit Erweiterten Kalman-Filter (links) sowie nichtlinearem Beobachter (rechts) während des Anfahrens

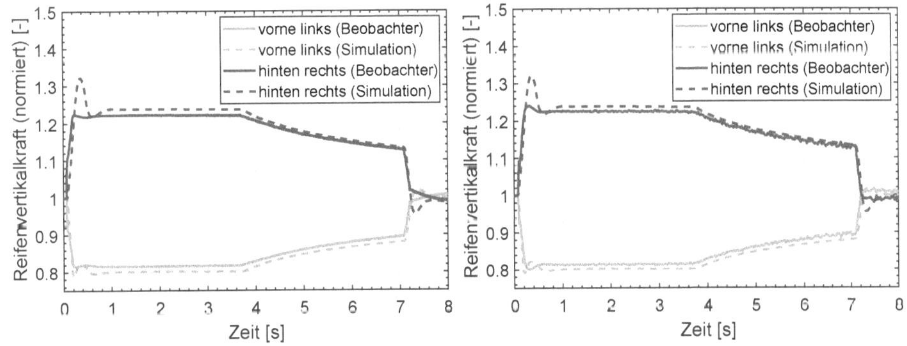

Abb. 4.10: (Geschätzte) Reifenvertikalkraft am linken Vorderrad und am rechten Hinterrad mit Erweiterten Kalman-Filter (links) und nichtlinearem Beobachter (rechts) während des Anfahrens

Der nichtlineare Beobachter schätzt den Reifenlängsschlupf mit höherer Genauigkeit, wobei während der Beschleunigung etwas geringere Schlupfwerte ermittelt werden. Des Weiteren ist nach dem Anfahrruck eine Schwingung mit deutlichem Überschwingen des geschätzten Schlupfes erkennbar, welche jedoch sehr stark gedämpft und nach einem Unterschwingen bereits abgeklungen ist. Im Gegensatz dazu erfolgt die Schätzung der Reifenlängskraft aus dem vereinfachten Reifenmodell nach BURCKHARDT mit dem Erweiterten Kalman-Filter mit höherer Genauigkeit gegenüber dem nichtlinearen Beobachter.

Die Ursache der Abweichungen in der Schätzung der Reifenlängskraft durch den nichtlinearen Beobachter und der Abweichungen in der Schlupfschätzung des Erweiterten Kalman-Filters lassen sich jedoch beide in der Tatsache begründen, dass die Parameter des Reifenmodells nicht an die Parameter des in der Simulation verwendeten Reifenmodells exakt angepasst wurden. Für das Erweiterte Kalman-Filter bedeutet dies eine schlechtere Schlupfschätzung aus dem beobachteten Bewegungszustand des Fahrzeuges, da dieser Beobachter auf bekannten Eingangsgrößen beruht und somit die Schätzfehler geringer sind, wenn die Eingangsgrößen möglichst gut zur gemessenen Fahrzeugreaktion passen. Diese Gewichtung lässt sich durch eine Erhöhung der Kovarianzen des Prozessrauschens zu Gunsten der Messwerte verschieben. Ebenso wurde bei der Wahl der Verstärkungsfaktoren des nichtlinearen Beobachters verfahren, um Fehler der modellbasierten Schätzung zu unterdrücken, da diese stark von den geschätzten Reifenkräften abhängen. Durch Anpassungen der Parameter des Reifenmodells können diese Abweichungen in der Simulation verringert werden, eine messtechnische Erfassung der Reifenparameter am realen Fahrzeug ist jedoch nur mit hohen Zeit- und Kostenaufwand verbunden. In dieser Form ist der nichtlineare Beobachter im Hinblick auf eine Regelung des Umfangsschlupfes besser geeignet, wohingegen das Erweiterte Kalman-Filter die Reifenkräfte ungeachtet einer exakten Parametrierung des Reifenmodells genauer ermittelt. Die Schätzung der Reifenvertikalkräfte aus dem beobachteten Bewegungszustand des Fahrzeuges in Abbildung 4.10 wird von beiden Beobachtern mit ähnlicher Genauigkeit ermittelt. Lediglich nach dem Anfahrruck treten in beiden Fällen Ungenauigkeiten im Einschwingverhalten auf, was auf die Vernachlässigung der Kinematik der Radaufhängungen sowie der Eigenschaften der Feder-Dämpfer-Systeme zurückzuführen ist. Des Weiteren wirken sich die Schätzfehler des Fahrzeugbeobachters während der Phase konstanter Beschleunigung ebenfalls erkennbar auf die Schätzung der Radlasten aus. Obwohl mit den getätigten Modellvereinfachungen lediglich die Berechnung quasistatischer Radlasten erfolgt, werden verhältnismäßig gute Schätzergebnisse erzielt.

Nach einer Untersuchung der Schätzergebnisse von Reifenschlupf und Reifenkräften in einem vorwiegend längsdynamischen Anfahr-Brems-Manöver werden die Schätzung von Reifenquerschlupf und Reifenquerkraft sowie Reifenvertikalkraft in einem ISO 3888 Doppelspurwechsel genauer betrachtet. Die während der simulierten Versuchsfahrt geschätzten zeitlichen Verläufe sind ausschnittweise für die Fahrt durch die Pylonengassen in Abbildung 4.11 für Reifenquerschlupf, in Abbildung 4.12 für die

Reifenquerkraft und in Abbildung 4.13 für die Reifenvertikalkraft des linken Vorderrades und des rechten Hinterrades jeweils für das Erweiterte Kalman-Filter und den nichtlinearen Beobachter dargestellt.

Hierbei kann ebenfalls festgehalten werden, dass das Erweiterte Kalman-Filter bessere Ergebnisse bei der Schätzung der Querkräfte liefert, während vom nichtlinearen Beobachter der Querschlupf genauer geschätzt wird. Die vom Erweiterten Kalman-Filter geschätzten Werte für den Reifenquerschlupf sind geringer als die in der Simulation ermittelten, was ebenfalls bei der Längsschlupf-Schätzung der Fall war. Dies lässt sich erneut mit den gewählten Parametern des Reifenmodells des Beobachters erklären, die nicht exakt mit denen der Simulation übereinstimmen. Zudem treten erneut Abweichungen in der Schätzung der Reifenvertikalkraft auf, die sich ebenfalls in der Berechnung der Reifenkräfte niederschlagen. Trotzdem stimmen die ermittelten Reifenquerkräfte mit denen der Simulation wieder recht gut überein. Bei Betrachtung der geschätzten Werte des Reifenquerschlupfes durch den nichtlinearen Beobachter sind am Hinterrad höhere Abweichungen zu den Simulationswerten erkennbar. Insbesondere während des Gegenlenkens in der zweiten Pylonengasse treten die größten Abweichungen bei der Querschlupf-Schätzung auf, da zu diesem Zeitpunkt ebenfalls die Abweichungen bei der Schätzung der Quergeschwindigkeit am größten sind. Die Schätzung der Reifenvertikalkräfte durch das Erweiterte Kalman-Filter und den nichtlinearen Beobachter erfolgt mit ähnlicher Genauigkeit und trotz der Modellvereinfachungen in guter Näherung.

Anhand der Schätzung von Reifenschlupf, Reifenkraft an den Rädern und Längs-, Quergeschwindigkeit sowie Gierrate des Fahrzeuges erfolgt eine Charakterisierung und Bewertung des Fahrzustandes. Der Übergang von stabilem zu instabilem Fahrverhalten lässt sich allgemein an dem physikalischen Grenzbereich der Kraftübertragung zwischen Reifen und Fahrbahn festlegen, da die Steuerbarkeit des Fahrzeuges verloren geht und eine weitere Erhöhung von Radmoment oder Radeinschlagswinkel keine oder nur unverhältnismäßige Änderungen des Fahrzustandes bewirken. Diese physikalische Grenze wird allerdings von vielen nicht oder teilweise schwer messbaren Faktoren beeinflusst, die in nicht vorhersehbaren Kombinationen auftreten und sich unterschiedlich schnell ändern können. Dazu zählen unter anderem der Zustand des Reifens (Verschleiß, Reifendruck, Temperatur,...), der Fahrbahn (Reibpaarung, Oberflächenbeschaffenheit, Straßenneigung,...) sowie Umwelteinflüsse (Nässe, Wind, Temperatur,...). Folglich ist eine prädiktive Schätzung des Erreichens der Haftgrenze kaum möglich. Die meisten Verfahren zur Schätzung der Reibbeiwert-Schlupf-Kurve oder des Reibbeiwert-Maximums zwischen Fahrbahn und Reifen arbeiten deshalb erst bei Erreichen oder Überschreiten der Haftgrenze, beispielsweise während einer ABS-Bremsung [47, 81]. Eine Analyse verschiedener Verfahren zur Ermittlung des Reibbeiwertes zwischen Reifen und Fahrbahn kann [44, 52] entnommen werden.

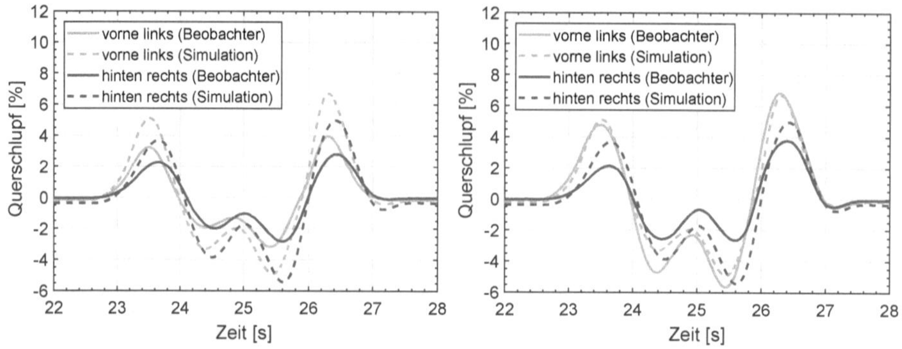

Abb. 4.11: (Geschätzter) Querschlupf am linken Vorderrad sowie am rechten Hinterrad mit Erweiterten Kalman-Filter (links) und nichtlinearem Beobachter (rechts) während eines simulierten Doppelspurwechsels

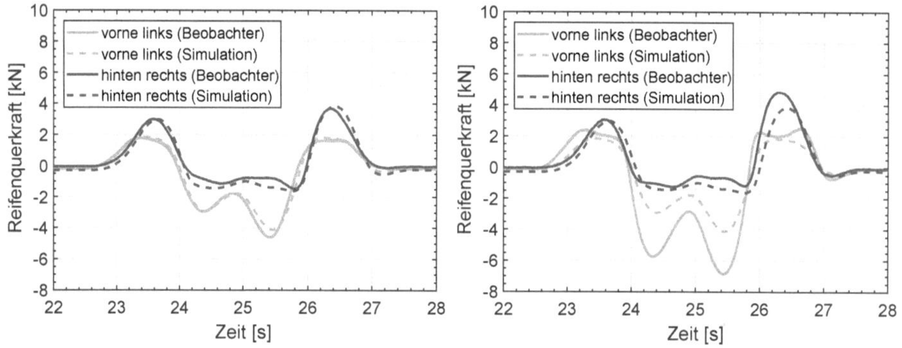

Abb. 4.12: (Geschätzte) Reifenquerkraft am linken Vorderrad und am rechten Hinterrad mit Erweiterten Kalman-Filter (links) sowie nichtlinearem Beobachter (rechts) während eines simulierten Doppelspurwechsels

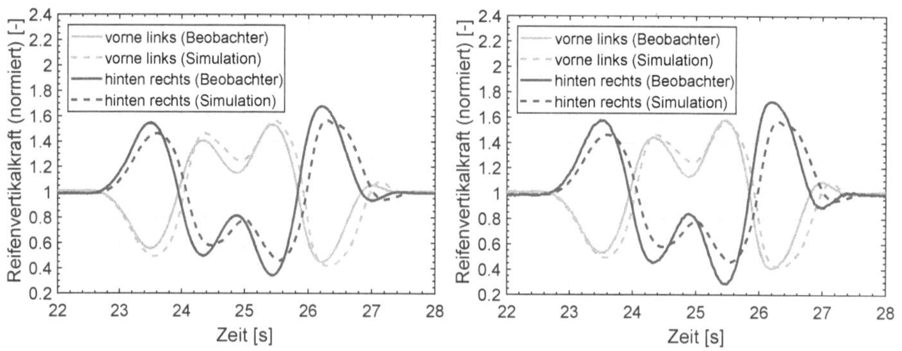

Abb. 4.13: (Geschätzte) Reifenvertikalkraft am linken Vorderrad und am rechten Hinterrad mit Erweiterten Kalman-Filter (links) sowie nichtlinearem Beobachter (rechts) während eines simulierten Doppelspurwechsels

Aus der Tatsache, dass ein veränderter Maximalwert des Reibbeiwertes erst kurz vor oder nach Erreichen desselben detektiert werden kann, ergeben sich weitere Problemstellungen hinsichtlich der Fahrzustandsschätzung und darauf aufbauender Fahrdynamikregelungen auf Grund fehlender Stellreserven und dem nichtlinearem Fahrverhalten nahe der Haftgrenze. In vielen Ansätzen zur Regelung der Fahrdynamik erfolgt deshalb ein Regeleingriff bereits während des Übergangs vom linearen zum nichtlinearen Fahrverhalten, welcher sich durch Vergleich mit dem Verhalten eines linearen Einspurmodells als Referenz detektieren lässt. Dies ist im normalen Straßenverkehr angemessen, da ein gewöhnlicher Autofahrer mit dem nichtlinearen Fahrverhalten seines Fahrzeugs nicht vertraut ist und in den meisten Fällen durch falsche oder zu späte Reaktionen das Fahrzeug instabil wird. Im Gegensatz dazu wird ein Rennfahrer im Wettbewerb versuchen, den nichtlinearen Bereich des Fahrverhaltens möglichst auszunutzen. Um den geschätzten Fahrzustand quantitativ bewerten zu können, werden im Folgenden die Reaktion der Fahrzeugquerdynamik mit einem Referenzfahrzeug verglichen sowie das Kraftschlusspotenzial an den Rädern ermittelt.

In vielen Anwendungsbeispielen wird das lineare Einspurmodell als Referenz für das Fahrzeugverhalten herangezogen. Dies ist in der einfachen Modellstruktur und dem vergleichbar geringen Parametrieraufwand begründet. Darüber hinaus ist eine Charakterisierung des Fahrverhaltens über die Definition des Eigenlenkgradienten sowie der Gierverstärkung ohne viel Aufwand möglich. In Abbildung 4.14 wird die Differenz zwischen dem Verhalten eines linearen Einspurmodells als Referenzmodell und der beobachteten Fahrzeugbewegung über der Querbeschleunigung während einer simulierten Konstantkreisfahrt nach ISO 4138 dargestellt.

Die Abweichung von der Gierrate stellt dabei für viele Regelungskonzepte, beispielsweise dem ESP, die Regelabweichung dar, die auf Grund des Gültigkeitsbereichs des Referenzmodells ab einer Querbeschleunigung von $4\,m/s^2$ ansteigt. Dies lässt sich ebenfalls an der Gierverstärkung in Abhängigkeit der Querbeschleunigung zeigen, die im Gegensatz zum linearen Einspurmodell ab einer Querbeschleunigung von $4\,m/s^2$ degressiver verläuft und in diesem Beispiel bereits bei etwa $7\,m/s^2$ ihr Maximum erreicht. Das verwendete Fahrzeugmodell weist ein untersteuerndes Fahrverhalten auf, was an der negativen Regelabweichung der Gierrate und dem degressiven Verlauf der Gierverstärkung zu erkennen ist.

Innerhalb des Bereichs linearen Fahrverhaltens sind Abweichungen in der Gierrate sowie des Schwimmwinkels durch verfrühtes Untersteuern des Fahrzeuges, zum Beispiel in Folge veränderter Reibbeiwerte zwischen den Reifen und der Fahrbahn, kaum erkennbar, wie Abbildung 4.15 verdeutlicht. Hierzu wurde der Reibbeiwert der Fahrbahn variiert, ohne die Parameter des Referenzmodells und des Beobachters anzupassen. Es zeigt sich, dass bei geringeren Reibbeiwerten das Fahrzeug bereits bei kleineren Fahrgeschwindigkeiten und folglich kleineren Querbeschleunigungen untersteuert. Im Verlauf der Abweichung des Schwimmwinkels ist bis zum Moment des Untersteuerns kein signifikanter Unterschied bei verschiedenen Reibbeiwerten erkennbar.

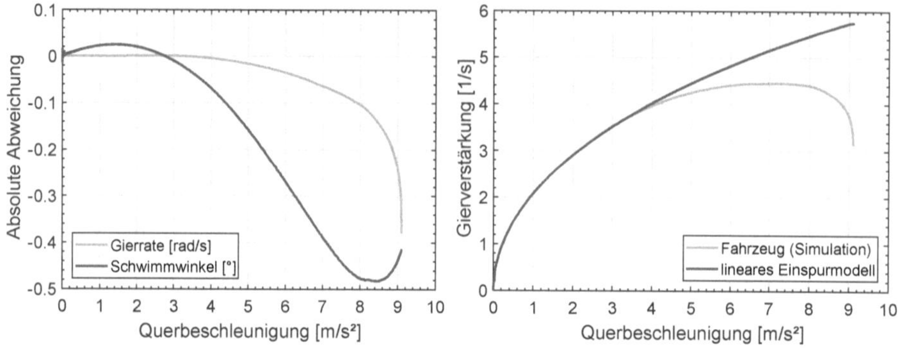

Abb. 4.14: Abweichung von Gierrate und Schwimmwinkel des linearen Einspurmodells zum beobachteten Fahrzustand (links) sowie die Gierverstärkung in Abhängigkeit der Querbeschleunigung (rechts) während einer simulierten stationären Kreisfahrt

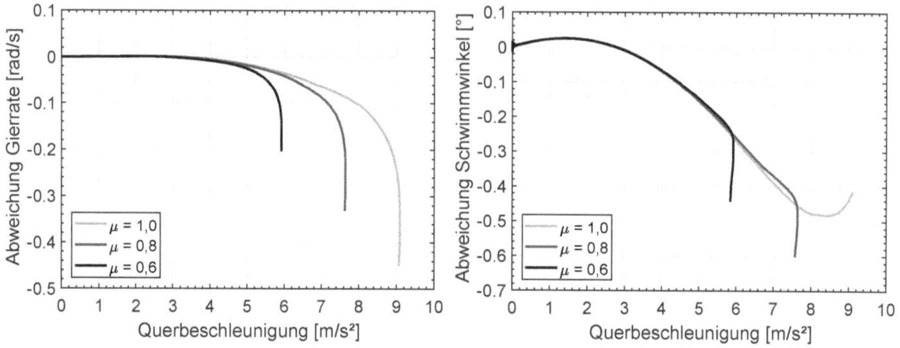

Abb. 4.15: Abweichung von Gierrate (links) und Schwimmwinkel (rechts) des linearen Einspurmodells zum komplexen Fahrzeugmodell bei verschiedenen Reibwerten während einer simulierten stationären Kreisfahrt

Ein weiterer Kennwert zur Charakterisierung der Reibungsverhältnisse ist das Kraftschlusspotenzial, dass den relativen Ausnutzungsgrad der momentan wirkenden Reifenkräfte bezüglich der maximal übertragbaren Reifenkraft wiedergibt. Unter der Annahme eines isotropen Reifenverhaltens lässt sich dieser Sachverhalt am KAMM'schen Kreis verdeutlichen (vgl. Abschnitt 2.1.4.2). Das Kraftschlusspotenzial Q_{Si} des i-ten Rades wird daher definiert mit:

$$Q_{Si} = \frac{\sqrt{F_{WTxi}^2 + F_{WTyi}^2}}{\mu_{max,i} \cdot F_{WTzi}} = \frac{\mu\left(s_{D,res,i}\right)}{\mu_{max,i}} \quad ; \quad i = \{fl, fr, rl, rr\} \tag{4.27}$$

Werden zur Berechnung der Reifenkräfte in Längs- und Querrichtung (2.51) und (2.52) eingesetzt, bleibt das Verhältnis vom aktuellem Reibbeiwert in (2.48) zum Maximalwert gemäß (2.50) des vereinfachten Modells nach BURCKHARDT übrig. Anhand des Wertes für das Kraftschlusspotenzial kann abgeschätzt werden, inwieweit das jeweilige

Rad sich der Haftgrenze nähert und wieviel Stellreserve für eine Erhöhung der Reifenkraft zur Verfügung steht. Allerdings hängt diese Schätzung von den Parametern der Reibbeiwert-Schlupf-Kurve ab, die sich auf Grund der im Vorfeld genannten Einflussfaktoren ändern können. Eine zu niedrige Schätzung des maximalen Reibbeiwertes ergibt ein Kraftschlusspotenzial größer Eins und hat lediglich ein zu frühes Eingreifen der Fahrdynamikregelung zur Folge. Wenn der tatsächliche Maximalwert des Reibbeiwertes niedriger ist als angenommen, wird die Haftgrenze bereits bei geringerem Reifenschlupf erreicht. Eine alleinige Charakterisierung des Fahrzustandes mittels Kraftschlusspotenzial ist somit nicht empfehlenswert. Dieser Sachverhalt gilt ebenfalls für die Kraftschlussreserve, die als Differenz zwischen momentan wirkender Kraft und maximal übertragbarer Reifenkraft definiert wird.

4.2 Validierung und Test

Zum Nachweis der praktischen Anwendbarkeit des vorgestellten Beobachterkonzeptes sollen die bisher gewonnenen theoretischen Erkenntnisse aus der Simulation in einer realen Fahrzeugumgebung getestet werden. Hierzu wird der Beobachter auf einem frei programmierbaren Steuergerät implementiert und in dem in Abschnitt 3.2.2 erläuterten Versuchsfahrzeug betrieben. Der Einsatz spezieller Messtechnik zur Ermittlung der fahrdynamischen Eigenschaften des Fahrzeuges während der Fahrt, die auch für fahrdynamische Untersuchungen in der Automobilindustrie Anwendung findet, erlaubt eine Abschätzung über die Leistungsfähigkeit des Beobachters hinsichtlich Plausibilität und Genauigkeit auch bei kritischen Fahrmanövern. Die aus diesen Messsystemen (*ADMA-G-EntryLevel*, *Correvit® S-350* und *Radimpulsgeber Typ CWPTA*) ermittelten oder berechneten Werte werden im Folgenden als Referenz bezeichnet. Alle als Sensor bezeichneten Messwerte wurden durch die im Fahrzeug fest verbaute Sensorik ermittelt und werden vom Beobachter zur Korrektur der Schätzung verwendet. Im Rahmen der Versuchsdurchführung wurden drei verschiedene Fahrmanöver mehrfach wiederholt und leicht variiert. Zur Analyse der Schätzergebnisse des Radbeobachters und aus der Beobachtung der Fahrzeuglängsdynamik wurden Anfahr-Brems-Versuche sowohl mit mittelstarken Verzögerungen von bis zu -4 m/s^2 also auch mit Vollbremsungen und blockierenden Rädern durchgeführt. Mit den Mess- und Schätzergebnissen aus stationären Kreisfahrten ähnlich der ISO 4138 (jeweils Links- und Rechtskurven) und einem achtförmigen Fahrmanöver (Wechsel zwischen Links- und Rechtskurven) wird die Beobachtung der Querdynamik bewertet. Der achtförmige Kurs wurde mit einer möglichst konstanten Geschwindigkeit gefahren, während die stationäre Kreisfahrt mit leicht steigender Geschwindigkeit bis zum Erreichen des instabilen Fahrzeugverhaltens durchgeführt wurde, was in der ISO 4138 als mögliche Erweiterung zur Durchführung des Fahrmanövers vorgeschlagen wird. Da es sich im eigentlichen Sinne nicht mehr um eine stationäre Kreisfahrt handelt, wird dieses Fahrmanöver hier als Konstantkreisfahrt bezeichnet. Darüber hinaus wurden die Messungen freier Fahrten mit Anteilen konstanter Geschwindigkeit, Kurvenfahrten und Stop-and-Go sowie fahrdynamisch kritischer Manöver mit Übersteuern des Fahrzeuges ausgewertet. Auf eine detaillierte graphische Darstellung der Ergebnisse dieser Versuche wird an dieser Stelle jedoch verzichtet, da es sich um schwer reproduzierbare Fahrversuche handelt, die keine weiteren Erkenntnisse hervorbringen. Es lässt sich jedoch zusammenfassen, dass bei den durchgeführten Fahrmanövern durchgängig plausible Werteverläufe ermittelt werden konnten und keine höheren Schätz-Abweichungen auftraten, womit die grundsätzliche Einsetzbarkeit des Beobachters unter realen Bedingungen nachgewiesen ist. Die vorgestellten Fahrversuche wurden auf trockener Fahrbahn absolviert, welche aus gepflasterten Betonguss-Steinen besteht.

Die Beobachtung der Längsdynamik wird am Beispiel eines Anfahr-Brems-Manövers untersucht. Hierzu wurde das Fahrzeug mit maximalen Antriebsmomenten an jedem Rad beschleunigt und nach einer kurzen Rollphase wieder bis zum Stillstand verzögert. In der Abbildung 4.16 sind die vom Beobachter ermittelten Werte für die Fahrzeug-Längsbeschleunigung während des Fahrmanövers mit den Messwerten des Fahrzeug-Sensors und der Referenzsensorik in einem Diagramm dargestellt. Abbildung 4.17 stellt die zeitlichen Verläufe der beobachteten und gemessenen Fahrzeug-Längsgeschwindigkeit dar. Demnach wurde das Fahrzeug mit etwa 3 m/s^2 auf eine Geschwindigkeit über 10 m/s beschleunigt und anschließend mit einer Verzögerung um -4 m/s^2 angehalten, wodurch von linearem Fahrverhalten mit moderaten Reifenschlupfwerten ausgegangen werden kann. Zu den Zeitverläufen von Längsbeschleunigung und Längsgeschwindigkeit wurden ebenfalls die absoluten Abweichungen zwischen beobachteten und von der Referenzsensorik gemessenen Werten dargestellt. Das Messsignal der Längsbeschleunigung weist während der Fahrt sowohl für den Fahrzeug-Sensor als auch für den Referenzsensor hohe Rauschanteile auf, die aus Vibrationen des Fahrzeugrahmens auf Grund der Beschaffenheit der Fahrbahn, der Nickbewegung des Fahrzeuges oder anderen Störeinflüssen resultieren müssen, da das eigentliche Signalrauschen der Sensoren im Stillstand deutlich geringer ausfällt. Aus mathematischer Sicht ergeben sich hieraus relativ hohe kurzzeitige Abweichungen zwischen beobachteter und gemessener Längsbeschleunigung, die im Mittel betrachtet weitaus geringer ausfallen. Während des Abbremsens des Fahrzeuges zwischen 5 s und 7 s steigt die mittlere Abweichung auf schätzungsweise 0,5 m/s^2 an, was sich deutlicher in der Schätzung der Längsgeschwindigkeit widerspiegelt. Dort steigt die absolute Abweichung auf bis zu 0,7 m/s an, während in der Beschleunigungsphase lediglich Werte unter ±0,2 m/s, also weniger als ±1 km/h, auftreten. Die höheren Schätzfehler während des Bremsens können darin begründet werden, dass im Versuchsfahrzeug zwar die Antriebsmomente jedes Rades aber nicht die Bremsmomente als Eingangsgrößen für den Beobachter zur Verfügung stehen. Eine Verzögerung des Fahrzeuges und die sich daraus resultierenden Änderungen von Reifenschlupf, Reifenkraft und Fahrzeuggeschwindigkeit werden daher erst durch den Beschleunigungssensor im Fahrzeugaufbau mit zeitlichem Versatz detektiert und der Beobachtungsfehler steigt. Kurz vor und bei Stillstand des Fahrzeuges sinkt die absolute Abweichung wieder.

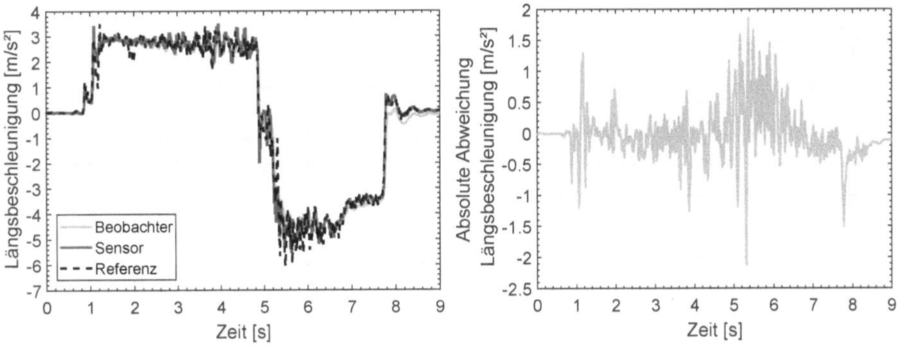

Abb. 4.16: Längsbeschleunigung aus Beobachter, Fahrzeug-Sensor und Referenz-Sensorik (links) sowie absolute Abweichung zwischen Beobachter- und Referenzwert (rechts) während eines Anfahr-Brems-Manövers

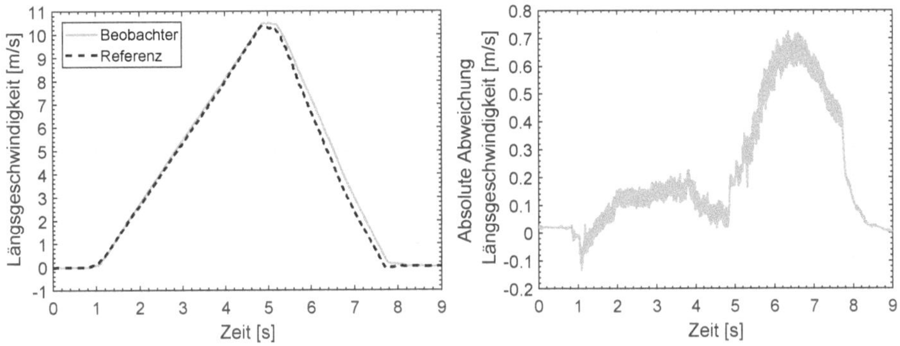

Abb. 4.17: Längsgeschwindigkeit aus Beobachter und Referenz-Sensorik (links) sowie absolute Abweichung zwischen Beobachter- und Referenzwert (rechts) während eines Anfahr-Brems-Manövers

Die These, dass die fehlende Information des Bremsmoments am Rad zu deutlich höheren Schätzfehlern während einer Verzögerung des Fahrzeuges führen, kann auf Radebene bei genauerer Untersuchung der Schätzergebnisse des Radbeobachters bestätigt werden. Abbildung 4.18 zeigt hierzu den Verlauf der Drehzahl am rechten Hinterrad während des bereits beschriebenen Fahrmanövers und die absolute Abweichung zwischen beobachteter und gemessener Drehzahl, die in der Verzögerungsphase erkennbar ansteigt. Bis zum Beginn des Bremsvorgangs treten absolute Abweichungen der Raddrehzahl im Mittel unter ±0,4 rad/s auf und steigen in der Verzögerungsphase auf etwa 1,6 rad/s an. Die dafür verantwortlichen zeitlichen Verzögerungen lassen sich in den ausschnittsweise vergrößerten Darstellungen der Raddrehzahl während des Anfahrens und Anhaltens in Abbildung 4.19 gut identifizieren. Besonders deutlich wird hier im Gegensatz zum Anfahren mit bekannten Radmomenten der Einfluss der fehlenden Information des Bremsmomentes beim Anhalten auf das Schätzergebnis des Radbeobachters. Die beobachtete Drehzahl folgt dem Referenzwert sehr gut und eilt den Messwerten aus dem Motorcontroller etwas voraus, die die theoretisch diskutierten

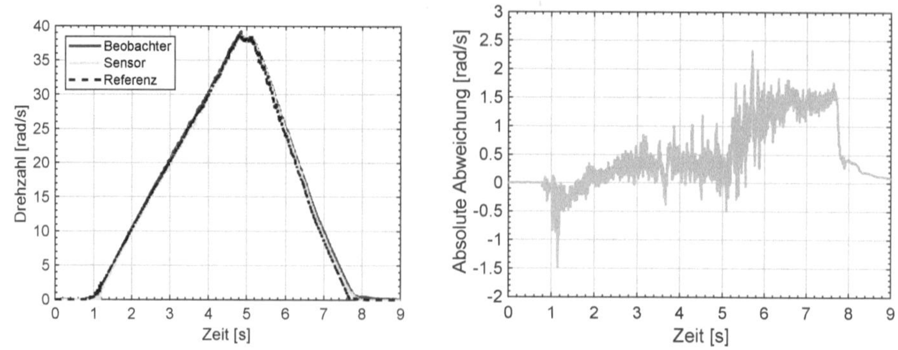

Abb. 4.18: Drehzahl des rechten Hinterrades aus Beobachter, Fahrzeug-Sensor und Referenz-Sensorik (links) sowie absolute Abweichung zwischen Beobachter- und Referenzwert (rechts) während eines Anfahr-Brems-Manövers

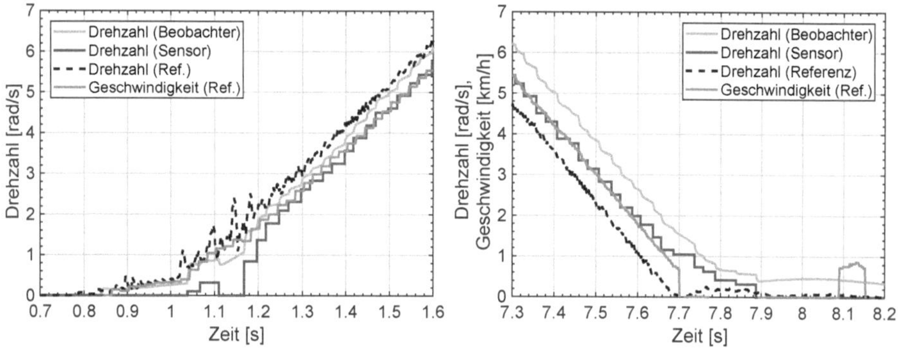

Abb. 4.19: Detaillierte Darstellung Drehzahl des rechten Hinterrades aus Beobachter, Fahrzeug-Sensor und Referenz-Sensorik sowie Fahrzeuggeschwindigkeit (Referenz-Sensorik) während des Anfahrens (links) und Anhaltens (rechts)

Effekte der Messwertverarbeitung digitaler Hall-Sensoren aufweisen. Tatsächlich ist der Zeitversatz zwischen Fahrzeug-Sensor und Referenzsensorik im realen System mit 60 ms jedoch höher als angenommen. Eine tiefer gehende Untersuchung hinsichtlich der Messwerterfassung der Drehzahl durch den Motorcontroller ist nicht möglich, da die darin implementierten Algorithmen nicht frei zugänglich sind. Bei der Auswahl oder Entwicklung eines Drehzahlmesssystems sollten deshalb darauf geachtet werden, deutlich geringere Totzeiten zu realisieren, da sich dies anschließend für die Beobachtung positiv auf die Genauigkeit der Schätzwerte auswirkt, wenn die Eingangsgrößen ungenau oder nicht zu jedem Zeitpunkt vorliegen. In diesem Fall arbeitet der Radbeobachter lediglich mit den aus dem Reifenschlupf geschätzten Reifenlängskraft und der Korrektur durch die zeitlich verzögerte Raddrehzahl, was während des Anhaltens zu dem in Abbildung 4.19 erkennbaren Zeitversatz zwischen Beobachter- und Sensorwert sowie Referenzwert führt. Da die heute serienmäßig verwendeten ABS-

und ESP-Steuergeräte den radindividuellen Bremsdruck beziehungsweise das daraus abschätzbare Bremsmoment zur Verfügung stellen, sind bessere Schätzergebnisse auch während der Verzögerung des Fahrzeuges zu erwarten. Die theoretischen Ergebnisse und mögliche Problemstellungen aus dem Entwurf des Radbeobachters in der Simulation konnten somit bei der praktischen Umsetzung bestätigt werden.

Um die Leistungsfähigkeit des Beobachters auch bei kritischen Fahrmanövern analysieren zu können, wurde das gleiche Fahrmanöver mit einer Vollbremsung durchgeführt, bei der alle vier Räder bis zum Stillstand blockierten. Dies stellt für den Fahrzeug- und Radbeobachter eine besondere Herausforderung dar, da ein nichtlineares oder instabiles Fahrverhalten vorliegt und weiterhin keine Information über die Betätigung der Bremse oder das wirkende Bremsmoment zur Verfügung stehen. Ein Anfahren mit durchdrehenden Rädern aus dem Stand auf trockenem Untergrund war mit den im Versuchsfahrzeug verbauten Radnabenmotoren nicht möglich, da das zur Verfügung stehende maximale Drehmoment nicht ausreichend war. Die Schätzergebnisse von Längsbeschleunigung und Längsgeschwindigkeit unterscheiden sich daher beim Anfahren und während des Beschleunigens nicht nennenswert von den bereits erörterten Ergebnissen, sodass in der folgenden Diskussion hauptsächlich die Bremsphase genauer betrachtet wird. Dass sich das Fahrzeug bei der Vollbremsung im physikalischen Grenzbereich befand, verdeutlichen die gemessenen hohen Verzögerungswerte von mehr als -9 m/s^2 in Abbildung 4.20.

Zu Beginn der Vollbremsung bei etwa 5,8 s und nach Erreichen der maximalen Verzögerung zum Zeitpunkt 6,1 s treten die größten absoluten Abweichungen zwischen Beobachter- und Referenzwert auf. Im Moment des Anhaltens bei einer Zeit von 7,2 s ist ein weiterer kurzer Anstieg des Schätzfehlers erkennbar, der nach Erreichen des Stillstandes abklingt. Diese Abweichungen sind erneut in der Nickbewegung des Fahrzeuges begründet, die auf Grund der hohen Verzögerung stärker ausgeprägt ist und im Moment des Anhaltens einen deutlichen Vorwärtsruck hervorruft. In der übrigen Zeit der Bremsphase wurde die Genauigkeit der Schätzergebnisse des Anfahr-Brems-Manövers ohne Vollbremsung erreicht. Die Schätzung der Längsgeschwindigkeit weist im Vergleich mit der verwendeten Referenzsensorik in Abbildung 4.21 ebenfalls bei Einleiten der Vollbremsung und im Moment des Anhaltens höhere absolute Abweichungen von bis zu ±0,6 m/s auf.

Wie im vorherigen Fahrmanöver ist die Ursache hierfür eine zeitverzögerte Erfassung des Bremsvorgangs, die erst durch das Erreichen signifikanter Werte des Fahrzeug-Sensors detektiert wird. Der beim Anhalten des Fahrzeuges auftretende Ruck und die währenddessen erhöhte absolute Abweichung in der Schätzung der Längsbeschleunigung bewirken eine Verschlechterung der Schätzgenauigkeit der Längsgeschwindigkeit, da erst bei geringeren Beschleunigungswerten eine verstärkte Korrektur der Geschwindigkeitsschätzung mittels Raddrehzahlen erfolgt. Das Unterschwingen im zeitlichen Verlauf der Längsgeschwindigkeit zum gleichen Zeitpunkt wurde ebenfalls von der Referenzsensorik erfasst, jedoch fällt dieser deutlich geringer aus. Dies ist ein Resultat der Nickbewegung des Fahrzeuges, die auf Grund der Vollbremsung eine signifikante

Längsbeschleunigung hervorruft und vom Beobachter auf Grund der Vernachlässigung der Nickdynamik nur als Längsdynamik interpretiert werden kann.

Beim Vergleich der zeitlichen Verläufe der Drehzahl des rechten Hinterrades in Abbildung 4.22 mit der Längsgeschwindigkeit in Abbildung 4.21 ist das Blockieren der Räder in Folge der Vollbremsung gut erkennbar. Daneben ist die absolute Abweichung von beobachteter zur gemessenen Drehzahl abgebildet. Im Zeitraum der Verzögerung des Rades bis zum Blockieren nimmt die absolute Abweichung stark zu und sinkt anschließend wieder unter 2 rad/s ab. Eine vergrößerte Darstellung der Raddrehzahl und der Längsgeschwindigkeit in dieser Phase des Fahrmanövers sind in Abbildung 4.23 zu sehen. Zwischen Referenzsensor und Fahrzeug-Sensor sowie beobachteter Drehzahl ist auch in diesem Fall ein deutlich sichtbarer Zeitversatz von etwa 60 ms erkennbar. Somit lassen sich die erhöhten Abweichungen gegenüber der Verzögerug ohne Vollbremsung anhand der höheren Werte der Radverzögerung aus mathematischer Sicht begründen. Obwohl das Rad gemäß der Messung mittels Referenzsensor und Fahrzeug-Sensor still steht, verharrt der Beobachter indes auf einem kleinen Drehzahlwert, der der absoluten Abweichung von etwa 2 rad/s entspricht. Solange das Fahrzeug in Bewegung ist, wird auch bei blockierendem Rad aus dem Reifenschlupf eine in diesem Fall negative Reifenlängskraft geschätzt und auf den Radbeobachter zurückgekoppelt. Im zugrundeliegenden Modell der Raddynamik bewirkt dies eine positive Winkelbeschleunigung des Rades. Erst kurz vor dem Stillstand des Fahrzeuges sinkt auch die beobachtete Raddrehzahl auf Null. Die Schätzung der Drehzahl durch den Radbeobachter hat trotz der auftretenden Abweichungen dessen Vorteile gegenüber einer reinen Filterung des Sensorsignals auch bei kritischen Fahrmanövern bestätigt. So konnte den Messungenauigkeiten und Messbereichseinschränkungen sowie dem Zeitversatz auf Grund der Signalverarbeitung entgegen gewirkt werden, die aus der Messung mit digitalen Hall-Signalen resultieren. Im Anfahr-Brems-Manöver mit und ohne Vollbremsung traten die höchsten Abweichungen während der Bremsphase auf, die auf das Fehlen des Bremsmomentes am Rad als Eingangsgröße zurückzuführen sind.

Von Interesse ist nun die Qualität der Schätzung des Reifenschlupfes, da dieser als Regelgröße im Konzept zur Fahrdynamikregelung eingesetzt werden soll. Aus den bisher vorgestellten Beobachtergrößen Raddrehzahl und Längsgeschwindigkeit sowie Quergeschwindigkeit und Gierrate des Fahrzeuges wird mit Hilfe der Gleichungen des dynamischen Schlupfes der Reifenschlupf an jedem Rad geschätzt. Für das Anfahr-Brems-Manöver wird sich zunächst auf den Reifenlängsschlupf konzentriert. Die am Versuchsfahrzeug montierte Referenzsensorik gestattet eine Berechnung des Reifenschlupfes am rechten Hinterrad, was für den in den Abbildungen 4.24 und 4.25 als Referenz bezeichneten Schlupf mit der Definition des statischen Reifenlängsschlupfes in Gleichung (2.39) erfolgte. Durch die Wahl einer statischen Schlupfdefinition sollen einerseits Einflüsse durch die Parameter des dynamischen Schlupfmodells ausgeschlossen werden, andererseits müssen numerisch kritische Kombinationen der Messgrößen (Umfangs- und Längsgeschwindigkeit des Reifens nahe Null) sowie die Messbereiche der Sensoren und das Rauschen der Signale in die Interpretation der Ergebnisse einbezogen werden.

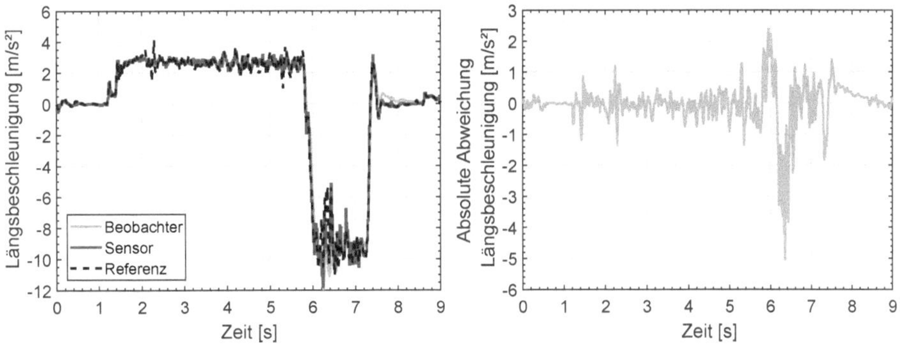

Abb. 4.20: Längsbeschleunigung aus Beobachter, Fahrzeug-Sensor und Referenz-Sensorik (links) sowie absolute Abweichung zwischen Beobachter- und Referenzwert (rechts) während eines Anfahr-Brems-Manövers mit Vollbremsung

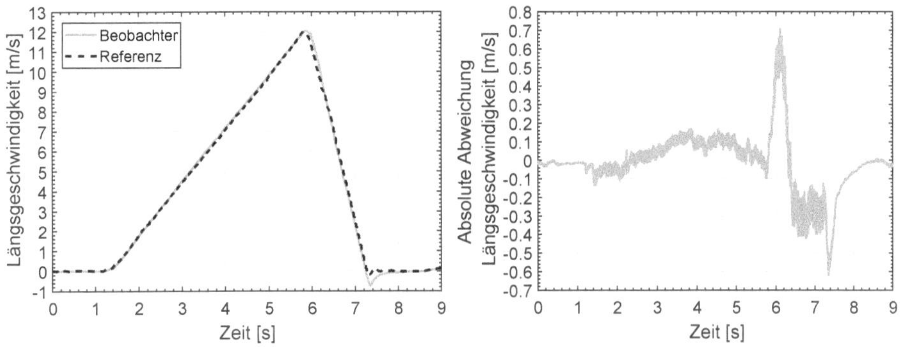

Abb. 4.21: Längsgeschwindigkeit aus Beobachter und Referenz-Sensorik (links) sowie absolute Abweichung zwischen Beobachter- und Referenzwert (rechts) während eines Anfahr-Brems-Manövers mit Vollbremsung

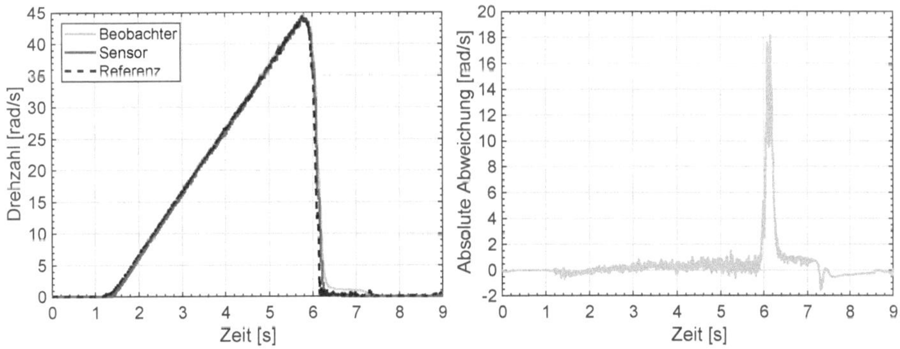

Abb. 4.22: Drehzahl des rechten Hinterrades aus Beobachter, Fahrzeug-Sensor und Referenz-Sensorik (links) sowie absolute Abweichung zwischen Beobachter- und Referenzwert (rechts) während eines Anfahr-Brems-Manövers mit Vollbremsung

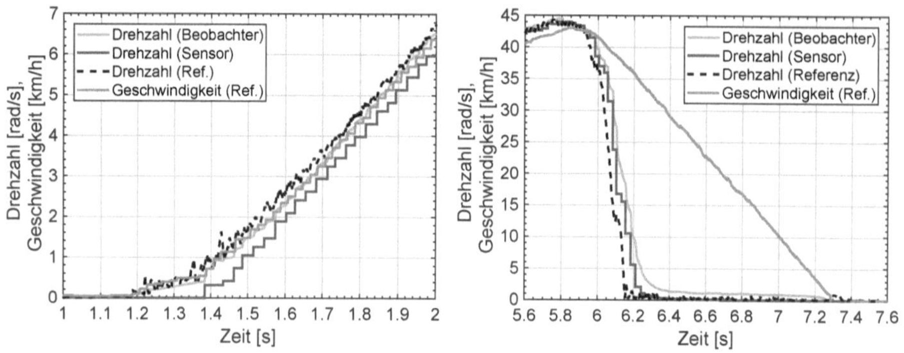

Abb. 4.23: Detaillierte Darstellung Drehzahl des rechten Hinterrades aus Beobachter, Fahrzeug-Sensor und Referenz-Sensorik sowie Fahrzeuggeschwindigkeit (Referenz-Sensorik) während des Anfahrens (links) und Anhaltens mit blockierendem Rad (rechts)

Zunächst wird die Schätzung des Längsschlupfes im Anfahr-Brems-Manöver ohne Vollbremsung in Abbildung 4.24 untersucht. Der zeitliche Verlauf des vom Beobachter geschätzten Längsschlupfes ist qualitativ und aus physikalischer Sicht plausibel. In der Beschleunigungsphase werden durchgängig positive Werte für den Längsschlupf ermittelt. Die Übergänge in das Rollen und vom Rollen in die Bremsphase sind ebenfalls klar durch ein Absinken des Schlupfes auf einen Wert nahe Null und eine Umkehrung des Vorzeichens mit Beginn des Bremsvorgangs erkennbar. Zur quantitativen Bewertung der Schätzung des Längsschlupfes wird die absolute Abweichung zwischen Beobachter und Referenzsensorik betrachtet. Hierbei sind die Schätzfehler zu Beginn der Beschleunigung und kurz vor dem Anhalten des Fahrzeuges zwar am größten, allerdings sind diese Abweichungen hauptsächlich mathematisch begründet. Zum einen stellen diese Fahrzustände numerisch kritische Zustände bei der Berechnung des Schlupfes dar, zum anderen weisen die verwendeten Messsignale und damit auch der Schlupf Rauschen auf. Dadurch ergibt sich ein sehr schlechter Signal-Rausch-Abstand des Schlupfsignals in diesen Fahrzuständen, weil das Rauschen der Messwerte in Folge der Division in der Berechnung des Schlupfes zusätzlich verstärkt wird. Im Verlauf der Beschleunigungsphase und in der Bremsphase verringert sich der Schätzfehler auf unter ±1,5 %, wobei betragsmäßig der beobachtete Schlupf geringer ist. Angesichts der starken Schwankungen des Referenz-Schlupfes, die Amplituden in der gleichen Größenordnung enthalten, sind weitere Untersuchungen hinsichtlich der Genauigkeit der Schlupfschätzung nicht aussagekräftig.

Die Schätzung des Längsschlupfes während des Anfahr-Brems-Manövers mit Vollbremsung in Abbildung 4.25 erreicht im Lauf der Beschleunigungsphase ähnliche Werte für die absolute Abweichung. Bedingt durch die erhöhten Abweichungen in der Beobachtung der Raddrehzahl und der Fahrzeuggeschwindigkeit ergeben sich ebenfalls höhere Schätzfehler für den Längsschlupf während der Verzögerung des Rades bis zum Blockieren. Mit dem Abklingen des Schätzfehlers im Rad- und Fahrzeugbeobachter

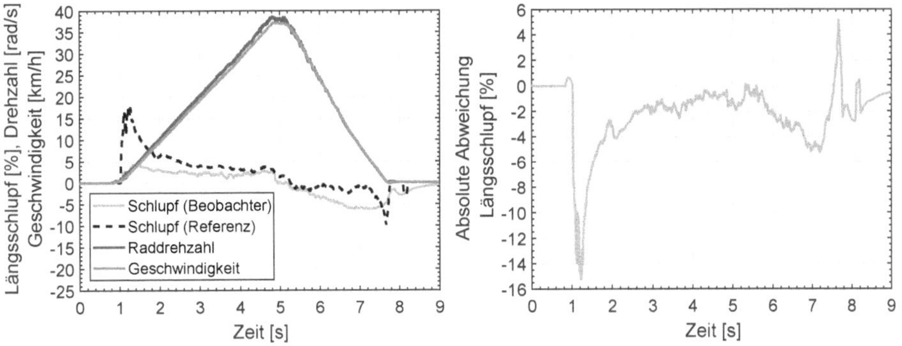

Abb. 4.24: Längsschlupf am rechten Hinterrad aus Beobachter und Referenz-Sensorik, Drehzahl des rechten Hinterrades und Fahrzeuggeschwindigkeit (links) sowie absolute Abweichung zwischen Beobachter- und Referenzwert (rechts) während eines Anfahr-Brems-Manövers

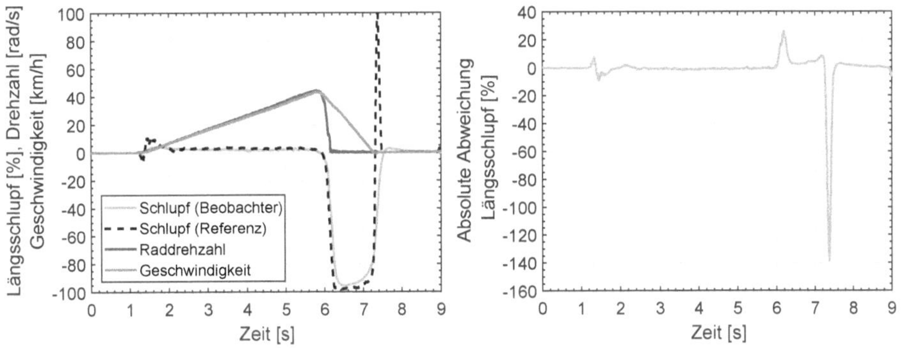

Abb. 4.25: Längsschlupf am rechten Hinterrad aus Beobachter und Referenz-Sensorik, Drehzahl des rechten Hinterrades und Fahrzeuggeschwindigkeit (links) sowie absolute Abweichung zwischen Beobachter- und Referenzwert (rechts) während eines Anfahr-Brems-Manövers mit Vollbremsung

werden in der Folge auch geringere Abweichungen in der Schlupfschätzung erreicht. Der kurzzeitig hohe Schätzfehler im Moment des Anhaltes ist wiederum dem für die Schlupfberechnung numerisch kritischen Fahrzustand des Anhaltens mit blockierenden Rädern geschuldet.

Um eine Analyse der Beobachtung der Querdynamik in linearen und nichtlinearen Fahrzuständen zu ermöglichen, wurde mit dem Versuchsfahrzeug eine Konstantkreisfahrt durchgeführt. Dabei sollte das Fahrzeug auf einer Kreisbahn mit möglichst konstantem Radius aus dem Stillstand und mit bereits eingeschlagenem Lenkrad solange beschleunigt werden, bis die Haftgrenze der Reifen in Querrichtung erreicht wird. Eine sehr geringe und gleichzeitig konstante Längsbeschleunigung war im realen Fahrversuch nur schwer umsetzbar, da der Einfluss von Unebenheiten der Fahrbahn, Wind oder anderen Fahrwiderständen und die damit erforderliche Änderung der Fahrpedalstellung durch den Fahrer nicht exakt umgesetzt werden konnte. Dies erklärt unter anderem den etwas steileren Anstieg im zeitlichen Verlauf der Querbeschleunigung in Abbildung 4.26 beziehungsweise der Quergeschwindigkeit in Abbildung 4.27 und der Gierrate in der Abbildung 4.28 zu Beginn der Kreisfahrt. Im restlichen Zeitraum blieb die Längsbeschleunigung unter einem Wert von 0,2 m/s^2. Der Radius des gefahrenen Kreises betrug etwa 9 m und wurde fünf Mal umfahren, was eine Fahrstrecke von 285 m ergab.

In Folge der steigenden Längsgeschwindigkeit nehmen Querbeschleunigung und Gierrate ebenfalls zu. Kurz bevor das Fahrzeug zum Untersteuern neigt, werden eine Querbeschleunigung von etwa 9 m/s^2 und eine Gierrate von 55 °/s erreicht. Trotzdem das Fahrzeug sich bis dahin fast 30 s lang im nichtlinearen Bereich des Fahrverhaltens befand, ist kein signifikanter Anstieg in den absoluten Abweichungen der Schätzwerte von Querbeschleunigung oder Gierrate zu verzeichnen, sondern ein Beharren im Mittel unterhalb von 0,3 m/s^2 und 0,5 °/s. Beide Signale weisen mit dem Anstieg der Geschwindigkeit Schwankungen auf, die neben der ungleichmäßigen Beschleunigung auch aus Vibrationen resultieren, welche durch die Oberflächenbeschaffenheit der Fahrbahn (Verbundsteinpflaster) hervorgerufen werden.

Die beobachtete Quergeschwindigkeit folgt dem Referenzwert qualitativ gut. Es werden unter anderem der Vorzeichenwechsel und der abrupte Anstieg der Quergeschwindigkeit erfasst, die markante Punkte für die Charakterisierung des Fahrzustandes darstellen. Solange die Quergeschwindigkeit relativ konstant ist und in Richtung des Kurvenmittelpunktes zeigt, kann von einem linearen Fahrverhalten und stabilem Fahrzustand auf einer Kreisbahn ausgegangen werden. Das belegt auch der Verlauf der Querbeschleunigung, der bis zum Zeitpunkt von etwa 15 s einen Wert von 4 m/s^2 nicht überschreitet. Dann setzt eine Änderung der Quergeschwindigkeit in entgegen gesetzter Richtung ein, was ein Verlassen des linearen Bereichs des Fahrverhaltens und der stabilen Kreisbahn, also ein beginnendes Heraustragen aus der Kurve, darstellt. Diese Quergeschwindigkeitsänderung steigt in der Folge erneut sprunghaft an und markiert den Moment des Erreichens der Haftgrenze, wodurch sich das Fahrzeug nicht mehr auf einer stabilen Kreisbahn bewegt. Trotz der Signalschwankungen kann eine Zunahme der mittleren absoluten Abweichung der Quergeschwindigkeit auf bis zu -0,3 m/s bei Erreichen der Haftgrenze festgestellt werden. Da das Signal der Referenzsensorik Schwankungen und Rauschen aufweist, die stellenweise in der gleichen Größenordnung liegen, kann an dieser Stelle keine schlussendliche Aussage zur quantitativen Genauigkeit der Quergeschwindigkeits-Schätzung gemacht werden. Anhand des Vorzeichens der absoluten Abweichung kann aber gesagt werden, dass die vom Beobachter geschätzte Quergeschwindigkeit im Mittel geringer ist. Die Ursachen hierfür sind neben fehlerhaften Modellparametern auch in der Vernachlässigung der Wankbewegung zu suchen, wodurch ein Teil der Erdbeschleunigung im Wert der gemessenen Querbeschleunigung enthalten ist und vom Beobachter aber als Quergeschwindigkeitsänderung interpretiert wird.

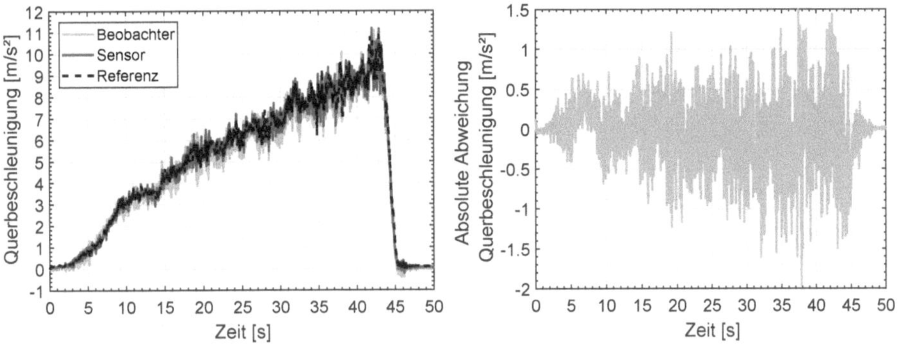

Abb. 4.26: Querbeschleunigung aus Beobachter, Fahrzeug-Sensor und Referenz-Sensorik (links) sowie absolute Abweichung zwischen Beobachter- und Referenzwert (rechts) während einer Konstantkreisfahrt

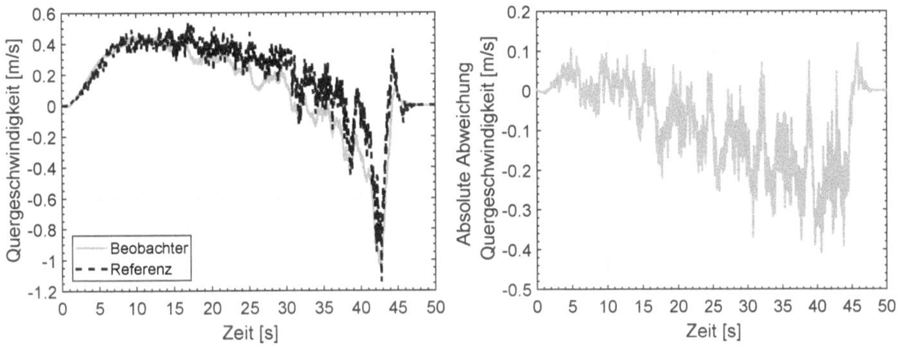

Abb. 4.27: Quergeschwindigkeit aus Beobachter und Referenz-Sensorik (links) sowie absolute Abweichung zwischen Beobachter- und Referenzwert (rechts) während einer Konstantkreisfahrt

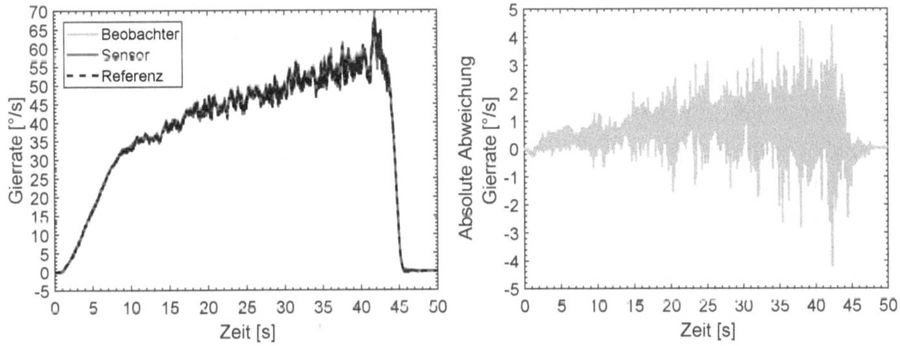

Abb. 4.28: Gierrate aus Beobachter, Fahrzeug-Sensor und Referenz-Sensorik (links) sowie absolute Abweichung zwischen Beobachter- und Referenzwert (rechts) während einer Konstantkreisfahrt

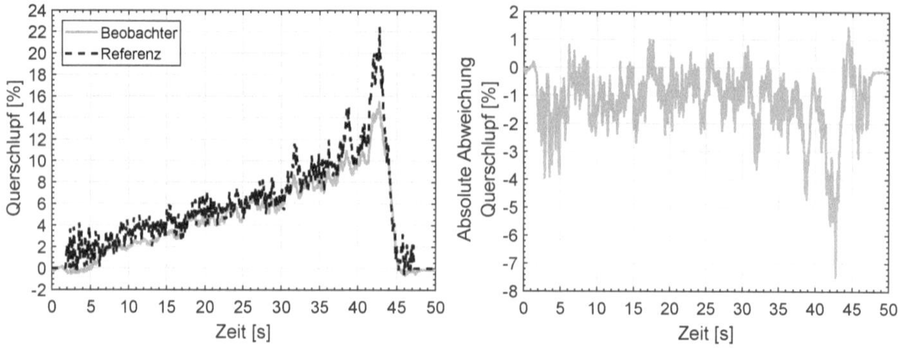

Abb. 4.29: Querschlupf am rechten Hinterrad aus Beobachter und Referenz-Sensorik (links) sowie absolute Abweichung zwischen Beobachter- und Referenzwert (rechts) während einer Konstantkreisfahrt

Aus den beobachteten Bewegungsgrößen des Fahrzeuges erfolgte eine Schätzung des Querschlupfes unter Verwendung der Modellgleichungen des dynamischen Schlupfes. Analog zur Vorgehensweise bei der Beurteilung der Längsschlupf-Schätzung wurde der Referenzwert des Querschlupfes als statischer Schlupf aus den Messwerten der Referenzsensorik nach Gleichung (2.41) für das rechte Hinterrad berechnet. Beobachter- und Referenzwert sowie die absolute Abweichung zwischen den beiden Größen sind in Abbildung 4.29 graphisch dargestellt. Die Schätzung des Querschlupfes erfolgt sowohl aus qualitativen als auch quantitativen Gesichtspunkten sehr gut. Abgesehen von dem Moment, in dem das Fahrzeug die Kurvenstabilität verliert, bleibt die absolute Abweichung im Mittel unter ±1 %, was stellenweise den Rauschamplituden des aus Messwerten berechneten Querschlupfes entspricht. Das Erreichen der Haftgrenze des Reifens ist anhand des Verlaufs der Beobachter- und Referenzwerte am Anstieg des Querschlupfes feststellbar.

Neben der Konstantkreisfahrt wurde ein weiteres querdynamisches Fahrmanöver mit wechselnder Kurvenrichtung gefahren, wodurch sich ein achtförmiger Fahrkurs ergab. Die Fahrgeschwindigkeit und der Lenkradwinkel in den Kurven sollten möglichst konstant gehalten und hohe Querbeschleunigungen vermieden werden. Für die hier dargestellten Ergebnisse wurde das Fahrzeug aus dem Stand zunächst geradeaus und in der ersten Kurve beschleunigt. Die Geschwindigkeit lag daraufhin im Bereich zwischen 22,5 und 26 km/h. Hierdurch ergaben sich bei Kurvenradien von ca. 10 m nach der Darstellung des Zeitverlaufs in Abbildung 4.30 maximale Querbeschleunigungen von etwa $\pm 5\,\mathrm{m/s^2}$.

Wie die zeitlichen Verläufe der Quergeschwindigkeit in Abbildung 4.31 und der Gierrate in Abbildung 4.32 zeigen, führten unterschiedliche Fahrgeschwindigkeiten und Lenkradwinkel in den einzelnen Kurven zu anderen Stationärwerten. In den Linkskurven, die durch positive Werte für Quergeschwindigkeit und Gierrate gekennzeichnet sind, werden ca. 0,4 m/s und um 42 °/s erreicht.

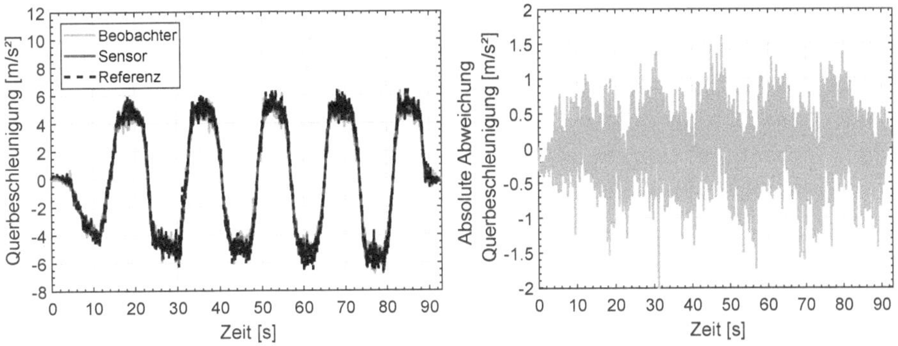

Abb. 4.30: Querbeschleunigung aus Beobachter, Fahrzeug-Sensor und Referenz-Sensorik (links) sowie absolute Abweichung zwischen Beobachter- und Referenzwert (rechts) auf einem achtförmigen Fahrkurs

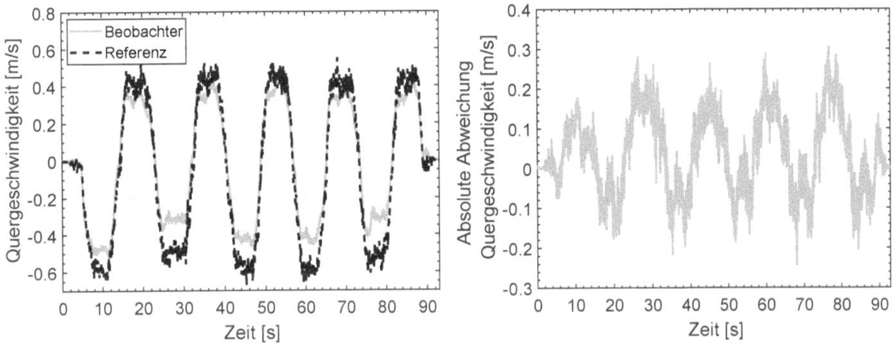

Abb. 4.31: Quergeschwindigkeit aus Beobachter und Referenz-Sensorik (links) sowie absolute Abweichung zwischen Beobachter- und Referenzwert (rechts) auf einem achtförmigen Fahrkurs

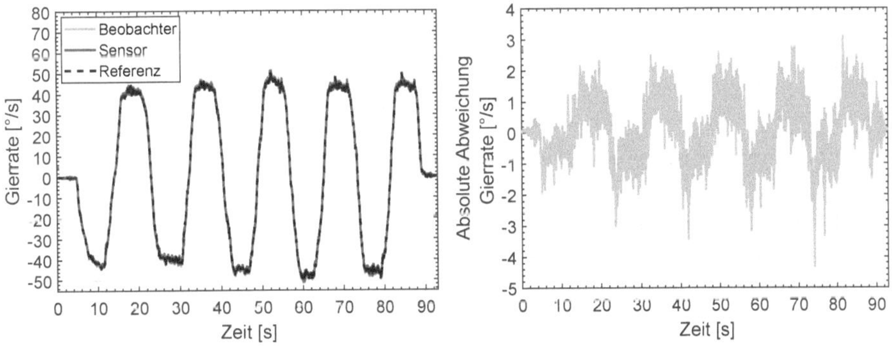

Abb. 4.32: Gierrate aus Beobachter, Fahrzeug-Sensor und Referenz-Sensorik (links) sowie absolute Abweichung zwischen Beobachter- und Referenzwert (rechts) auf einem achtförmigen Fahrkurs

Die Rechtskurven weisen hingegen unterschiedliche Werte der Quergeschwindigkeit zwischen 0,5 und 0,6 m/s sowie Gierraten von 40 bis 49 °/s auf. Insgesamt umfasste der Versuch fünf Links- und fünf Rechtskurven auf einer Wegstrecke von 523 m. Die absolute Abweichung der Querbeschleunigung in Abbildung 4.30 enthält wechselseitige Amplituden von schätzungsweise ±0,5 m/s^2, die sich während des Fahrtrichtungswechsels aufbauen und entsprechend der Fahrtrichtung das Vorzeichen ändern. Da die wirkende Querbeschleunigung und die absolute Abweichung in den Kurven jeweils entgegen gesetzte Vorzeichen haben, werden durch den Beobachter kleinere Werte als von der Referenzsensorik ermittelt. In gleicher Weise entstehen die Abweichungen in der Schätzung der Quergeschwindigkeit, die bereits im Vergleich der Zeitverläufe von Beobachter- und Referenzwert in Abbildung 4.31 erkennbar sind. Wie in den vorherigen Auswertungen werden unterschiedliche absolute Abweichungen bis zu 0,2 m/s erreicht, obgleich die gleichmäßig gefahrenen Linkskurven -0,1 m/s nicht überschreiten. Bei relativer Betrachtung bedeutet das für die dargestellten Messungen jedoch Abweichungen von bis zu 40 % des Referenzwertes, die im Verlauf der Kurvenfahrt nicht geringer werden. Angesichts der verwendeten Modellgleichungen für die Quergeschwindigkeit und den enthaltenden Rauschanteilen der Messsignale, ist dies bei relativ kleinen Werten der Quergeschwindigkeit nachvollziehbar, weil in die Berechnung der Quergeschwindigkeits-Änderung das Produkt aus den Schätzungen von Gierrate und Längsgeschwindigkeit einfließt. Die Ungenauigkeiten in der Schätzung fallen zum Beispiel für die Gierrate in Abbildung 4.32 mit ±1 °/s zwar gering aus, jedoch wirkt sich dies in Kombination mit den Schätzfehlern der Querbeschleunigung letztlich auf die berechnete Änderung der Quergeschwindigkeit aus, die im Vergleich zur Zentrifugalbeschleunigung sehr klein ist. Folglich ist es ohne zusätzliche Messinformation nicht möglich, diesen stationären Beobachterfehler in der Kurvenfahrt wieder zu verringern. Im Gegensatz dazu sind im zeitlichen Verlauf der absoluten Abweichungen der Gierrate auffällige Anstiege des Schätzfehlers zu Beginn des Fahrtrichtungswechsels erkennbar, die allerdings während der Kurvenfahrt vom Beobachter wieder korrigiert werden.

Die stationären Beobachterfehler in der Quergeschwindigkeit pflanzen sich direkt in der Schätzung des Querschlupfes in Abbildung 4.33 fort. Dies wird durch den Vergleich der beiden Zeitverläufe ersichtlich, in denen die absoluten Abweichungen beider Werte in den gleichen Zeiträumen betragsmäßig am größten sind. Über den gesamten Versuch hinweg wurden gegenüber den Werten der Referenzsensorik in den Kurven geringfügig höhere Querschlupf-Werte vom Beobachter geschätzt. Während in den Linkskurven die mittlere absolute Abweichung 0,5 % nicht überschreitet, werden in den Rechtskurven mehr als -1 % ermittelt, was zu relativen Fehler von über 20 % bezüglich des Referenzwertes führt. Ob diese Abweichungen allein auf die fehlerhafte Schätzung der Quergeschwindigkeit beruhen oder aus einer fehlerhaften Parametrierung des im Beobachter eingesetzten Reifenmodells und die Nutzung quasistatischer Radlasten bei der Schätzung der Reifenkräfte resultieren, kann durch den Einsatz weiterer Messtechnik genauer untersucht werden.

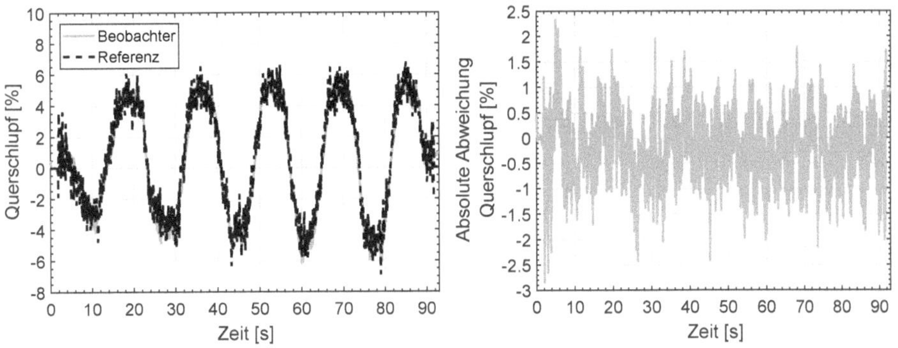

Abb. 4.33: Querschlupf am rechten Hinterrad aus Beobachter und Referenz-Sensorik (links) sowie absolute Abweichung zwischen Beobachter- und Referenzwert (rechts) auf einem achtförmigen Fahrkurs

Bei Betrachtung der vorgestellten Schätzergebnisse im Hinblick auf das vorgestellte Konzept zur Fahrdynamikregelung sind vor allem die Regelgrößen Reifenlängsschlupf und Fahrzeug-Gierrate von Bedeutung. Da die Gierrate ohnehin mit den vorhandenen Fahrzeug-Sensoren direkt messbar ist, erfolgt trotz eventueller Messungenauigkeiten zuverlässig die Korrektur der Zustandsschätzung und stellt sich daher als wenig problematisch dar. Im Falle des Längsschlupfes ist keine direkte Korrektur der Schätzung möglich, sodass sich Abweichungen bei der Schätzung der für die Berechnung relevanten Größen auch auf die Genauigkeit des Längsschlupfes auswirken. Dazu zählen nicht nur die vom Beobachter ermittelten Werte für Raddrehzahl, Längs- und Quergeschwindigkeit sowie Gierrate des Fahrzeuges sondern auch der Reifenradius und der Radeinschlagswinkel. Die Schätzung der Raddrehzahl kann durch den Einsatz von teureren Sensoren mit höherer Messgenauigkeit verbessert werden. Zur Erhöhung der Genauigkeit der Längs- und Quergeschwindigkeit bietet sich die Verwendung der GPS-Geschwindigkeit an, da in vielen modernen Fahrzeugen bereits ein GPS-Empfänger serienmäßig verbaut ist. Eine Nutzung der GPS-Informationen ist aber nur bei guten Empfangsbedingungen sinnvoll, die im realen Straßenverkehr nicht immer gegeben sind. Sollten sowohl die GPS-Geschwindigkeit als auch die Raddrehzahlen bei einer Fahrt mit konstanter Geschwindigkeit mit hoher Genauigkeit zur Verfügung stehen, ist sogar eine Schätzung der Reifenradien in diesem Fahrzustand denkbar. Eine Berücksichtigung der fahrzustandsabhängigen Änderung des Reifenradius, zum Beispiel in Folge von Radlastschwankungen, setzt wiederum die genaue Kenntnis der Radlasten voraus. Diese könnten beispielsweise bei Vorhandensein aktiver oder semi-aktiver Fahrwerke zur Verfügung gestellt werden, da für die Funktionsweise einer Fahrwerkregelung entsprechende Sensoren eingesetzt werden müssen. Die damit einhergehende notwendige Bestimmung der Fahrwerkskinematik könnte darüber hinaus den Radeinschlagswinkel und den Radsturzwinkel in Abhängigkeit von Lenkradwinkel und Radlast bereitstellen und somit zur Erhöhung der Schätzgenauigkeit beitragen.

Neben den gewählten Regelgrößen ist die Ermittlung der Sollwerte für die Regelung erforderlich, die wiederum auf einer guten Schätzung des Fahrzustandes beruhen. In welchem Maße dabei die vom Beobachter ermittelten Größen eine Rolle spielen, wird an entsprechender Stelle während der Umsetzung der Fahrdynamikregelung im Abschnitt 5.1 erörtert.

Bei der geplanten Umsetzung der Beobachter- und Regelungskonzeptes wird mit Reifenlängsschlupf und Gierrate auf häufig verwendete Regelgrößen zurückgegriffen. Die erforderliche Schätzung des Reifenlängsschlupfes an jedem Rad konnte durch den vorgestellten Radbeobachter gegenüber einer üblichen Glättung des Raddrehzahlsignals deutlich verbessert werden. Dabei werden die Vorteile des elektrischen Einzelradantriebes ausgenutzt, der das Drehmoment und die Drehzahl am Rad mit höherer Genauigkeit zur Verfügung stellen kann, als es in konventionellen Antrieben mit ABS-Drehzahlsensoren möglich ist. Das Potenzial des Radbeobachters wird hierbei unter Umständen noch nicht voll ausgeschöpft. Dank der hohen Genauigkeit, mit der das Antriebsmoment und die Drehzahl am Rad bestimmt werden können, ist innerhalb des Radbeobachters die Schätzung der Reifenlängskraft als Störgröße denkbar. Dieser Ansatz wird daher im folgenden Abschnitt 4.3 gesondert aufgegriffen und weiter verfolgt. Im Zuge der Implementierung des Beobachters in das Versuchsfahrzeug konnten kleinere Schwachpunkte hinsichtlich der eingesetzten Sensoren identifiziert werden. Ohne geeignete Korrektur der statischen Abweichungen in den Messsignalen wirkt sich die reduzierte Beobachtbarkeit der Fahrzeugdynamik in bestimmten Fahrzuständen erwartungsgemäß negativ auf die Genauigkeit der Schätzwerte aus. Besonders im Fahrzeugstillstand muss das Verhalten des Beobachters nachgebessert werden, damit keine Berücksichtigung der nicht beobachtbaren Größen in der Regelung erfolgt. Darüber hinaus erlaubt das entwickelte hierarchische Gesamtkonzept die einfache Evaluierung alternativer Beobachteransätze durch Ersetzen der jeweiligen Bestandteile. Zur Beobachtung der Fahrzeugbewegung könnte beispielsweise das in [90] vorgeschlagene Unscented Kalman-Filter in Betracht gezogen werden, das die Nichtlinearitäten des Fahrverhaltens bei höherer Querbeschleunigung potenziell genauer schätzt. Hierzu ist die Definition von Sigma-Punkten erforderlich, deren Anzahl mindestens dem Doppelten der Anzahl der Schätzgrößen sein sollte. Zwar führt dies zu einem erhöhten Rechenaufwand, jedoch bildet die Kovarianzmatrix der Schätzfehler dank der nichtlinearen Transformation der Sigma-Punkte die Wahrscheinlichkeitsverteilung besser ab, was sich über die Berechnung der Kalman-Verstärkung positiv auf die Schätzgenauigkeit auswirkt [49, 59]. Mit der fortschreitenden Entwicklung der Inertialsensoren für die Automotive-Anwendung sind in naher Zukunft Sensorcluster mit sechs Freiheitsgraden verfügbar, die die Längs-, Quer- und Vertikalbeschleunigung sowie die Nick-, Wank- und Gierrate des Fahrzeugaufbaus messtechnisch erfassen. Dies ermöglicht Erweiterungen des Beobachters, beispielsweise um die Schätzung der Nick-, Wank und Vertikaldynamik [55] oder die Verwendung der kinematischen Gleichungen [54] zur Schätzung der Fahrzeugbewegung. Zur Stützung und Verbesserung der Geschwindigkeitsschätzung ist ebenfalls der Einsatz eines GPS-Receivers zu erwägen, wie beispielsweise in [4] detailliert dargestellt wird. In diesem Zuge sollten Ansätze zur Schätzung des Reibbeiwertes [44] ergänzt beziehungsweise in den Beobachter integriert werden, wie beispielhaft in [80] vorgeschlagen wird.

4.3 Erweiterter Radbeobachter mit Reifenkraftschätzung

Die Vorteile des elektrischen Einzelradantriebs, der präzise Drehmoment- und Drehzahlinformationen für jedes Rad liefert, werden in der bisherigen Beobachterstruktur noch nicht völlig ausgeschöpft. Bisher schätzt der Radbeobachter die Drehzahl des Rades mit Motordrehmoment, Bremsmoment und (geschätzter) Reifenlängskraft als Eingangsgrößen sowie Raddrehzahl als Messgröße, während nach der Radschlupfschätzung wiederum die Reifenkraft mittels schlupfbasiertem Reifenmodell berechnet wird. Bei hohen Werten für der Beobachterverstärkung wird der Messung der Raddrehzahl stärker vertraut, was bis zu einem bestimmten Maße die Schlupfschätzung verbessern kann. Die Qualität der Reifenkraftschätzung hängt jedoch nach wie vor von der Genauigkeit der benötigten Reifenmodellparameter ab. Eine Identifikation beziehungsweise Online-Schätzung dieser Parameter ist nur mit großem Aufwand möglich [44]. Zudem sind für die Anwendung entsprechender Line-Fitting-Algorithmen oder Maximum-Likelihood-Ansätze hohe Schlupfwerte notwendig, was in normalen Fahrsituationen eher unwahrscheinlich ist. Derartige Verfahren werden deshalb bisher hauptsächlich bei der Bestimmung des maximalen Reibbeiwertes beziehungsweise des kritischen Schlupfwertes während einer ABS-Bremsung eingesetzt [81]. Um die Abhängigkeit von den Parametern des Reifenmodells zu eliminieren, wird im Folgenden ein erweiterter Radbeobachter entwickelt, der gleichzeitig die Raddrehzahl und die Reifenlängskraft schätzt. Bekannte Ansätze zur Schätzung der Reifenlängskraft [2, 27] berechnen die Winkelbeschleunigung des Rades durch numerische Differentiation der Radgeschwindigkeit und lösen die Differentialgleichung der Raddynamik in (2.30) nach der Reifenlängskraft F_{WTx} auf. Dies verstärkt die Fehler durch Messrauschen und Quantisierung des Sensorsignals und muss durch entsprechende Maßnahmen verringert werden, wobei beispielsweise eine Filterung des Signals einen unerwünschten Phasenversatz hervorruft.

Zur Schätzung der Längskraft des Reifens $\hat{F}_{WTx}$ wird diese als unbekannte Störgröße behandelt und auf der Grundlage eines Störgrößenmodells geschätzt. Der Einfachheit halber soll die nicht messbare Störung der Reifenlängskraft als Ausgang eines Integrators mit unbekanntem Eingang F_{WTxD} modelliert werden.

$$\dot{\hat{F}}_{WTx} = F_{WTxD} \tag{4.28}$$

Das Störgrößenmodell wird im Zustandsraummodell der Raddynamik in (4.1) ergänzt, woraus sich das Modell des erweiterten Radbeobachters in (4.29) ergibt.

$$\begin{bmatrix} \dot{\hat{\omega}}_W \\ \dot{\hat{F}}_{WTx} \end{bmatrix} = \mathbf{A}_{ERB} \cdot \begin{bmatrix} \hat{\omega}_W \\ \hat{F}_{WTx} \end{bmatrix} + \mathbf{B}_{ERB} \cdot \boldsymbol{u}_{ERB}$$

$$= \begin{bmatrix} -\frac{d_{WF}}{J_W} & -\frac{r_{dyn}}{J_W} \\ 0 & 0 \end{bmatrix} \cdot \begin{bmatrix} \hat{\omega}_W \\ \hat{F}_{WTx} \end{bmatrix} + \begin{bmatrix} \frac{1}{J_W} & -\frac{1}{J_W} & 0 \\ 0 & 0 & 1 \end{bmatrix} \cdot \begin{bmatrix} M_M & M_B & F_{WTxD} \end{bmatrix}^T \quad (4.29)$$

$$\hat{\omega}_W = \mathbf{C}_{ERB} \cdot \begin{bmatrix} \hat{\omega}_W \\ \hat{F}_{WTx} \end{bmatrix} = \begin{bmatrix} 1 & 0 \end{bmatrix} \cdot \begin{bmatrix} \hat{\omega}_W \\ \hat{F}_{WTx} \end{bmatrix}$$

Die Beobachtbarkeit des Systems kann durch die Berechnung des Rangs der Beobachtbarkeitsmatrix des erweiterten Beobachtermodells nachgewiesen werden, der einen Wert von 2 aufweist.

$$Rang\,(\mathbf{S}_{ERB}) = Rang\left(\begin{bmatrix} \mathbf{C}_{ERB} \cdot \mathbf{A}_{ERB}^0 \\ \mathbf{C}_{ERB} \cdot \mathbf{A}_{ERB}^1 \end{bmatrix} \right) = 2 \quad (4.30)$$

Nach Einführen der Beobachterverstärkung $\mathbf{K}_{ERB}$ kann die Dynamik des Beobachterfehlers $\boldsymbol{e}_{ERB}$ bestimmt werden.

$$\dot{\boldsymbol{e}}_{ERB} = \begin{bmatrix} \dot{\omega}_W \\ \dot{F}_{WTx} \end{bmatrix} - \begin{bmatrix} \dot{\hat{\omega}}_W \\ \dot{\hat{F}}_{WTx} \end{bmatrix} = (\mathbf{A}_{ERB} - \mathbf{K}_{ERB} \cdot \mathbf{C}_{ERB}) \cdot \left(\begin{bmatrix} \omega_W \\ F_{WTx} \end{bmatrix} - \begin{bmatrix} \hat{\omega}_W \\ \hat{F}_{WTx} \end{bmatrix} \right) \quad (4.31)$$

Die Übertragungsfunktionen des Fehlersystems (4.31) besitzen zwei Eigenwerte, die mit Hilfe der Werte von $\mathbf{K}_{ERB}$ festgelegt werden (Polplatzierung). Hierzu wird das gewünschte charakteristische Polynom P_{ERB} (Laplace-Operator s) definiert, dass zwei reelle Eigenwerte aufweist, die durch die Zeitkonstanten T_{ERB1} und T_{ERB2} repräsentiert werden.

$$P_{ERB} := (T_{ERB1} \cdot s + 1) \cdot (T_{ERB2} \cdot s + 1) \quad (4.32)$$

Durch Lösen des Gleichungssystems, dass sich mittels Koeffizientenvergleich des charakteristischen Polynoms des Fehlersystems und des Polynoms P_{ERB} ergibt, werden die Gleichungen zur Berechnung der Beobachterverstärkungen ermittelt:

$$\mathbf{K}_{ERB} = \begin{bmatrix} k_{ERB1} & k_{ERB2} \end{bmatrix}^T = \begin{bmatrix} \frac{1}{T_{ERB1}} + \frac{1}{T_{ERB2}} - \frac{d_{WF}}{J_W} & -\frac{J_W}{T_{ERB1} \cdot T_{ERB2} \cdot r_{dyn}} \end{bmatrix}^T \quad (4.33)$$

Die Werte von T_{ERB1} und T_{ERB2} werden derart gewählt, dass ein Kompromiss aus guter Unterdrückung des Messrauschens und schnellem Abbau des Schätzfehlers erzielt wird. Abhängig von den Werten der Modellparameter J_W und d_{WF}, wird der Wertebereich von T_{ERB1} und T_{ERB2} festgelegt, der ein stabiles Beobachtersystem mit negativen reellen Eigenwerten sicherstellt.

Da das Beobachtermodell in (4.29) bezüglich Drehzahl und Reifenlängskraft linear ist, kann alternativ ein Kalman-Filter zum Entwurf des Beobachters verwendet werden. Im Gegensatz zum Beobachterentwurf mittels Festlegung der Eigenwerte des Fehlersystems bietet das Kalman-Filter eine optimale Zustandsschätzung für lineare dynamische Systeme bei gegebener Kovarianz der Mess- und Zustandsgrößen. Jedoch ist die Wahl der Werte der Kovarianzmatrizen der Messung $\mathbf{R}_{ERB}$ und der Zustände $\mathbf{Q}_{ERB}$ nicht immer offensichtlich, insbesondere wenn Elemente der Nebendiagonalen besetzt werden müssen, um eine notwendige Verbesserung der Schätzergebnisse zu erzielen.

$$\mathbf{Q}_{ERB} = \begin{bmatrix} q_\omega^2 & q_{\omega F}^2 \\ q_{F\omega}^2 & q_F^2 \end{bmatrix}; \qquad \mathbf{R}_{ERB} = \begin{bmatrix} r_\omega^2 & r_{\omega F}^2 \\ r_{F\omega}^2 & r_F^2 \end{bmatrix} \tag{4.34}$$

Da die Längskraft des Reifens unbekannt ist, wird die Standardabweichung q_F auf 1 gesetzt. Aufgrund von Parametervariationen des dynamischen Rollradius r_{dyn} und der Verwendung eines vereinfachten linearen Reibungsmodells wird die Standardabweichung q_ω für die Zustandsschätzung doppelt so hoch wie für die Messung r_ω angesetzt, welche aus dem Datenblatt des Sensors entnommen oder aus den Sensoreigenschaften berechnet werden kann. Um eine Korrektur der Reifenkraft aus der Messung zu ermöglichen, muss zumindest ein weiteres Element der Kovarianzmatrix $\mathbf{Q}_{ERB}$ mit einem Wert größer Null besetzt werden. Hier wurde die Standardabweichung r_F auf einen Wert kleiner als 1 gewählt. Darüber hinaus müssen zur Initialisierung des Kalman-Filters die Anfangsbedingungen des Zustands $\hat{\boldsymbol{x}}_0^-$ und die Kovarianzmatrix der Schätzfehler $\mathbf{P}_0^-$ festgelegt werden. Ein zu erwartender Ausgangszustand stellt der Stillstand des Fahrzeuges ohne Drehzahl und (sehr geringer) Längskraft dar, sodass die Kovarianz der Schätzung aus den Messfehlern übernommen wird. Für die im Folgenden dargestellten Simulationsergebnisse wurde ein Kalman-Filter mit den in (4.35) definierten Werten implementiert und mit Hilfe der *Simulink*®-Schnittstelle mit *IPG CarMaker* gekoppelt. Zur Ermittlung der Fahrzeuggeschwindigkeit und der Radlasten wird der bereits vorgestellte Fahrzeugbeobachter herangezogen.

$$\begin{aligned} \hat{\boldsymbol{x}}_0^- &= \begin{bmatrix} 0 \\ 0 \end{bmatrix}; \qquad \mathbf{P}_0 = \begin{bmatrix} 9\cdot 10^{-4} & 0 \\ 0 & 9\cdot 10^{-4} \end{bmatrix} \\ \mathbf{Q}_{ERB} &= \begin{bmatrix} 3,6\cdot 10^{-3} & 0 \\ 0 & 1 \end{bmatrix}; \ \mathbf{R}_{ERB} = \begin{bmatrix} 9\cdot 10^{-4} & 0 \\ 0 & 0,81 \end{bmatrix} \end{aligned} \tag{4.35}$$

Als Fahrmanöver wurde ein Elastizitätstest simuliert, um wechselnde langsdynamische Anregungen zu erzeugen und die Reaktion des Radbeobachters zu analysieren. Hierbei wird das Fahrzeug zu Beginn an seine Maximalgeschwindigkeit von gebracht und anschließend auf verschiedene Geschwindigkeiten abgebremst und wieder beschleunigt. Abbildung 4.34 zeigt auf der linken Seite die zeitlichen Verläufe der simulierten und beobachteten Drehzahl des linken Vorderrades während des Anfahrens. Daneben sind die absoluten Abweichungen zwischen den beobachteten und simulierten Werten

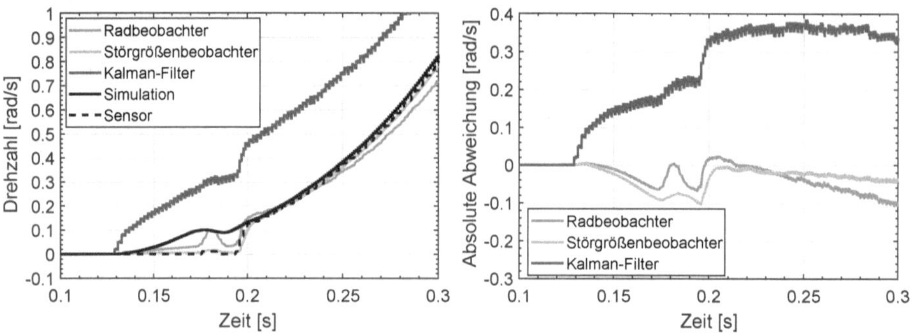

Abb. 4.34: Drehzahl am linken Vorderrad verschiedener Beobachter und aus der Simulation (links) sowie absolute Abweichung zwischen Beobachter- und Simulationswert (rechts) während des Anfahrens

dargestellt. Nach dem Losrollen des Rades steigt die simulierte Drehzahl an. Der Sensorwert bleibt zunächst Null, da der minimal messbare Wert im hinterlegten Sensormodell noch nicht überschritten wurde. Während die geschätzten Drehzahlen des Rad- und Störgrößenbeobachters nahe Null liegen, schätzt das Kalman-Filter in dieser Situation viel zu hohe Werte. Zum Zeitpunkt 0,2 s steht ein Sensorwert zur Verfügung und wird vom Rad- und Störgrößenbeobachter sofort zur Korrektur der Drehzahl herangezogen. Mit steigender Raddehzahl nimmt die absolute Abweichung des Radbeobachters im Gegensatz zum Störgrößenbeobachter zu. Die Schätzfehler des Kalman-Filters bleiben indes mit etwa 0,35 rad/s bezüglich des Störgrößenbeobachters mit -0,05 rad/s relativ hoch.

Um die Schätzergebnisse der drei Beobachter bei höheren Drehzahlen zu betrachten, sind in Abbildung 4.35 die beobachteten und simulierten Raddrehzahlen diesmal zu Beginn einer Beschleunigungsphase von 60 auf 100 km/h im Rahmen des Elastizitätstests zu sehen. Eine erkennbare Abweichung zwischen den Drehzahlsignalen ist lediglich kurz nach Betätigung des Fahrpedals erkennbar, sodass sich bei den Erläuterungen auf die Darstellung der absoluten Abweichungen auf der rechten Seite von Abbildung 4.35 konzentriert wird. Etwa 100 ms nach Beginn der Beschleunigung wird die absolute Abweichung des Kalman-Filters relativ hoch, nimmt aber innerhalb der nächsten 100 ms wieder ab und erreicht einen Wert von -0,05 rad/s, was bezüglich der anderen Beobachter das beste Schätzergebnis für den Rest des Beschleunigungsvorgangs ist. Die geschätzte Drehzahl des Störgrößenbeobachters weist eine etwas größere absolute Abweichung auf, während der Fehler des Radbeobachters im gleichen Zeitraum bis zu vier Mal höher ist.

Im selben Zeitbereich ist der geschätzte Längsschlupf vergleichend mit den simulierten Werten von *IPG CarMaker* in Abbildung 4.36 dargestellt. Die für die Berechnung des Schlupfes benötigte Längsgeschwindigkeit wird vom Fahrzeugbeobachter geschätzt. Der Kalman-Filter besitzt zu Beginn der Beschleunigung erneut vergleichs-

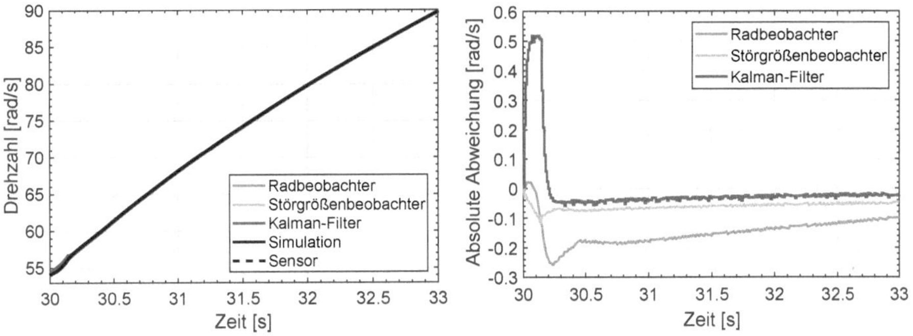

Abb. 4.35: Drehzahl am linken Vorderrad verschiedener Beobachter und aus der Simulation (links) sowie absolute Abweichung zwischen Beobachter- und Simulationswert (rechts) bei Beschleunigung von 60 km/h

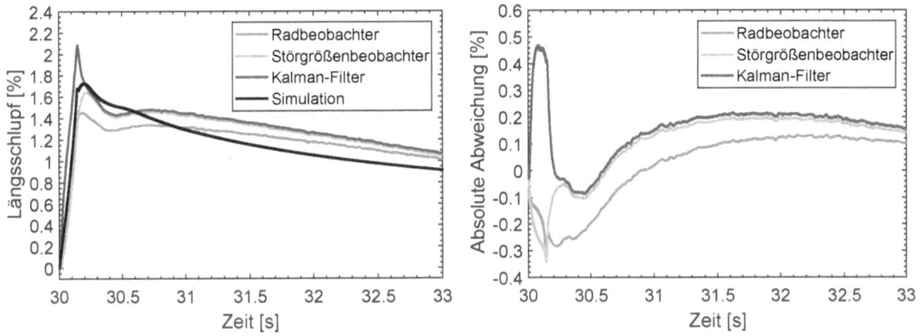

Abb. 4.36: Längsschlupf am linken Vorderrad verschiedener Beobachter und aus der Simulation (links) sowie absolute Abweichung zwischen Beobachter- und Simulationswert (rechts) bei Beschleunigung von 60 km/h

weise höhere Schätzfehler als Rad- und Strörgrößenbeobachter. Dies lässt sich auf die Fehler bei der Drehzahlschätzung zurückführen, die sich auf die Schlupfschätzung fortpflanzen. Der Störgrößenbeobachter liefert hier im Mittel die besten Ergebnisse.

Im Gegensatz zum Radbeobachter, der für die Ermittlung der Reifenlängskraft auf die Verwendung eines parametrierten Reifenmodells angewiesen ist, liefern Störgrößenbeobachter und das Kalman-Filter bessere Schätzergebnisse für die Reifenlängskraft in dem bereits beschriebenen Beschleunigungsvorgang von 60 auf 100 km/h. Abbildung 4.37 enthält die entsprechenden zeitlichen Verläufe der simulierten und beobachteten Reifenlängskraft sowie die absoluten Abweichungen zwischen den beobachteten und simulierten Werten. Mit dem Anstieg der Reifenlängskraft nehmen die absoluten Abweichungen aller Beobachteransätze zu. Während der Schätzfehler des Radbeobachters -480 N erreicht, liefern das Kalman-Filter mit -220 N und der Störgrößenbeobachter mit -30 N bessere Ergebnisse. Nachdem die Reifenkraft ihren Maximalwert erreicht hat, fällt

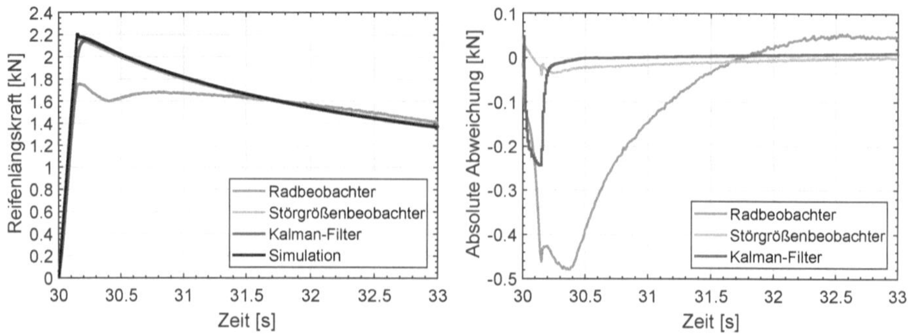

Abb. 4.37: Reifenlängskraft am linken Vorderrad verschiedener Beobachter und aus der Simulation (links) sowie absolute Abweichung zwischen Beobachter- und Simulationswert (rechts) bei Beschleunigung von 60 km/h

sie im Folgenden wieder leicht ab, da das Motordrehmoment aufgrund der erreichten Leistungsgrenze reduziert wird. Gleichzeitig verringern sich auch die Schätzfehler aller Beobachter. Im Falle des Kalman-Filters fällt er schnell auf fast Null ab, während der Störgrößenbeobachter noch einen kleinen Fehler von ca. 10 N aufweist.

Um die grundsätzliche Funktionsweise der vorgestellten Radbeobachter mit Reifenkraftschätzung (Störgrößenbeobachter und Kalman-Filter) nachzuweisen, wurde ein Versuchsfahrzeug mit einem 6-Komponenten-Messrad *WFT-C*^{X} der Firma *CAEMAX Technologie GmbH* ausgestattet, welches die messtechnische Erfassung der Raddrehzahl sowie der wirkenden Kräfte und Momente am Rad erlaubt. Die Radbeobachter erhalten das gemessene Antriebsmoment sowie die Raddrehzahl als Eingangsgrößen, um die Längskräfte des Reifens zu schätzen. Zur Beurteilung des Fahrzustandes und Ermittlung des Reifenschlupfes wurde des Weiteren ein optischer Geschwindigkeitssensor *Correvit® S-350* der *Kistler Group* am Fahrzeug montiert. Mit der Durchführung mehrerer Anfahr-Brems-Manöver wurde hierbei eine gezielte längsdynamische Anregung des Fahrzeuges erreicht. Die Fahrversuche wurden auf einer näherungsweise ebenen Fahrbahnoberfläche aus nassem Asphalt vorgenommen.

Zunächst wurde das Anfahr-Brems-Manöver mit einer moderaten Verzögerung gefahren. Abbildung 4.38 stellt für das linke Hinterrad die gemessene Drehzahl und Reifenkraft den jeweiligen Schätzergebnissen der beiden Beobachtertypen gegenüber. Darüber hinaus werden die gemessene Fahrzeuggeschwindigkeit und das Raddrehmoment im selben Zeitintervall graphisch dargestellt. Demnach wird das Fahrzeug mit etwa 300 Nm Antriebsmoment auf 58,5 km/h beschleunigt und daraufhin wieder bis zum Stillstand mit ungefährt -180 Nm abgebremst. Die auftretenden Bremsmomente sind trotz der kürzeren Anhaltezeit deutlich geringer als die Antriebsmomente, da es sich um ein heckangetriebenes Fahrzeug und Messwerte am linken Hinterrad handelt, bei dem auf Grund der Radlastverteilung durch die Nickbewegung des Fahrzeuges während des Bremsens generell höhere Bremsmomente an der Vorderachse aufgebracht werden.

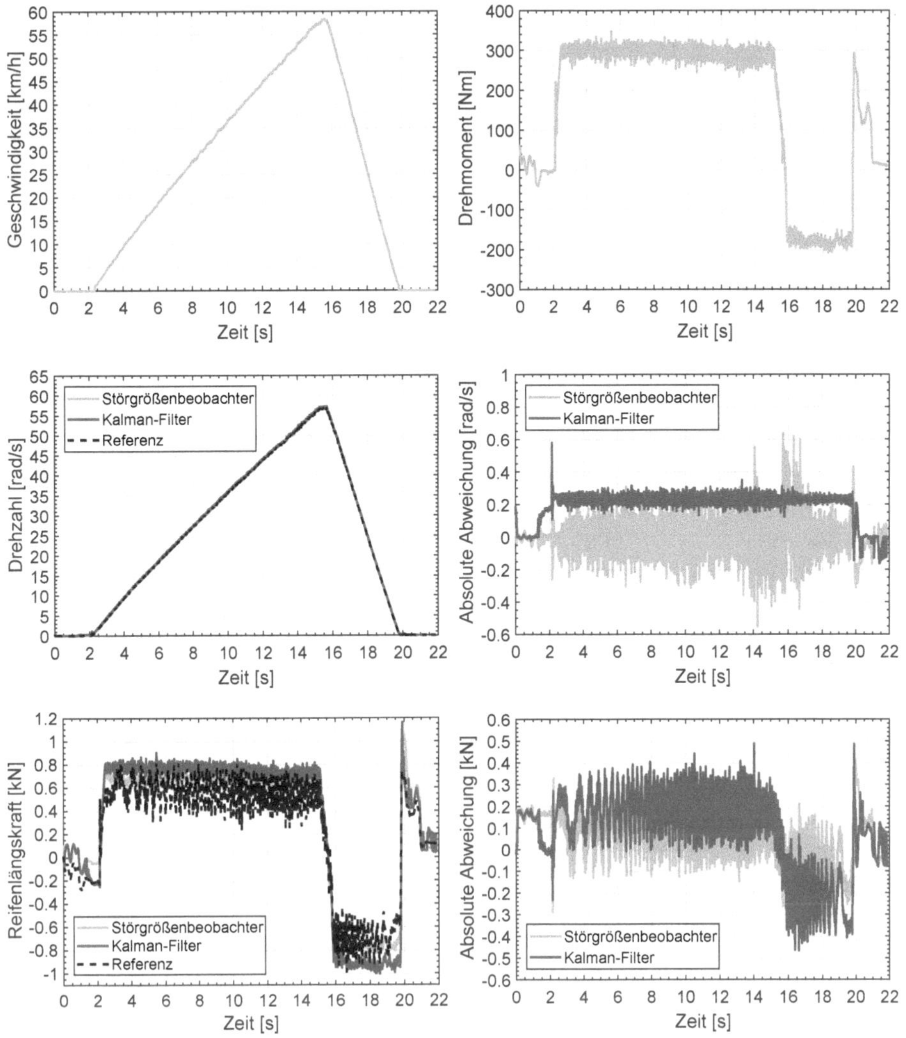

Abb. 4.38: Geschwindigkeit des Fahrzeuges sowie Drehmoment (oben), Drehzahl (mittig) und Reifenlängskraft (unten) am linken Hinterrad aus Schätzungen der erweiterten Beobachter und Messungen mit absoluten Abweichungen zwischen Beobachter- und Messwert während eines Anfahr-Brems-Manövers

Die zeitlichen Verläufe der Raddehzahl am linken Hinterrad zeigen kaum Unterschiede zwischen den gemessenen und beobachteten Werten, sodass für die Auswertung zusätzlich die absoluten Abweichungen herangezogen werden. Hierbei stellt sich heraus, dass der Störgrößenbeobachter, wie in der Simulation, bessere Ergebnisse bei der Drehzahlschätzung liefert als das Kalman-Filter. Zwar schwanken die absoluten Abweichungen des Störgrößenbeobachters deutlich, jedoch liegen die Werte im Mittel nahe Null und die Amplituden der Schwankungen hauptsächlich innerhalb ±0,2 rad/s. Lediglich zu Beginn des Bremsvorgangs und im Moment des Anhaltens treten höhere Abweichungen auf. Der stationäre Beobachtungsfehler des Kalman-Filters beträgt hingegen sowohl beim Beschleunigen als auch bei der Verzögerung etwa 0,24 rad/s. Im Fahrzeugstillstand gehen die absoluten Abweichungen der Schätzwerte für beide Beobachter auf Grund der nachgewiesenen Beobachtbarkeit auf nahe Null zurück. Bei der Schätzung der Reifenlängskraft bezüglich der Referenzmessung schneidet der Störgrößenbeobachter erneut besser ab. Da das Messsignal für die Reifenlängskraft und damit die berechneten absoluten Abweichungen stark verrauscht sind, kann an dieser Stelle nur ein grobe Aussage über die Schätzgenauigkeit gegeben werden. Der absolute Schätzfehler des Störgrößenbeobachters schwankt während der Beschleunigungsphase um ein Wert von etwa 0,05 kN beziehungsweise während der Verzögerung um circa -0,05 kN, was einer relativen Abweichung von 8 % entspricht.

Die Schätzergebnisse des Kalman-Filters hingegen weisen absolute Abweichungen von etwa 0,2 kN während der Beschleunigung und -0,2 kN in der Verzögerungsphase auf, woraus eine höhere relative Abweichung von über 30 % resultiert. Generell werden von beiden Beobachtertypen zu hohe Werte für die Reifenkraft ermittelt, was einer fehlerbehafteten Parametrierung des Beobachtermodells hinsichtlich Reifenradius sowie Massenträgheitsmoment und Reibverluste im Antriebsstrang geschuldet sein kann. Weiterhin wird die starke Abhängigkeit der Schätzung vom Drehmoment aus dem im Vergleich zur Messung steilen Anstieg der geschätzten Reifenlängskräfte im Moment des Anfahrens erkennbar. Somit wirkt sich ein Rauschen des Drehmomentsignals ebenfalls anteilig auf die Schätzung aus. Hier könnte eine Anpassung der Auslegungsparameter der Beobachter oder ein alternatives Störgrößenmodell Verbesserungen bewirken, da die Schätzung des Drehmoments im elektrischen Einzelradantrieb grundsätzlich sehr genau umgesetzt werden kann. Für die Verzögerung und den Moment des Anhaltens muss zusätzlich angemerkt werden, dass die guten Schätzergebnisse der Reifenlängskraft aus der Tatsache resultieren, dass das verwendete 6-Komponenten-Messrad Drehmomentmesswerte auch in diesen Fahrsituationen mit hoher Genauigkeit liefert. Dies ist bei Nutzung einer mechanischen Reibbremse, bei der das Bremsmoment aus dem hydraulischen Druck im Bremszylinder ermittelt wird, nicht ohne Weiteres gegeben. Dies gilt insbesondere für den Moment des Anhaltens, bei dem die Trägheit des Fahrzeuges einen deutlichen Anstieg des gemessenen Drehmoments hervorruft, der sich im Verlauf des Bremsdrucks nicht in dieser Form widerspiegeln wird. Somit ist eine Schätzung der Reifenlängskraft während des Anhaltevorgangs, wie sie in den dargestellten Ergebnissen zu sehen ist, in der realen Umsetzung wohl nicht zu erwarten. Durch Einbeziehen der Messung der Längsbeschleunigung könnte hier Abhilfe geschaffen werden. Wenn im Gegenzug für die Verzögerung ausschließlich das generatorische Bremsmoment des Elektromotors verwendet wird, ist wiederum mit einer guten Schätzgenaugigkeit für die Reifenlängskraft zu rechnen.

Um die Reifenlängskraft-Schätzung in kritischen Fahrsituationen bewerten zu können, wurde das besagte Anfahr-Brems-Manöver auf nassem Asphalt diesmal mit starker Verzögerung und blockierenden Rädern durchgeführt. Abbildung 4.39 stellt die dazugehörigen Mess- und Schätzergebnisse für Fahrzeuggeschwindigkeit sowie Raddrehmoment, Drehzahl und Reifenlängskraft am linken Hinterrad mit den absoluten Abweichungen zwischen Mess- und Schätzgrößen dar. Das Fahrzeug wurde aus dem Stand auf 62 km/h beschleunigt und in der Folge wieder bis zum Stillstand mit einer Vollbremsung verzögert.

Die Schätzergebnisse während des Beschleunigungsvorgangs unterscheiden sich nur geringfügig vom vorherigen Versuch, wobei in diesem Fall die absoluten Abweichungen der Reifenlängskraft-Schätzung des Kalman-Filters etwas geringer ausfallen. Allerdings erreicht der Störgrößenbeobachter in dieser Phase im Mittel erneut eine höhere Schätzgenaugigkeit für die Drehzahl- und Reifenlängskraft-Schätzung. Besonderes Interesse gilt dem Verhalten der Beobachter während des Bremsmanövers, da eine Vollbremsung mit blockierenden Rädern für die Fahrzustandsschätzung eine besondere Herausforderung darstellt. Dies gilt ebenfalls für den Radbeobachter, da die gemessene Raddrehzahl hauptsächlich den Wert Null aufweist, sich die Kraftverhältnisse am Rad aber ändern. Direkt nach dem Einleiten des Bremsvorgangs im Zeitbereich 15,5 bis 16,5 s, in dem das Rad noch nicht blockiert, bleiben die absoluten Abweichungen innerhalb der bereits diskutierten Wertebereiche und die Reifenkraft nimmt mit steigendem Bremsmoment zu. Etwa zum Zeitpunkt 16,5 s wird die Haftgrenze überschritten und die Radverzögerung steigt erkennbar an. Während die Drehzahlschätzung des Kalman-Filters davon scheinbar nicht beeinflusst wird und auf einem Wert von 0,25 rad/s für die absolute Abweichung bleibt, erreicht der Störgrößenbeobachter kurzzeitig einen Wert von 2 rad/s. Der Störgrößenbeobachter baut den Schätzfehler zunächst wieder ab, bis eine erneute sprunghafte Änderung der absoluten Abweichung in entgegengesetzter Richtung zeitgleich mit dem Blockieren des Rades auftritt. Erneut nimmt der Beobachtungsfehler des Störgrößenbeobachters ab, bevor das Fahrzeug zum Zeitpunkt 18 s zum Stillstand kommt und ein kurzzeitiger Anstieg der Drehzahl und des Bremsmoments wiederholt den Schätzfehler auf bis zu ±1,2 rad/s ansteigen lassen. Die Schätzgenauigkeit des Kalman-Filters nimmt in dem Zeitintervall mit blockierendem Rad sogar zu, was dem Verlauf der absoluten Abweichung entnommen werden kann, die um den Wert Null schwankt. In Folge des Anhalterucks steigt die gemessene Drehzahl und damit der Schätzfehler wie im vorherigen Fahrversuch kurzzeitig an.

Bei Betrachtung der Schätzergebnisse für die Reifenlängskraft während der Vollbremsung wird deutlich, dass beide Beobachtertypen zu bestimmten Zeitpunkten erhöhte absolute Abweichungen bezüglich der Messung aufweisen. Das Überschreiten der Haftgrenze bei 16,5 s und den damit verbundenen Rückgang der Reifenkraft bilden beide Beobachtertypen qualitativ gut ab, wobei der Schätzfehler des Störgrößenbeobachters geringer ist. Während des Radblockierens bei 17 s ist ein signifikanter Anstieg des Schätzfehlers des Störgrößenbeobachters auf einen Wert von 0,65 kN erkennbar, der bis kurz vor Erreichen des Fahrzeugstillstands bei 18 s wieder abnimmt. Dagegen weist das Kalman-Filter höhere Schätzfehler ab dem Überschreiten der Haftgrenze auf, die allerdings bei Blockieren des Rades schlagartig abnehmen und erst bei Erreichen des Fahrzeugstillstands erneut ansteigen.

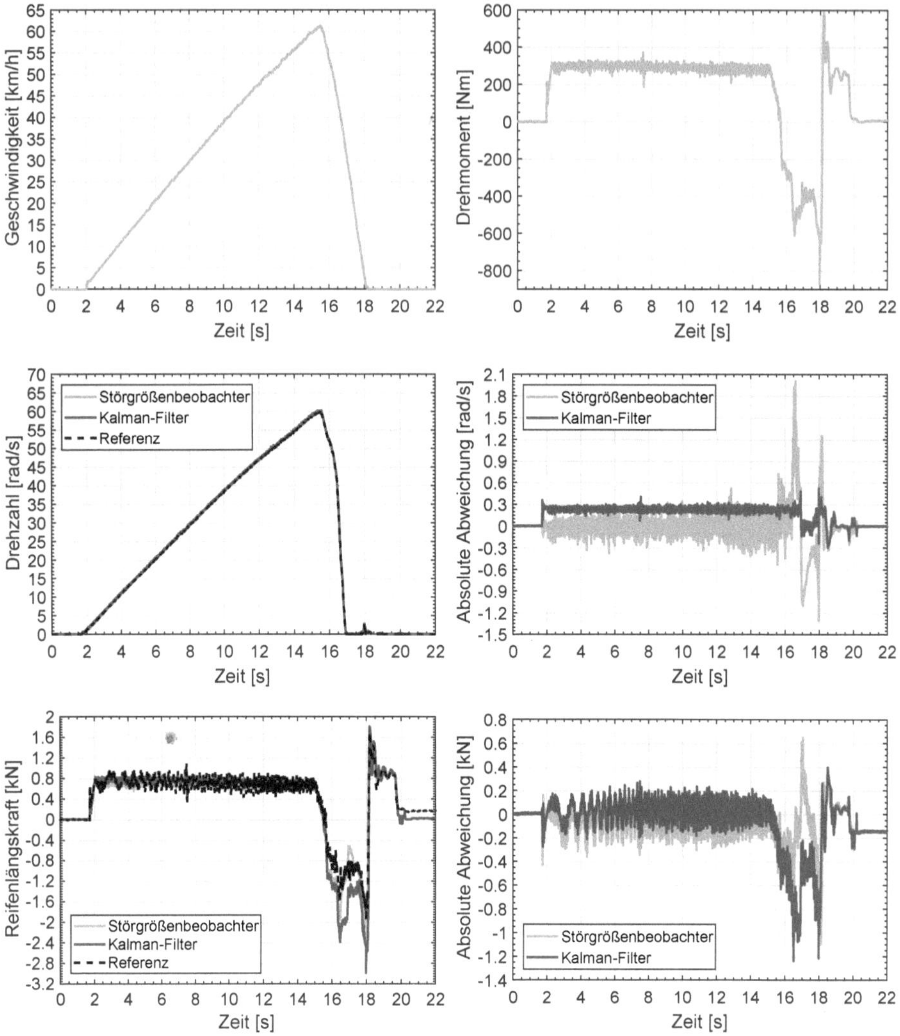

Abb. 4.39: Geschwindigkeit des Fahrzeuges sowie Drehmoment (oben), Drehzahl (mittig) und Reifenlängskraft (unten) am linken Hinterrad aus Schätzungen der erweiterten Beobachter und Messungen mit absoluten Abweichungen zwischen Beobachter- und Messwert während eines Anfahr-Brems-Manövers mit Vollbremsung

Auf eine Analyse der Schätzergebnisse ab dem Moment des Fahrzeugstillstands wird auf Grund der bereits in der Auswertung des vorherigen Fahrversuchs erläuterten fehlenden Praxisrelevanz verzichtet.

Die Erweiterung des Radbeobachters um die Reifenlängskraft-Schätzung nutzt konsequent die Vorteile des elektrischen Einzelradantriebs aus, der das Motormoment und die Raddrehzahl mit hoher Genauigkeit zur Verfügung stellt. Mit den vorgestellten

Beispielauslegungen eines Strögrößenbeobachters und eines Kalman-Filters werden bereits gute Schätzgenauigkeiten für die Reifenkraft mit relativen Fehlern unter 10 % erreicht. Darüber hinaus erfolgt die Schätzung der Reifenlängskraft ohne die Verwendung eines Reifenmodells, dessen Parameter sich während der Fahrt ändern und aufwändig identifiziert werden müssten. Unter Nutzung weiterer Mess- und Schätzgrößen wird hierdurch die Ermittlung von Reifenschlupf und Reifenkraft ohne gegenseitige Modellabhängigkeiten während der Fahrt möglich. Im hier gezeigten Anfahr-Brems-Manöver erzielt der Störgrößenbeobachter geringere absolute Abweichungen zwischen der beobachteten und gemessenen Reifenlängskraft als das Kalman-Filter, wobei eine Optimierung der Entwurfsparameter für beide Beobachtertypen eine Verbesserung der Schätzgenaugigkeit bewirken könnte. Wie den zeitlichen Verläufen der Messwerte entnommen werden kann, sind diese auf Grund des Messprinzips teils stark verrauscht. Daher ist die Bewertung der Schätzgenauigkeit lediglich für die Mittelwerte aussagekräftig. Eine Filterung des Messsignals ist auf Grund der damit einhergehenden Zeitverzögerung nur bedingt zielführend und wurde daher nicht angewendet. Zusätzlich hängt die Qualität der Schätzergebnisse von der Verfügbarkeit und Genauigkeit des Drehmoments ab. Im Gegensatz zum gezeigten Fallbeispiel werden in der Praxis zum Teil nur stark fehlerbehaftete Drehmomentwerte in bestimmten Fahrsituationen für den Beobachter verfügbar sein. Dies gilt allgemein für Bremsvorgänge unter Verwendung der mechanischen Reibbremse und insbesondere in fahrdynamisch kritischen Situation, wie der gezeigten Vollbremsung mit blockierendem Rad sowie während des Anhaltevorgangs. Bisher sind die Untersuchungen auf längsdynamische Fahrmanöver beschränkt, wodurch noch keine Aussagen zum Verhalten der Reifenlängskraft-Schätzung unter Querkrafteinfluss gemacht werden können. Entsprechende Untersuchungen sind in der Simulation leicht durchführbar, sodass mögliche Schwachstellen erkannt und wenn möglich durch zusätzliche Informationen aus Mess- oder Schätzwerten wieder ausgeglichen werden. Im Anschluss stünden eine prototypische Implementierung des erweiterten Radbeobachters sowie Fahrtests mit querdynamischen Anregungen unter realen Umgebungsbedingungen an.

5 Fahrdynamikregelung

Nach der Umsetzung der Beobachterstruktur stehen die erforderlichen fahrdynamischen Kenngrößen für die nun folgende Entwicklung der Fahrdynamikregelung zur Verfügung. Die konzeptionelle Hierarchie der Regelungsstruktur erlaubt den Entwurf einer Kaskadenregelung von der inneren zur äußeren Regelschleife. Hierdurch wird neben der Dimensionierung auch eine Überprüfung der Funktionsweise der einzelnen Regelschleifen ermöglicht, was sowohl für die Simulation als auch für eine spätere Implementierung in das Fahrzeug vorteilhaft ist. Daher wird zur Umsetzung des Konzeptes mit der radindividuellen Reifenlängsschlupf-Regelung begonnen, deren Sollwertvorgabe als Schnittstelle zur nachfolgend entwickelten Regelung der Fahrzeuggierrate dient. Der Reglerauslegung folgt jeweils die Simulation verschiedener Fahrmanöver zur Analyse des Regelungsverhaltens. Abschließend wird auf die praktische Umsetzbarkeit des Regelungsalgorithmus eingegangen, indem eine prototypische Implementierung in das Steuergerät des Versuchsfahrzeugs durchgeführt wird.

5.1 Umsetzung des Regelungskonzeptes

Entsprechend des im Abschnitt 3.1.3 motivierten Ansatzes einer kaskadierten Regelungsstruktur erfolgt der Reglerentwurf der einzelnen Regelschleifen vom Antriebsstrang über den radindividuellen Umfangsschlupfregler zum Fahrdynamikregler. Es wird dabei angenommen, dass der Antriebsstrang mit elektrischen Einzelradantrieben bereits eine Regelung des Drehmomentes an jedem Rad mit genügend hoher Dynamik realisieren kann. Darauf aufbauend wird die radindividuelle Regelung des Umfangsschlupfes als überlagerte Regelschleife umgesetzt. Mit Hilfe des Verfahrens der Polplatzierung erfolgt die Festlegung der Reglerparameter anhand des vorgestellten Ersatzmodells der Regelstrecke. Da die Übertragungsfunktion des Raddrehmoments auf den Reifenlängsschlupf nichtlinear ist, müssen die Reglerparameter entsprechend des Betriebspunktes nachgeführt werden, sodass der Entwurf eines adaptiven Reglers (*Gain-Scheduling*) nötig wird. Nach dem Test der Umfangsschlupf-Regelung in verschiedenen simulierten Fahrmanövern erfolgt die Umsetzung der nächstfolgenden Regelschleife der Fahrzeuggierrate. Neben der Wahl geeigneter Sollwerte für die Fahrdynamikregelung und des eigentlichen Reglers liegt die Herausforderung in der sinnvollen Verteilung der Stellgröße auf die einzelnen Reifenschlupf-Regelkreise. Die Sollwertvorgabe dient zuallererst der Sicherstellung stabiler Fahrzustände und erfolgt daher auf Basis eines angenommenen linearen Fahrverhaltens. Für die anschließende Regelung der Fahrzeuggierrate wird zunächst ein Modell der Regelstrecke vorgestellt, welches das dynamische Verhalten der Gierrate in Abhängigkeit der Fahrzeuggeschwindigkeit verdeutlicht und den erneuten Entwurf eines adaptiven Reglers erforderlich macht. Im Anschluss wird eine Strategie zur Stellgrößenverteilung auf die einzelnen

DOI 10.1515/9783110564303-005

Regelkreise des Reifenlängsschlupfes erörtert, die die wichtigsten Randbedingungen in Form von fahrzustandsabhängigen Begrenzungen der einzelnen Stellgrößen beinhaltet. Die Funktionsweise des gesamten Regelungsalgorithmus wird mittels Simulation verschiedener querdynamischer Fahrmanöver abschließend bewertet.

5.1.1 Reifenlängsschlupf-Regler

Zur Auswahl eines geeigneten Reglers sowie der Bestimmung dessen Parameter muss zunächst das dynamische Verhalten der Regelstrecke untersucht werden. Wie der schematische Aufbau des Umfangsschlupf-Regelkreises in Abbildung 5.1 zeigt, gehören zur Regelstrecke neben Antriebsstrang und Rad auch der Radbeobachter, da der Reifenlängsschlupf als Regelgröße nicht direkt messbar ist. Folglich kann nur eine Regelung des beobachteten Schlupfes $\hat{s}_x$ umgesetzt werden. In Abhängigkeit der Regelabweichung e_{sx} zwischen vorgegebenem Soll-Schlupf $s_{x,soll}$ und beobachtetem Schlupf sowie unter Berücksichtigung der Vorgabe eines Wunsch-Drehmoments des Fahrers $M_{M,Fahrer}$ wird im Umfangsschlupfregler die Stellgröße des erforderlichen Motordrehmoments bestimmt. Als Sollwert $M_{M,soll}$ des unterlagerten Drehmoment-Regelkreises regelt dieser das Motormoment am Rad M_M unter Einhaltung der Betriebsgrenzen $M_{M,max}$ der verwendeten elektrischen Maschine ein. Über die Raddynamik ergibt sich daraus die messbare Raddrehzahl ω_{Wy}, die zusammen mit dem ermittelten Raddrehmoment im Radbeobachter verwendet wird. Der Schlupfschätzer ermittelt aus der beobachteten Raddrehzahl $\hat{\omega}_{Wy}$ und unter Verwendung der vom Fahrzeugbeobachter ermittelten Radgeschwindigkeit $\hat{v}_{Wx}$ daraus den zu regelnden Reifenlängsschlupf. Um aus den einzelnen Teilen der Regelstrecke die Übertragungsfunktion von Motor-Solldrehmoment auf den beobachteten Schlupf zu ermitteln, werden zunächst die enthaltenen Übertragungselemente und deren dynamisches Verhalten beschrieben.

Der geschlossene Drehmoment-Regelkreis der elektrischen Maschine kann bei genügend hoher Dynamik gemäß den Erläuterungen in Abschnitt 2.1.3 in Gleichung (2.34) als PT_1-System approximiert werden. Für die Übertragungsfunktion $G_{MM}(s)$ folgt daher:

$$G_{MM}(s) = \frac{M_M(s)}{M_{M,soll}(s)} = \frac{1}{T_{Mers} \cdot s + 1} \tag{5.1}$$

Um die Raddynamik beschreiben zu können, wird im Drallsatz des Rades nach Gleichung (2.30) die Gleichung der Reifenlängskraft (2.51) eingesetzt. Zur Vereinfachung der Gleichung (5.2) werden die Massenträgheitsmomente von Rad und Antrieb in J_{Wy} zusammengefasst und das Bremsmoment vernachlässigt. Es kann jedoch später über die Eingangsgröße M_M oder als Störgröße modelliert wieder berücksichtigt werden.

$$J_{Wy} \cdot \dot{\omega}_{Wy} + k_R \cdot \omega_{Wy} = M_M - \left(\mu(s_{D,res}) \cdot \frac{s_{Dx}}{s_{D,res}} \cdot F_{WTz} + d_{Fx} \cdot \dot{s}_{Dx} \right) \cdot r_W \tag{5.2}$$

Die Dynamik des Schlupfaufbaus und der damit zusammenhängende Einfluss auf die Raddrehzahl werden durch Einbeziehen der Differentialgleichung des dynami-

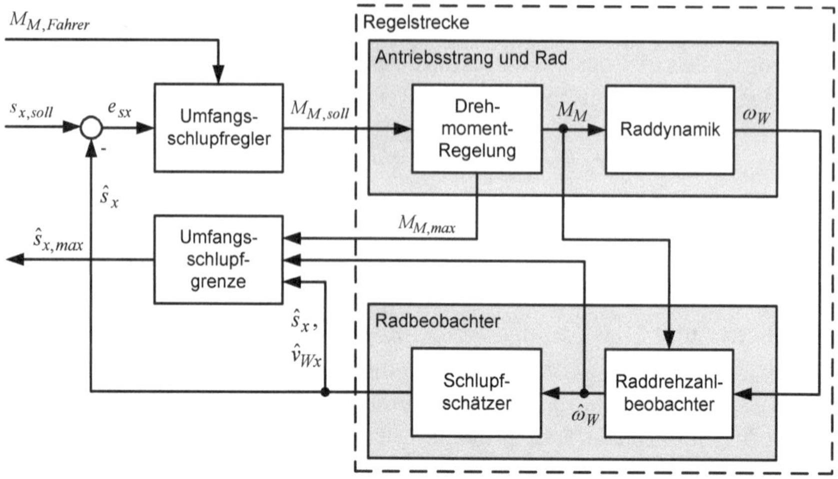

Abb. 5.1: Blockschaltbild des Umfangsschlupf-Regelkreises

schen Umfangsschlupfes in (2.44) berücksichtigt. Das so entstandene nichtlineare Differentialgleichungssystem wird für die zeitlich veränderlichen Größen Raddrehzahl ω_{Wy} und Reifenlängsschlupf s_{Dx} sowie der Eingangsgröße M_M linearisiert und in die Zustandsraumdarstellung in Gleichung (5.3) überführt. Alle linearisierten Zustandsgrößen werden durch ein vorangestelltes Δ gekennzeichnet. Es wird somit angenommen, dass sowohl die Längsgeschwindigkeit v_{Wx} als auch die Quergeschwindigkeit v_{Wy} des Rades sowie die Radlast F_{WTz} sich im jeweiligen Betriebspunkt kaum ändern und wie alle weiteren Modellparameter als Konstanten behandelt werden können. Betrachtet man die Einträge der Systemmatrizen des Zustandsraums, wird ersichtlich, dass die Matrix $\mathbf{A}_{RD}$ die Systemdynamik in Abhängigkeit der Betriebspunktgrößen ω_{Wy0} und s_{Dx0} beschreibt, während die Eingangs- und Ausgangsmatrix $\mathbf{B}_{RD}$ und $\mathbf{C}_{RD}$ konstant sind. Für weiterführende Erläuterungen und die vollständige Darstellung der Systemmatrizen wird auf Anhang C.1 verwiesen.

$$\begin{bmatrix} \Delta\dot{\omega}_{Wy} \\ \Delta\dot{s}_{Dx} \end{bmatrix} = \mathbf{A}_{RD}\left(\omega_{Wy0}, s_{Dx0}\right) \cdot \begin{bmatrix} \Delta\omega_{Wy} \\ \Delta s_{Dx} \end{bmatrix} + \mathbf{B}_{RD} \cdot \Delta M_M$$

$$\mathbf{y}_{RD} = \mathbf{C}_{RD} \cdot \begin{bmatrix} \Delta\omega_{Wy} \\ \Delta s_{Dx} \end{bmatrix} \tag{5.3}$$

Aus der Zustandsraumdarstellung wird die Übertragungsfunktion $G_{RD}(s)$ von Motormoment ΔM_M auf die Raddrehzahl $\Delta\omega_{Wy}$ ermittelt. Durch Einsetzen der Bezugsgeschwindigkeit v_{B0} und der partiellen Ableitung der Reibbeiwert-Schlupfkurve c_μ am aktuellen Betriebspunkt bleibt:

$$G_{RD}(s) = \frac{\Delta\omega_{Wy}(s)}{\Delta M_M(s)}$$
$$= \frac{(\sigma_x\, s + v_{B0})\, v_{B0}}{J_{Wy}\sigma_x v_{B0}\, s^2 + \left(\left(J_{Wy}v_{B0} + k_R\sigma_x\right) v_{B0} + \left(v_{B0} - r_W\omega_{Wy0}s_{Dx0}\right) d_{Fx}r_W^2\right) s + \left(v_{B0} - r_W\omega_{Wy0}s_{Dx0}\right) c_\mu F_{WTz}r_W^2 + v_{B0}^2 k_R} \tag{5.4}$$

$$\text{mit} \quad v_{B0} = \sqrt{r_W^2 \cdot \omega_{Wy0}^2 + v_{Wx}^2 + v_{Wy}^2}$$
$$\text{und} \quad c_\mu = \left.\frac{\partial\mu\left(s_{D,res}\right)}{\partial s_{Dx}}\right|_{s_{Dx}=s_{Dx0}}$$

Der Anstieg der Reibbeiwert-Schlupfkurve kann hier lediglich für Änderungen des Umfangsschlupfes betrachtet werden, da mit der Annahme näherungsweise konstanter Längs- und Quergeschwindigkeit folglich auch der Querschlupf des Rades sich im Betriebspunkt nicht signifikant ändert.

Weil der sich anschließende Radbeobachter im Abschnitt 4.1.1 mit dem Verfahren der Polplatzierung ausgelegt wurde, kann ein PT_1-System mit der Zeitkonstante T_{RB} als Übertragungsfunktion $G_{RB}(s)$ von Raddrehzahl ω_{Wy} auf beobachtete Raddrehzahl $\hat{\omega}_{Wy}$ angesetzt werden.

$$G_{RB}(s) = \frac{\hat{\omega}_{Wy}(s)}{\omega_{Wy}(s)} = \frac{1}{T_{RB}\cdot s + 1} \tag{5.5}$$

Im Schlupfschätzer wird der Reifenlängsschlupf mit Hilfe der Differentialgleichung des dynamischen Schlupf-Modells ermittelt. Wie bereits für die Übertragungsfunktion der Raddynamik erläutert wurde, ist die Differentialgleichung des Umfangsschlupfes in Abhängigkeit der Raddrehzahl nichtlinear. Für die weiteren Betrachtungen wird daher ebenfalls eine Linearisierung der Differentialgleichung durchgeführt, die die Übertragungsfunktion des Schlupfschätzers $G_{SS}(s)$ liefert.

$$G_{SS}(s) = \frac{\Delta\hat{s}_x(s)}{\Delta\hat{\omega}_{Wy}(s)} = \frac{\left(1 - \frac{r_W\omega_{Wy0}s_{Dx0}}{\sqrt{r_W^2\cdot\omega_{Wy0}^2 + v_{Wx}^2 + v_{Wy}^2}}\right) r_W}{\sigma_x \cdot s + \sqrt{r_W^2 \cdot \omega_{Wy0}^2 + v_{Wx}^2 + v_{Wy}^2}} \tag{5.6}$$

Die Übertragungsfunktion der gesamten Regelstrecke $G_{Ms}(s)$ wird aus der Reihenschaltung der einzelnen Übertragungsglieder durch Multiplikation bestimmt.

$$G_{Ms}(s) = \frac{\Delta\hat{s}_x(s)}{M_{M,soll}(s)}$$
$$= \frac{(\sigma_x\, s + v_{B0})\, v_{B0}}{J_{Wy}\sigma_x v_{B0}\, s^2 + \left(\left(J_{Wy}v_{B0} + k_R\sigma_x\right) v_{B0} + \left(v_{B0} - r_W\omega_{Wy0}s_{Dx0}\right) d_{Fx}r_W^2\right) s + \left(v_{B0} - r_W\omega_{Wy0}s_{Dx0}\right) c_\mu F_{WTz}r_W^2 + v_{B0}^2 k_R} \cdot \frac{1}{\left(T_{Mers}\cdot s + 1\right)\left(T_{RB}\cdot s + 1\right)} \tag{5.7}$$

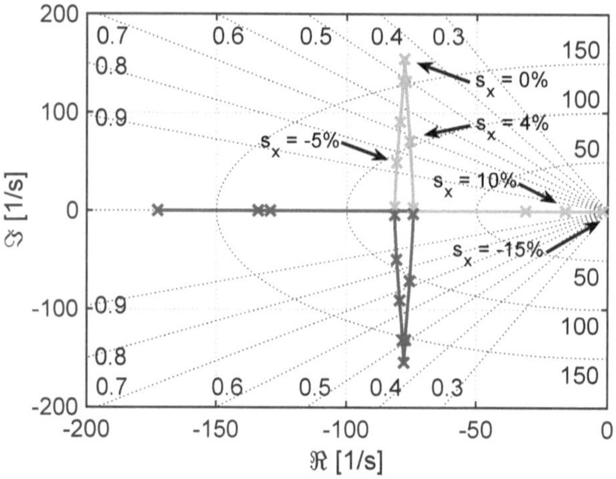

Parameter	Wert
J_{Wy}	1,7 kgm^2
r_W	0,31 m
k_R	1 mNm·s/rad
F_{WTz}	3,5 kN
σ_x	0,2 m
c_μ	[0,32...30,2]
d_{Fx}	200 Ns

Abb. 5.2: Graphische Darstellung der Eigenwerte des linearisierten Modells der Raddynamik in der komplexen Zahlenebene

Es handelt sich hierbei um ein System 4. Ordnung, wobei zwei betriebspunktabhängige Eigenwerte der Raddynamik und zwei konstante reelle Eigenwerte der Drehmoment-Regelung beziehungsweise dem Radbeobachter eindeutig zugeordnet werden können. Eine analytische Betrachtung der Eigenwerte der Raddynamik ist sehr aufwändig, da einerseits die Anzahl möglicher Betriebspunkte sehr hoch ist und andererseits die Abhängigkeit von den Modellparametern schwer abzuschätzen ist. Für die weitere Untersuchung ist daher eine numerische Berechnung der Eigenwerte erforderlich. Eine tendenzielle Einschätzung über die Lage der Eigenwerte kann beispielhaft in Abbildung 5.2 für eine Geschwindigkeit von 14 m/s und den angegebenen Modellparameter gegeben werden.

Es wird deutlich, dass für Schlupfwerte nahe der Haftgrenze beide Eigenwerte auf der Realachse liegen und ein Eigenwert in Richtung die Imaginärachse wandert, während der andere Eigenwert gegen minus unendlich strebt. In einem Bereich des Schlupfes von etwa -6,5 % bis +6,5 % wird das System schwingungsfähig, was dem erwarteten Wertebereich für den Reifenschupf bei gewöhnlicher oder komfortorientierter Fahrweise entspricht. Auffallend sind hierbei die Lage der kleinsten Systemdämpfung bei 0 % Schlupf und die Zunahme der Eigenkreisfrequenz bei kleiner werdender Dämpfung. Dieser Sachverhalt wird im weiteren Verlauf anhand der Charakterisierung der Kenngrößen des Systems nochmals aufgegriffen. Weiterführende Untersuchungen für verschiedene Fahrgeschwindigkeiten ergaben ein ähnliches Bild, wobei mit steigender Geschwindigkeit die Eigenwerte bei einem Schlupf von 0 % etwas weiter in die linke Halbebene wandern und die Dämpfung kaum abnimmt. Gleichzeitig wächst der schnellere Eigenwert für hohe Schlupfwerte weiter an. Damit eine zuverlässige Regelung des Reifenlängsschlupfes umgesetzt werden kann, sollte darauf geachtet werden, dass der Eigenwert des geschlossenen Drehmoment-Regelkreises links vom schnellsten Eigenwert der Raddynamik bleibt. Darüber hinaus konnte nachgewiesen werden, dass für Schlupfwerte über der Haftgrenze ein Eigenwert in die rechte Halbebene wechselt und das System damit instabil wird, was aus physikalischer Sicht die Neigung des Rades zum Blockieren beziehungsweise Durchdrehen plausibel widerspiegelt.

Wird im Folgenden davon ausgegangen, dass die Eigenkreisfrequenzen der Drehmoment-Regelung und des Radbeobachters genügend höher als die der Raddynamik sind, kann das Modell der Regelstrecke durch Entfernen dieser Pole aus der Übertragungsfunktion $G_{Ms}(s)$ in (5.7) reduziert werden [46]. Dies ist zulässig, da die zu eliminierenden Eigenwerte mindestens um das Fünffache höher als die restlichen Eigenwerte des Systems und damit nicht dominant für die Systemantwort sind. Das restliche System $G_{Ms,red}(s)$ hat die Struktur eines PT_2-Gliedes, dessen Kenngrößen Verstärkungsfaktor K_{RD}, Zeitkonstante T_{RD} und Lehr'sches Dämpfungsmaß D_{RD} durch Koeffizientenvergleich der normierten Übertragungsfunktion bestimmt werden können.

$$G_{Ms,red}(s) = \frac{\Delta\hat{s}_x(s)}{M_{M,soll}(s)} = \frac{K_{RD}}{T_{RD}^2 \cdot s^2 + 2 \cdot D_{RD} \cdot T_{RD} \cdot s + 1} \tag{5.8}$$

$$\text{mit} \quad K_{RD} = \frac{(v_{B0} - r_W \omega_{Wy0} s_{Dx0})\, r_W}{(v_{B0} - r_W \omega_{Wy0} s_{Dx0})\, r_W^2 c_\mu F_{WTz} + v_{B0}^2 k_R}\,; \tag{5.9}$$

$$T_{RD} = \sqrt{\frac{J_{Wy} \sigma_x v_{B0}}{(v_{B0} - r_W \omega_{Wy0} s_{Dx0})\, r_W^2 c_\mu F_{WTz} + v_{B0}^2 k_R}} \tag{5.10}$$

$$\text{und} \quad D_{RD} = \frac{(v_{B0} - r_W \omega_{Wy0} s_{Dx0})\, r_W^2 d_{Fx} + (J_{Wy} v_{B0} + \sigma_x k_R)\, v_{B0}}{2 \cdot \sqrt{J_{Wy} \sigma_x v_{B0} \left((v_{B0} - r_W \omega_{Wy0} s_{Dx0})\, r_W^2 c_\mu F_{WTz} + v_{B0}^2 k_R\right)}} \tag{5.11}$$

Anhand der Gleichungen für die Kenngrößen lassen sich Aussagen über die Systemeigenschaften und deren Parameterabhängigkeiten treffen. Der Verstärkungsfaktor K_{RD} gibt das Verhältnis aus Drehmoment- zu Schlupfänderung an. Maßgeblichen Einfluss darauf haben die Reifenvertikalkraft F_{WTz} und die Reifenlängssteifigkeit c_μ, was den physikalischen Sachverhalt der Reibkraft-Schlupfkurve widerspiegelt. Für höhere Radlasten wird demnach eine geringere Änderung des Reifenschlupfes bei der gleichen Drehmomentänderung erreicht. Abbildung 5.3 stellt diesen Zusammenhang bezüglich des Schlupfes im aktuellen Betriebspunkt s_{Dx0} graphisch dar. Daneben ist der Verstärkungsfaktor als Funktion des Schlupfes im Betriebspunkt für verschiedene Fahrbahntypen unter gleichbleibender Radlast abgebildet. In beiden Fällen ändert sich der Verstärkungsfaktor vergleichsweise wenig, solange der Schlupf nahe am Nullpunkt, also im linearen Bereich der Haftreibung bleibt. Da für Antriebssysteme eine Minimierung der Reibung angestrebt wird, sollte der Anteil der Haftreibungskraft zwischen Reifen und Fahrbahn den Wert der unerwünschten (Lager-)Reibungskraft um ein Vielfaches übersteigen und eine Vernachlässigung des Terms erlauben. Hierbei wird ersichtlich, dass die Abhängigkeit vom Betriebspunkt bis auf die sich ändernde Reifenlängssteifigkeit aus der Gleichung verschwindet, sodass die weiteren Betriebspunktgrößen in Gleichung (5.9) nicht weiter diskutiert werden.

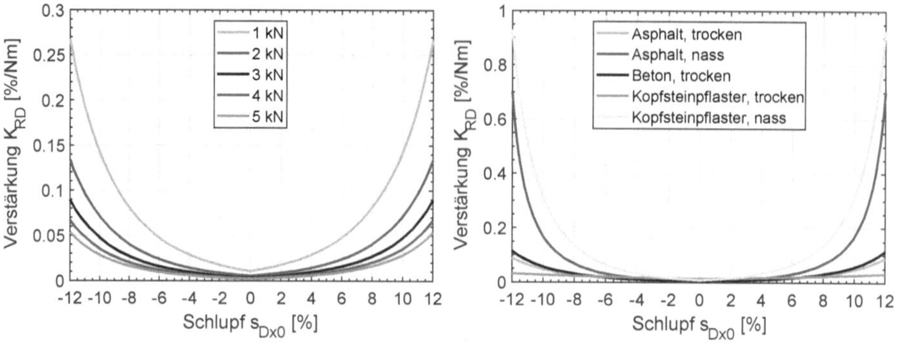

Abb. 5.3: Vergleich des Verstärkungsfaktors der Raddynamik für verschiedene Radlasten auf trockenem Asphalt (links) sowie bei unterschiedlichen Fahrbahneigenschaften und 3 kN Radlast (rechts) in Abhängigkeit des Schlupfes am Betriebspunkt

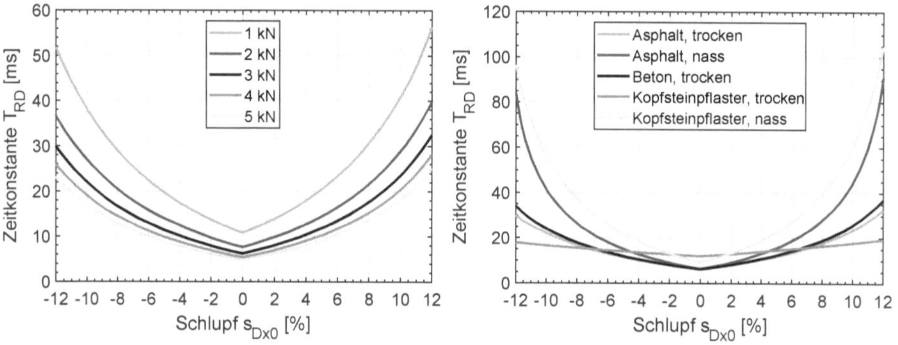

Abb. 5.4: Vergleich der Zeitkonstante der Raddynamik für verschiedene Radlasten auf trockenem Asphalt (links) sowie bei unterschiedlichen Fahrbahneigenschaften und 3 kN Radlast (rechts) in Abhängigkeit des Schlupfes am Betriebspunkt

Die Zeitkonstante des linearisierten Modells der Raddynamik T_{RD} weist bezüglich des Schlupfes am Betriebspunkt ähnliche Abhängigkeiten von der Reifenvertikalkraft und der Beschaffenheit der Fahrbahn auf, wie die graphischen Darstellungen in Abbildung 5.4 verdeutlichen. Die Empfindlichkeit auf Änderungen der Radlast und der Reifenlängssteifigkeit dominieren auch hier gegenüber der Reibungskonstante k_R. Für betragsmäßig kleine Schlupfwerte am Betriebspunkt ist die Zeitkonstante am kleinsten, da im gleichen Wertebereich der Anstieg der Reibbeiwert-Schlupfkurve am größten ist. Die übrigen Modellparameter Massenträgheitsmoment J_{Wy} und Relaxationslänge σ_x sind in deren Quadratwurzel proportional, während der Radradius r_W indirekt proportional zur Zeitkonstante ist.

Eine Einschätzung über den Einfluss der Modellparameter und Arbeitspunktgrößen auf das Lehr'sche Dämpfungsmaß D_{RD} in Gleichung (5.11) gestaltet sich dagegen schwieriger. Bei Betrachtung der Diagramme für das Lehr'sche Dämpfungsmaß in

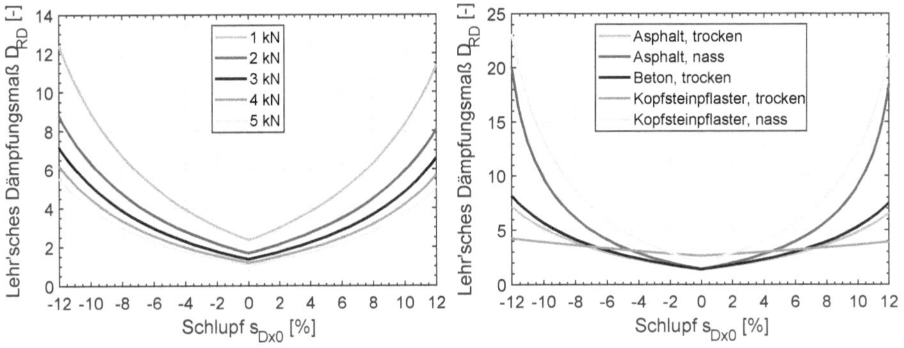

Abb. 5.5: Vergleich des Lehr'schen Dämpfungsmaßes der Raddynamik für verschiedene Radlasten auf trockenem Asphalt (links) sowie bei unterschiedlichen Fahrbahneigenschaften und 3 kN Radlast (rechts) in Abhängigkeit des Schlupfes am Betriebspunkt

Abbildung 5.5 ist eine starke qualitative Ähnlichkeit zu den Graphen der Zeitkonstante erkennbar. Hauptsächlich resultiert dies aus der Tatsache, dass im Nennerpolynom beider Formeln die gleichen betriebspunktabhängigen Terme auftreten. Aus quantitativer Sicht ist für die Systemeigenschaften ein Lehr'sches Dämpfungsmaß von 1 interessant, da oberhalb dieses Wertes das System derart stark gedämpft wird, dass keine Schwingungen mehr auftreten. Nach dem Kurvenverlauf in Abbildung 5.5 senken höhere Radlasten das Lehr'sche Dämpfungsmaß ab und erweitern gleichzeitig den Bereich des Schlupfes, in dem das Übertragungsverhalten von Drehmoment- auf Schlupfänderung schwingungsfähig ist. Da im selben Wertebereich die Zeitkonstante des Systems für positive und negative Schlupfwerte gegen 0 % abnimmt, wird hiermit die Verschiebung der Eigenwerte zu höheren Eigenkreisfrequenzen in Abbildung 5.2 plausibilisiert. Der Anstieg der Systemdämpfung im Bereich stabiler Schlupfwerte spiegeln die Terme des Zählers in (5.11) wider. Mit höheren Geschwindigkeiten v_{B0} tragen die Reibung und das Massenträgheitsmoment zur Erhöhung des Lehr'schen Dämpfungsmaßes bei. Für sehr kleine Geschwindigkeiten dominiert der zweite Summand des Zählers, sodass der Betrag für die Konstante d_{Fx} der Dämpfungskraft aus dem dynamischen Schlupfmodell die minimale Systemdämpfung festlegt. Wie in Abschnitt 2.1.4.2 angedeutet, dient dieser Modellparameter der Anpassung des Einschwingverhaltens der Reifenkraft bei Schlupfänderung und muss daher anhand von Messwerten bestimmt werden.

Eine Analyse kritischer oder instabiler Fahrzustände soll an dieser Stelle nicht durchgeführt werden, da zunächst davon ausgegangen werden soll, dass der geschlossene Regelkreis ein Erreichen dieses Fahrzustandes vermeiden kann. Innerhalb der stabilen Fahrzustände stellt der Fahrzeugstillstand einen Sonderfall dar. Im Allgemeinen ist der Grenzwert des Schlupfes für Drehzahl und Geschwindigkeit gegen Null nicht definiert. Um trotzdem eine Abschätzung über das Systemverhalten in diesem Betriebspunkt zu erhalten, werden die iterativen Grenzwerte für Anhalten und Anfahren aus dem Stillstand gebildet. Während des Anhaltens streben erst die Raddrehzahl und dann die Fahrzeuggeschwindigkeit auf Grund der Massenträgheit von rechts zu Null, woraus sich ein Bremsschlupf von -100 % und eine Bezugsgeschwindigkeit von 0 m/s als Grenzwerte ergeben. Im Falle des Anfahrens steht das Fahrzeug noch, während das Rad sich in Bewegung versetzt. Daraus ergeben sich ein linksseitiger Grenzwert des Schlupfes von 100 % bei einer Bezugsgeschwindigkeit von 0 m/s. Für die Reifenlängssteifigkeit c_μ wird der Anstieg der vereinfachten Reibbeiwert-Schlupfkurve nach BURCKHARDT in Gleichung (2.48) eingesetzt.

$$\lim_{s_{Dx0}\to -1^+}\left(\lim_{v_B\to 0^+} K_{RD}\right) = \lim_{s_{Dx0}\to 1^-}\left(\lim_{v_B\to 0} K_{RD}\right) = \frac{e^{C_2}}{r_W F_{WTz}\left(C_1 C_2 - C_3 e^{-C_2}\right)} \tag{5.12}$$

$$\lim_{s_{Dx0}\to -1^+}\left(\lim_{v_B\to 0^+} T_{RD}\right) = \lim_{s_{Dx0}\to 1^-}\left(\lim_{v_B\to 0} T_{RD}\right) = 0 \tag{5.13}$$

$$\lim_{s_{Dx0}\to -1^+}\left(\lim_{v_B\to 0^+} D_{RD}\right) = \lim_{s_{Dx0}\to 1^-}\left(\lim_{v_B\to 0} D_{RD}\right) = \text{nicht def.} \tag{5.14}$$

Sowohl für das Erreichen als auch das Verlassen des Fahrzeugstillstandes ergeben sich die gleichen Grenzwerte (vgl. vollständige Darstellung im Anhang C.2). Zwar erreicht der Verstärkungsfaktor K_{RD} einen Betriebspunkt auf dem instabilen Ast der Reibbeiwert-Schlupf-Kurve, jedoch bietet sich dieser Grenzwert neben dem theoretischen Reibbeiwert-Maximum bei der folgenden Reglerauslegung zur Begrenzung der Reglerverstärkungen im Fahrzeugstillstand an. Da die Zeitkonstante T_{RD} im Fahrzeugstillstand von rechts gegen Null strebt, ergibt dies einen Eigenwert des Systems gegen minus Unendlich, was im Bildbereich das Übertragungsverhalten eines P-Gliedes annähert und ebenfalls bei der Dimensionierung des Reglers betrachtet werden muss. Gleichzeitig ist der Grenzwert des Lehr'schen Dämpfungsmaßes nicht definiert, sodass kein eindeutiges Systemverhalten bestimmt werden kann. Es bietet sich hier an, die Systemparameter und damit einhergehend den Reglerparameter kurz vor beziehungsweise im Stillstand des Fahrzeuges zu begrenzen.

In der Konzeption der Regelungsstruktur wurde vorgeschlagen, die Dynamik des geschlossenen Regelkreises mittels Polplatzierung umzusetzen, da sich hieraus Vorteile bei der Auslegung der übergeordneten Regelschleife ergeben. Um den Entwurfsprozess so einfach wie möglich zu halten, werden die im Vorfeld ermittelten Gültigkeitsbeschränkungen der Regelstrecke zunächst außer Acht gelassen. Zur Vorgabe der Eigenwerte des geschlossenen Regelkreises mit einem PT_2-Glied als Modell der Regelstrecke ist mindestens die Verwendung eines PID-Reglers notwendig, der in Gleichung (5.15) als parallele Form mit Realisierungsfilter im differenzierenden Zweig angesetzt wird [73].

$$G_{SR}(s) = \frac{M_{M,soll}(s)}{e_{sx}(s)} = K_{SRP} + \frac{K_{SRI}}{s} + \frac{K_{SRD}\cdot s}{T_{SRD}\cdot s + 1} \tag{5.15}$$

Das stellbare Drehmoment ist auf Grund der maximalen mechanischen Leistung des Antriebs hauptsächlich von der Drehzahl abhängig. Es können darüber hinaus unregelmäßige Begrenzungen der Antriebsleistung auftreten, zum Beispiel bei Überhitzung des Motors sowie niedrigem oder sehr hohem Ladezustand der Traktionsbatterie. Diese Begrenzungen werden wahrscheinlich selten während eines Eingriffs der Fahrdynamikregelung aktiv, jedoch sollte der Regelungsalgorithmus mit den resultierenden Stellgrößenbegrenzungen umgehen können. Da der verwendete Regler einen Integrator besitzt, ist ein Anti-Windup-Algorithmus vorzusehen, um bei Erreichen der Stellgrößenbegrenzungen die Integration der Regelabweichung zu verhindern und das Regelverhalten sowie die Stabilität des Regelkreises sicherzustellen [1]. Das Verfahrens der bedingten Integration (*Conditional Integration / Integrator Clamping*) wurde hierfür gewählt, da diese Anti-Windup-Struktur im Vergleich zu generalisierten oder allgemeinen linearen Anti-Windup-Methoden weniger Aufwand bei der Implementierung verursacht, allerdings die Regelgüte auch verschlechtern kann [56]. Der PID-Regler in $G_{SR}(s)$ und die Regelstrecken-Übertragungsfunktion von Drehmoment auf Umfangsschlupf $G_{Ms,red}(s)$ bilden die Übertragungsfunktion der offenen Regelschleife $G_{RSRO}(s)$.

$$\begin{aligned} G_{RSRO}(s) &= \frac{\hat{s}_x(s)}{e_{sx}(s)} = G_{SR}(s) \cdot G_{Ms,red}(s) \\ &= \frac{K_{RD}\left((K_{SRD} + K_{SRP}T_{SRD})s^2 + (K_{SRP} + K_{SRI}T_{SRD})s + K_{SRI}\right)}{s\,(T_{SRD} \cdot s + 1)\left(T_{RD}^2 \cdot s^2 + 2 \cdot D_{RD} \cdot T_{RD}s + 1\right)} \end{aligned} \tag{5.16}$$

Der geschlossene Regelkreise $G_{RSR}(s)$ besitzt im allgemeinen Fall zwei Null- und vier Polstellen, wobei zur besseren Übersichtlichkeit die Koeffizienten des Zählerpolynoms in (5.17) substituiert wurden.

$$\begin{aligned} G_{RSR}(s) &= \frac{\hat{s}_x(s)}{s_{x,soll}(s)} = \frac{G_{RSRO}(s)}{1 + G_{RSRO}(s)} \\ &= \frac{b_2 \cdot s^2 + b_1 \cdot s + b_0}{\begin{aligned}T_{RD}^2T_{SRD} \cdot s^4 + \left(2D_{RD}T_{RD}T_{SRD} + T_{RD}^2\right)s^3 + (2D_{RD}T_{RD} + T_{RD})\,s^2 \\ + b_2s^2 + (b_1 + 1)\,s + b_0\end{aligned}} \end{aligned} \tag{5.17}$$

$$\begin{aligned} \text{mit} \quad & b_0 - K_{3RI} \cdot K_{RD}\,; \\ & b_1 = (K_{SRI} \cdot T_{SRD} + K_{SRP}) \cdot K_{RD} \\ \text{und} \quad & b_2 = (K_{SRP} \cdot T_{SRD} + K_{SRD}) \cdot K_{RD} \end{aligned}$$

Folglich muss die Vorgabe der gewünschten Systemdynamik des geschlossenen Regelkreises ein Nennerpolynom mindestens vierten Grades aufweisen. In der Übertragungsfunktion $G_{RSR,soll}(s)$ wurde hierzu eine Reihenschaltung aus zwei PT_1-Elementen und einem PT_2-Glied gewählt, wobei eine stationäre Verstärkung der Regelschleife von 1 angestrebt wird.

$$G_{RSR,soll}(s) - \frac{1}{\left(T_R^2 \cdot s^2 + 2 \cdot D_R \cdot T_R \cdot s + 1\right)\left(T_{R2}^2 \cdot s + 1\right)^2} \tag{5.18}$$

Mittels Koeffizientenvergleich der Nennerpolynome in (5.17) und (5.18) kann nun ein bestimmtes Gleichungssystem zur Ermittlung der Reglerparameter in Abhängigkeit der vorgegebenen Solldynamik und der Parameter der Regelstrecke aufgestellt werden. Die Gleichungen (5.19) bis (5.22) zeigen die Berechnungsvorschriften für die Reglerparameter an, wenn zur Vereinfachung $T_{R2}=T_R$ gesetzt wird. Die allgemeinen Berechnungsvorschriften sind im Anhang C.5 dargestellt.

$$K_{SRP} = \frac{\left(D_R^2 + 2D_R + \frac{3}{4}\right) T_{RD}^4 - (D_R + 1)\left(T_{RD}^2 - 2T_R^2\right) T_R D_{RD} T_{RD} - (D_R + 1)^2\, T_R^2 T_{RD}^2 - D_{RD}^2 T_R^4)}{K_{RD} T_R^2 \left(T_R D_{RD} - (D_R + 1)\, T_{RD}\right)^2} \tag{5.19}$$

$$K_{SRI} = -\frac{T_{RD}^3}{2K_{RD} T_R^3 \left(T_R D_{RD} - (D_R + 1)\, T_{RD}\right)} \tag{5.20}$$

$$K_{SRD} = \frac{2T_{RD}\left(\left(D_R + \frac{5}{4}\right) T_{RD}^2 - (D_R + 2)\, T_R D_{RD} T_{RD} + T_R^2 D_{RD}^2\right) \cdot \left(T_R D_{RD} - \left(D_R + \frac{1}{2}\right) T_{RD}\right)^2}{K_{RD} T_R \left(T_R D_{RD} - (D_R + 1)\, T_{RD}\right)^2} \tag{5.21}$$

$$T_{SRD} = -\frac{T_R T_{RD}}{2\left(T_R D_{RD} - (D_R + 1)\, T_{RD}\right)} \tag{5.22}$$

Eine vollständige analytische Betrachtung der Gleichungen ist auf Grund der Komplexität der Terme nur schwer durchführbar, weshalb die folgenden Aussagen anhand eines konkreten numerischen Beispiels erfolgen. Um das Nachführen der Reglerparameter bezüglich der Betriebspunktgrößen Längsgeschwindigkeit v_{Wx} sowie Längsschlupf s_{Dx0} zu veranschaulichen, sind in Abbildung 5.6 die Kennfelder der Reglerparameter eines Auslegungsbeispiels (T_R=T_{R2}=5 ms, D_R=1) im stabilen Bereich der Reibbeiwert-Schlupf-Kurve graphisch dargestellt. Die Parameter der Regelstrecke wurden aus der vorherigen Analyse übernommen und sind neben der graphischen Darstellung der Eigenwerte in Abbildung 5.2 aufgelistet. An der Form des Kennfeldes der Proportional-Verstärkung K_{SRP} kann der Einfluss der Streckenparameter gut nachvollzogen werden. Da für kleine Schlupfwerte die Zeitkonstante T_{RD} und die Systemdämpfung D_{RD} insbesondere für hohe Reibbeiwerte zwischen Reifen und Fahrbahn bereits stark ansteigen, wird durch Anheben von K_{SRP} die allgemeine Systemdynamik erhöht. Ist der Längsschlupf im Betriebspunkt 0 %, steigt in beiden Richtungen die Regler-Verstärkung K_{SRP} an. Obwohl die Gleichung von K_{RSP} für diesen Betriebspunkt einen Grenzwert aufweist und damit differenzierbar ist, kann dies zu ungewollten Effekten bei der Regelung des Umfangsschlupfes führen. So wird beim Übergang zwischen positiven und negativen Schlupfwerten K_{SRP} zunächst minimal und wird daraufhin wieder höher, was sich ebenfalls auf die Stellgröße auswirken wird. Bei Annährung an die Haftgrenze steigt die Streckenverstärkung K_{RD} verhältnismäßig stark an, wodurch das Kennfeld von K_{SRP} in diesem Bereich abflacht. Da sich das Lehr'sche Dämpfungsmaß der Regelstrecke mit zunehmender Fahrgeschwindigkeiten erhöht, ist abgesehen von der Differential-Verstärkung K_{SRD} ebenfalls ein Anstieg der Werte in den restlichen Reglerparametern

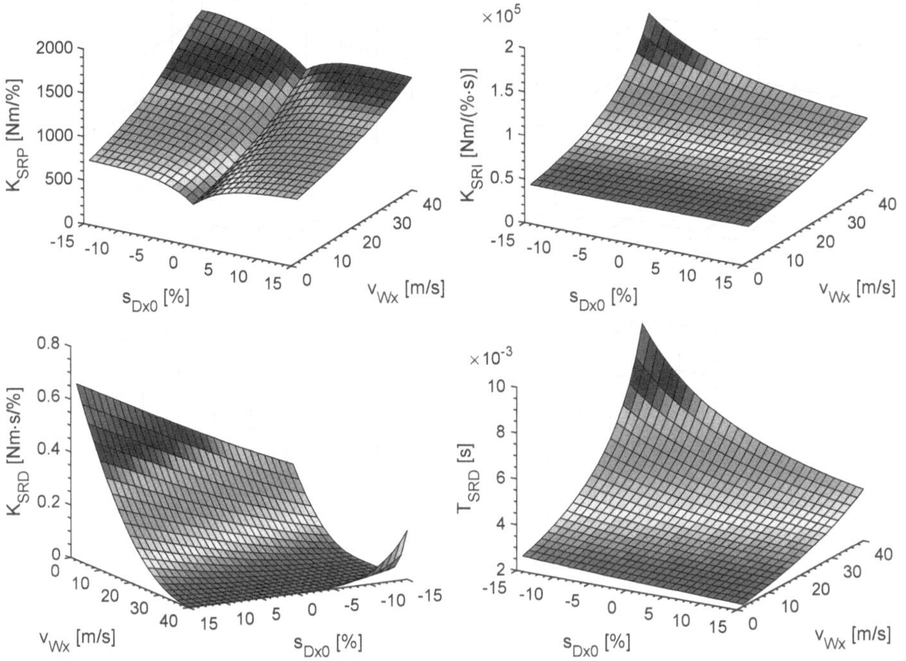

Abb. 5.6: Parameter-Kennfelder des Reifenlängsschlupf-Reglers in Abhängigkeit der Längsgeschwindigkeit v_{Wx} und des Reifenlängsschlupfes s_{Dx0} für eine beispielhafte Auslegung mit vier reellen Eigenwerten des geschlossenen Regelkreises

in Abhängigkeit von v_{Wx} erkennbar. Somit wird die Dämpfung der geschlossenen Regelstrecke wieder herabgesetzt. Weiterhin kann festgestellt werden, dass für gleiche Geschwindigkeitswerte während des Vorwärtsfahrens im Falle eines Bremsvorgangs ($s_{Dx0}<0$) höhere Reglerverstärkungen berechnet wurden als im Beschleunigungsfall ($s_{Dx0}>0$). Hierzu sei auf die Asymmetrie bezüglich der Ordinatenachse in den Verläufen der Systemparameter T_{RD} und D_{RD} in Abbildung 5.4 und Abbildung 5.5 hingewiesen. Während bei negativen Längsschlupf s_{Dx0} kleinere Zeitkonstanten als für gleiche positive Schlupfwerte vorliegen, erreicht das Lehr'sche Dämpfungsmaß bei Bremsungen einen höheren Wert als bei entsprechenden positiven Schlupfwerten. Um dieses unterschiedliche dynamische Verhalten für den geschlossenen Regelkreis zu eliminieren, müssen im Bremsfall folglich höhere Stellgrößen als im Antriebsfall generiert werden.

Der vorgestellte Umfangsschlupf-Regler wird anhand dreier Fahrmanöver in einer komplexen Mehrkörpersimulation der Fahrzeugdynamik getestet. Hierzu werden Manöver mit längsdynamischer Anregung des Fahrzeugs (Anfahren und Beschleunigen) gewählt und die Umgebungsbedingungen (Reibbeiwert und Steigung der Fahrbahn) variiert. Zusätzlich wird die Regelung bei sprungförmiger und rampenförmiger Änderungen des Sollwertes untersucht. Neben der prinzipiellen Funktionsweise ist auch das Verhalten des Reglers bei Begrenzung der Stellgröße von Interesse. Die Wahl der Sollwerte erfolgte durch feste Vorgaben von Anfangs-, Endwert und Steigung an allen Rädern und ist somit als rein synthetisches Verhalten zu bewerten, erlaubt jedoch eine zielgerichtete Diskussion der zeitlichen Verläufe. Auf eine Ergebnisdarstellung von Sollwerteingaben des in der Simulationssoftware vorimplementierten Fahrermodells wurde verzichtet, da diese stark von dessen Parametrierung abhängt und sich hieraus nur sehr schwerig weiteren Erkenntnisse ableiten lassen.

Abbildung 5.7 zeigt auszugsweise die Simulationsergebnisse der Umfangsschlupf-Regelung beim Anfahren für sprungförmige und rampenförmige Vorgaben des Sollwertes. Zu den Soll- und Istwerten des Längsschlupfes sind jeweils darunter die Verläufe der vom Regler bestimmten Drehmoment-Sollwerte sowie das maximal mögliche Motordrehmoment im selben Zeitraum dargestellt. Da die Werte für Längsschlupf und Drehmoment an einer Achse identisch sind, wurde bei der Darstellung der Zeitverläufe lediglich zwischen Vorder- und Hinterachse unterschieden. Die Regelung des Umfangsschlupfes bei Anfahren mit sprungförmiger Änderung des Sollwertes weist eine Anregelzeit von 26 ms auf und ist stationär genau. Hierzu trägt neben der Integral- auch die Proportional-Verstärkung des Reglers bei, was gut an der sprungförmigen Reaktion der Stellgröße im Moment des Sollwertsprungs erkennbar ist. Trotzdem beginnt der Anstieg des Längsschlupfes verzögert und zunächst träge, wächst anschließend aber stark an. Die Ursache dieser Verzögerung kann in dem instationären Verhalten des Reifenkraftaufbaus begründet sein, der für kleine Geschwindigkeiten langsamer ist. In der Folge treten jedoch Effekte im Verlauf des Schlupfes auf, die einer weiteren Diskussion dieses Anlaufverhaltens bedürfen. Während des folgenden Einregelns treten Schwingungen mit einer Frequenz von etwa 70 Hz im Istwert des Schlupfes und folglich ebenfalls in den Drehmoment-Sollwerten auf. Diese Schwingungen konnten bereits bei der Simulation eines Anfahrmanövers für die Raddrehzahl in Abbildung 4.3 beobachtet werden und treten in den realen Messwerten in Abbildung 4.23 nicht auf. Im Moment des Anfahrens wird die simulierte Raddrehzahl aus nicht ersichtlichen Gründen zur Schwingung angeregt, die bei weiterer Erhöhung der Drehzahl sofort wieder abklingt, aber ebenfalls auf den simulierten Schlupfwerten wiederzufinden ist. Die Frequenz der Schwingung befindet sich zwar im Bereich möglicher Eigenfrequenzen des Reifens [50], jedoch ist eine explizite Modellierung dieses Verhaltens in der Simulation nicht dokumentiert und kann daher ausgeschlossen werden. Bei einem rampenförmigen Anstieg des Soll-Schlupfes sind ebenfalls eine verzögerte Reaktion des Istwertes und eine Schwingung während des Einregelns in abgeschwächter Form vorhanden. Da der Drehmoment-Sollwert bereits auf etwa 200 Nm angestiegen ist, bevor eine deutliche Reaktion im Verlauf des Längsschlupfes erkennbar wird, ist dieses Anfahrverhalten erneut dem zugrundeliegenden Simulationsmodell zuzuschreiben und hat keine physikalische Bewandtnis. Der geregelte Längsschlupf an den Vorderrädern weist für eine sprungförmige Sollwertänderung ein deutliches Überschwingen auf, was anhand der Festlegung der Dynamik des geschlossenen Regelkreises nicht auftreten sollte und durch unbekannte oder absichtlich nicht exakt berücksichtigte Parameteränderungen,

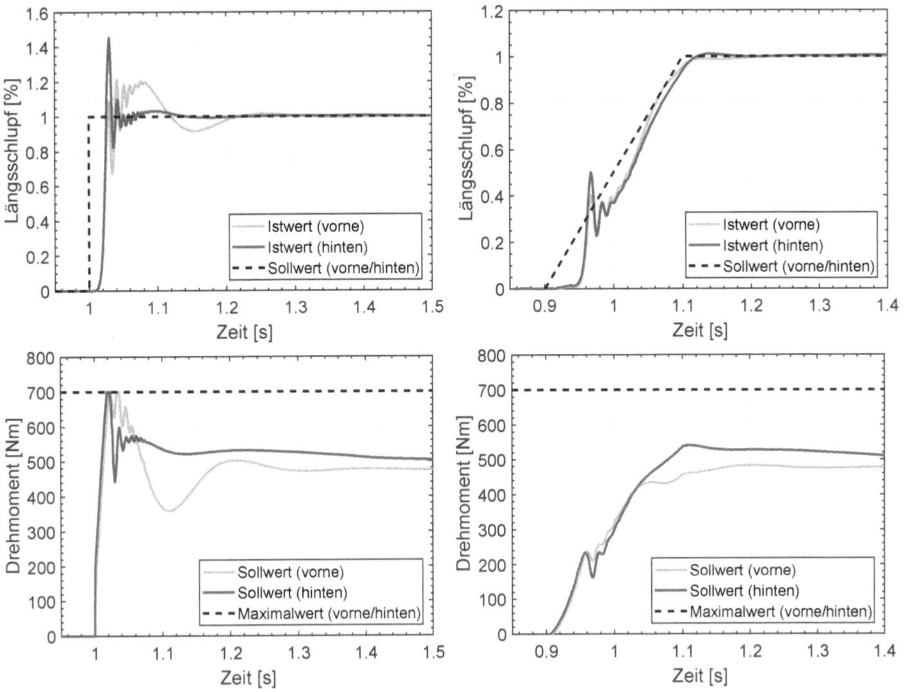

Abb. 5.7: Geregelter Längsschlupf und Drehmoment-Sollwerte an der Vorder- und Hinterachse während des Anfahrens bei sprungförmiger (links) und rampenförmiger (rechts) Änderung des Längsschlupf-Sollwertes

beispielsweise des simulierten Reifenmodells, entstehen kann. Für rampenförmige Änderungen des Sollwertes hingegen ist das Überschwingen im vorliegenden Beispiel vernachlässigbar klein. Eine detailliertere Analyse des Reglerverhaltens nach dem Anregeln erfolgt auf Grund der besseren Darstellung am nachfolgenden Simulationsbeispiel, um mögliche Einflüsse der Raddrehzahlschwankungen auszuschließen. Im stationären Zustand ist unabhängig von der Art der Sollwertänderung für das Einregeln des gleichen Schlupfwertes an Vorder- und Hinterachse infolge der dynamischen Radlastverteilung ein höheres Drehmoment an den Hinterrädern erforderlich, was im Zeitverlauf der Drehmoment-Sollwerte nachvollzogen werden kann. Die statische Radlastverteilung hingegen weist eine höhere Radlast an den Vorderrädern von etwa 55 % der Gesamtgewichtskraft auf, sodass eine adäquate Reaktion auf die Änderungen der Radlast vorliegt.

Damit die, vermutlich dem Simulationsmodell geschuldeten, Schwankungen von Raddrehzahl und Längsschlupf während des Anfahrens nicht auftreten, wurden nochmals eine sprungförmige und eine rampenförmige Erhöhung des Längsschlupf-Sollwertes während der Fahrt simuliert. Die dabei entstehenden Zeitverläufe für Längsschlupf und Drehmoment-Sollwerte in Abbildung 5.8 enthalten nun nicht mehr

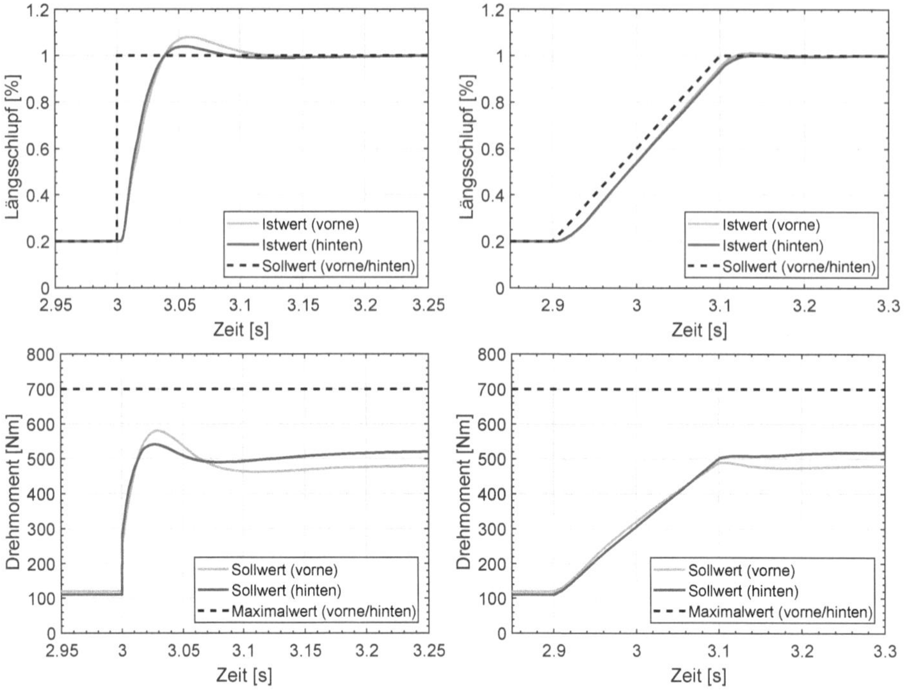

Abb. 5.8: Geregelter Längsschlupf und Drehmoment-Sollwerte an der Vorder- und Hinterachse während der Fahrt bei sprungförmiger (links) und rampenförmiger (rechts) Änderung des Längsschlupf-Sollwertes

die besagten Schwingungen und verdeutlichen das Regler-Verhalten besser. Zunächst beginnt der Anstieg des Längsschlupf-Istwertes für beide Anregungsarten deutlich früher als im Stillstand, was der nun erhöhten Dynamik des Reifenkraftaufbaus zugesprochen werden kann. Der Verlauf der Regel- und der Stellgröße ist während des Anregelns nun glatter. Außerdem ist der Folgefehler an der Sollwertrampe klar erkennbar, der eine Schlupfdifferenz von etwa 0,07 % hervorruft. In beiden Fällen der Sollwertänderung ist weiterhin, wenn auch in abgeschwächter Form, ein Überschwingen vorhanden, das bei rampenförmiger Änderung des Sollwertes erneut vernachlässigbar gering ist. Weitere Untersuchungen des Reglers sind für die Zeit nach dem Anregeln notwendig, da der Längsschlupf an den Vorderrädern mit 8 % des Sollwertes eine doppelt so hohe Überschwingweite als an den Hinterrädern aufweist.

In diesem Zeitraum wird vom Regler ein höheres Drehmoment an den Vorderrädern als in den Hinterrädern ausgegeben, was auf Grund der zu erwartenden Verringerung der Reifenvertikalkraft an den Vorderrädern während der Beschleunigung des Fahrzeuges widersprüchlich ist. Die Berechnung einer zu hohen Stellgröße in dieser Phase der Regelung wird zumeist von der Integral-Verstärkung verursacht, da der Wert des Integrals der Regelabweichung über der Anregelzeit anwächst, die Regelabweichung hingegen zur gleichen Zeit betragsmäßig kleiner wird. Da die beiden Verläufe des Längsschlupfes an Vorder- und Hinterachse sehr nahe beieinander liegen, können die Werte des Integrals der Regelabweichungen sich kaum voneinander unterscheiden. Demzufolge wird ein zu hoher Wert für K_{SRI} an den Vorderrädern bestimmt, was anhand der Berechnungsformel in (5.20) durch ein zu hohes T_{RD} beziehungsweise zu niedrige Werte für K_{RD} und D_{RD} geschehen kann. Insbesondere die Zeitkonstante und das Lehr'sche Dämpfungsmaß weisen laut den Graphen in Abbildung 5.4 und Abbildung 5.5 für diesen Schlupfbereich eine höhere Abhängigkeit vom Reibbeiwert zwischen Reifen und Fahrbahn als die Streckenverstärkung auf. Auf eine exakte Nachbildung des Reifenmodells und den verwendeten Reifenkraft-Schlupf-Kennlinien der Simulationsumgebung wurde bei der Implementierung des Reglers verzichtet, da dies nur mit sehr hohem Aufwand bewerkstelligt werden kann und die letztliche Aussagekraft der Ergebnisse wieder von der Exaktheit der Modellparameter abhängig ist. Beim nachfolgenden Einregeln des Schlupfwertes wird wieder erwartungsgemäß ein höheres Drehmoment an den Hinterrädern angefordert, was bereits im Anfahrmanöver erläutert wurde.

In einem weiteren simulierten Fahrmanöver wurde die Regelung des Umfangsschlupfes auf einer Fahrbahn mit verminderten Reibbeiwert und Begrenzung der Stellgröße getestet. Die graphische Darstellung der Zeitverläufe von Soll- und Istwert des Längsschlupfes sowie der Stellgröße Drehmoment kann in Abbildung 5.9 eingesehen werden. Auf einer Fahrbahn mit einem maximalen Reibbeiwert von 0,6 wurde zunächst ein Längsschlupf von 1,4 % an allen Rädern eingeregelt, wobei das hierfür benötigte Motordrehmoment innerhalb der Stellgrößenbegrenzung blieb. Dieser Teil des Manövers wurde in den Graphen ausgeblendet, da der Kurvenverlauf sich nicht signifikant von den bisherigen Ergebnisdarstellungen unterschied. Anschließend wurde der Schlupf-Sollwert mit einem Rampenanstieg von 5%/s auf 2,35 % erhöht. Da mit Hilfe der erhöhten dynamischen Radlast bereits mehr Drehmoment an den Hinterrädern aufgebracht wurde, erreichen zuerst die Motoren an der Hinterachse das maximal mögliche Drehmoment und der Ist-Schlupf kann dem Sollwert nicht mehr nachgeführt werden. Im Umkehrschluss erlaubt die geringere Reifenvertikalkraft an den Vorderrädern das Einregeln höherer Schlupfwerte bei gleichem Motordrehmoment. Mit Erreichen des Sollwertes gerät auch das Drehmoment an den Vorderrädern in die Sättigung. Für die Beurteilung des Reglers sind der Verlauf der Stellgröße bei Verlassen der Begrenzung und die daraus resultierende Reaktion der Regelgröße von Interesse. Deshalb wurde im zweiten Teil des Manövers der Sollschlupf innerhalb von 0,2 s auf einen Wert von -0,07 % verringert, was einer leichten Verzögerung des Fahrzeuges bei Nullstellung des Fahrpedals entspräche. Das Drehmoment an den Vorderrädern verlässt direkt bei Absenken der Sollgröße die Begrenzung, während das Drehmoment an den Hinterrädern noch in der Sättigung bleibt. Weder an den Vorder- noch an den Hinterrädern ist ein anderes Reglerverhalten bei Verlassen der Stellgrößenbegrenzung wahrnehmbar, sodass das zur Vermeidung des Regler-Windups eingesetzte Verfahren der bedingten Integration zumindest in diesem Fallbeispiel ausreichend ist. Das

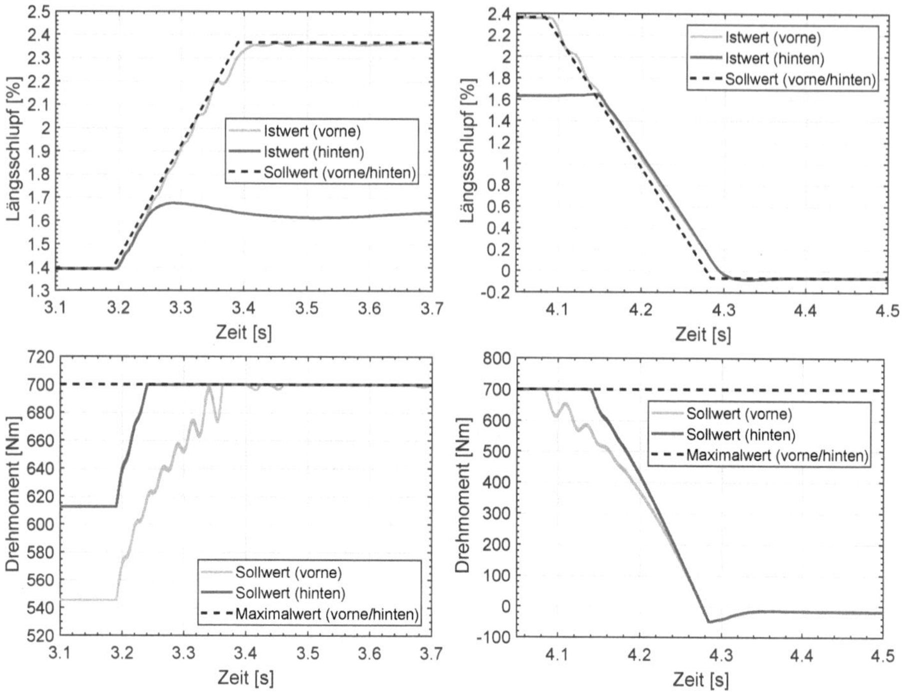

Abb. 5.9: Geregelter Längsschlupf und Drehmoment-Sollwerte an der Vorder- und Hinterachse auf einer Fahrbahn mit niedrigem Reibbeiwert (μ=0,6) bei rampenförmiger Erhöhung (links) und Verringerung (rechts) des Längsschlupf-Sollwertes und Erreichen der Drehmoment-Begrenzung

Einregeln auf den stationären Sollwert erfolgt ebenfalls ohne Beeinträchtigung der Regelgüte. Gleichzeitig wurde hiermit der Übergang der Regelung von positiven auf negativen Schlupfwerten problemlos durchgeführt, was bei der Vorbetrachtung des Kennfeldes der Reglerparameter noch nicht sichergestellt werden konnte.

Um weitere mögliche Änderungen der Umgebungsbedingungen zu überprüfen, die die Regelung des Umfangsschlupfes beeinträchtigen können, wurde eine plötzliche Änderung des Reibwertes während des Beschleunigens an einer Fahrbahnsteigung von 4 % simuliert. Ein typisches Beispiel dieser Fahrsituation ist die Überfahrt einer Brücke, die auf Grund des kühlen trockenen Wetters mit Feuchtigkeit oder Raureif besetzt ist. Denkbar ist ebenfalls das Anfahren am Hang mit abschnittsweise schlechten Fahrbahnbedingungen, wozu Belagwechsel, Fahrbahnmarkierungen oder Laub zählen können. Die gewohnten zeitlichen Verläufe von Regel- und Stellgröße in den Diagrammen in Abbildung 5.10 werden deshalb um die maximalen Reibbeiwerte zwischen Straße und Vorder- sowie Hinterrädern auf einer zweiten Ordinatenachse ergänzt. Hierbei können zwischen vier Konstellationen von Sollwert- und Reibwertänderung unterschieden werden. Zunächst verringert sich am Vorderrad der Reibbeiwert der Straße von 1,0 auf 0,6 während der Anregelphase nach der sprungförmigen Erhöhung des Soll-Schlupfes

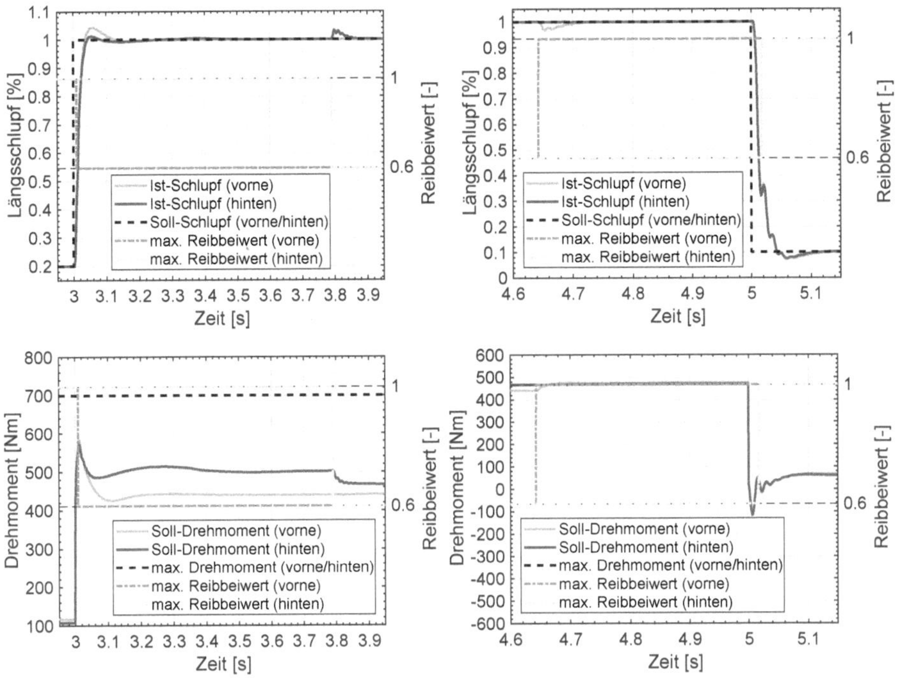

Abb. 5.10: Geregelter Längsschlupf und Drehmoment-Sollwerte an der Vorder- und Hinterachse auf einer Fahrbahn mit wechselndem Reibbeiwert (μ=[0,6; 1,0]) sowie 4 % Steigung bei sprungförmiger Erhöhung (links) und Verringerung (rechts) des Längsschlupf-Sollwertes

von 0,2 auf 1,0 %. An den Hinterrädern ist bei Erreichen der Position, an dem der Reibwert vermindert wird, bereits eingeregelt. Somit kann das Verhalten des Reglers bei plötzlicher Verringerung der Fahrbahn-Haftgrenze ermittelt werden. Die Ergebnisse dieser Fahrsituationen sind auf der linken Seite in Abbildung 5.10 dargestellt.

Des Weiteren wird das Verlassen des Fahrbahnbereichs mit geringen Reibwerten simuliert, was eine sprunghafte Erhöhung der Haftgrenze bei eingeregeltem Schlupf an der Vorderachse und ein gleichzeitiges Anregeln eines neuen Sollwertes an der Hinterachse bedeutet. Die Simulationsergebnisse dieser beiden Situationen können in den Diagrammen auf der rechten Seite von Abbildung 5.10 eingesehen werden. Im Vergleich zur Reaktion auf eine sprungförmige Erhöhung des Sollwertes auf ebener Fahrbahn und ohne plötzliche Verringerung des Reibwertes in Abbildung 5.8 sind im Zeitverlauf der Regelgröße auf der linken Seite von Abbildung 5.10 kaum Unterschiede erkennbar. Wird der Verlauf der Stellgröße im Zeitpunkt der Reibwertänderung betrachtet, ist als erwünschte Reaktion hierauf eine sofortige Verringerung des Drehmoment-Sollwerts an der Vorderachse zu verzeichnen. Das Überschwingen der Regelgröße ist weiterhin vorhanden, wird von der Änderung des Reibwertes aber nicht verstärkt und beträgt 4,5 % des Sollwertes an den Vorderrädern und 1,1 % des Sollwertes an den Hinterrädern. Im weiteren Verlauf sinkt bei eingeregeltem Längsschlupf nach etwa 0,4 s der Reibbeiwert an der Hinterachse. Daraufhin muss bei gleichbleibendem Drehmoment der Reifenlängsschlupf ansteigen, was eine negative Regelabweichung zur Folge hat und vom Regler mit einer Verringerung der Stellgröße quittiert wird. Im Ergebnis wird die vorherige Erhöhung des Längsschlupfes um 0,03 % nach 50 ms ausgeregelt. Die beiden Diagramme auf der rechten Seite in Abbildung 5.10 zeigen die Zeitverläufe von Längsschlupf und Soll-Drehmoment für den umgekehrten Fall einer Erhöhung des maximalen Reibbeiwertes der Straße. Zunächst verringert sich richtigerweise der Schlupf am Vorderrad, nachdem an diesem der Reibbeiwert von 0,6 auf 1,0 angestiegen ist. Der Sollwert des Schlupfes wird konstant gehalten und baut die entstandene Regelabweichung von 0,03 % erneut innerhalb von 50 ms wieder ab. Mit einem Zeitversatz von etwa 0,35 s gelangen auch die Hinterräder in den Bereich des höheren Reibbeiwerts von 1,0. Die Zeitdifferenz zwischen der μ-Änderung an Vorder- und Hinterachse ist auf Grund der mittlerweile angestiegenen Fahrgeschwindigkeit geringer als im vorherigen Szenario. Da kurz zuvor der Längsschlupf-Sollwert auf 0,1 % reduziert wurde, befindet sich die Regelgröße im Moment der Reibwertänderung in der Anregelphase. Im zeitlichen Verlauf des geregelten Umfangsschlupfes ist zwar unmittelbar nach der Änderung des Reibbeiwertes eine Umkehr der Regelgröße erkennbar, die allerdings bei genauerer Betrachtung ebenfalls aus Schwankungen in der Stellgröße resultieren kann. Die aus den vorherigen Fahrmanövern bekannte Anregelzeit von 50 ms und ein leichtes Unterschwingen sind erneut vorhanden, wobei die Überschwingweiten des Längsschlupfes an den Vorder- und Hinterrädern in diesem Beispiel mit -30 % des Sollwertes gleich hoch sind.

Anhand der vorgestellten Ergebnisse soll die Funktionalität der Umfangsschlupfregelung innerhalb der Simulation hierdurch nachgewiesen sein. Eine Beeinträchtigung des Regelverhaltens in einer Kurvenfahrt konnte anhand entsprechender Fahrmanöver ebenfalls ausgeschlossen werden. Für den anschließenden Entwurf des Fahrzeuggierraten-Reglers kann also das Vorhandensein einer radindividuellen Regelung des Reifenlängsschlupfes mit gutem Führungsverhalten und einer Anregelzeit ≤50 ms vorausgesetzt werden.

5.1.2 Fahrzeuggierraten-Regler

Zur Entwicklung einer Regelung der Fahrzeuggierrate wird zunächst anhand einer vereinfachten Struktur des Gesamtsystems das Übertragungsverhalten der Regelstrecke ermittelt, bevor die Auswahl und Dimensionierung des Reglers erfolgt. Darüber hinaus muss untersucht werden, wie das Erreichen nichtlinearer Fahrzustände detektiert werden kann, um hieraus zur Aufrechterhaltung der Fahrzeugstabilität entsprechende Sollwerte zu generieren. Da zur Umsetzung der Stellgröße die radindividuelle Umfangsschlupf-Regelung eingesetzt werden soll, handelt es sich um ein überaktuiertes System, was die Entwicklung einer nachgeschalteten Verteilung der Stellgröße

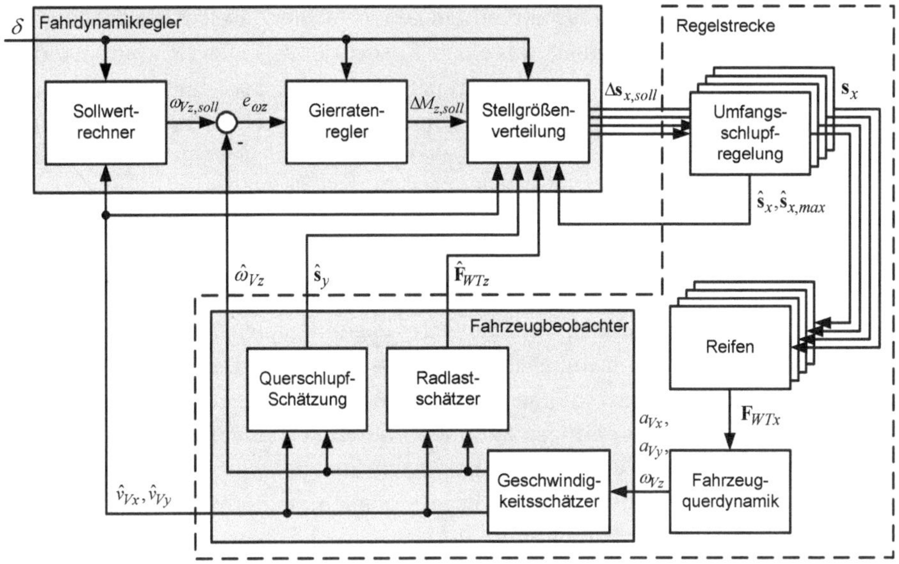

Abb. 5.11: Blockschaltbild des Fahrzeuggierraten-Regelkreises

erforderlich macht. Die Herausforderung dabei ist, die Stellaufgabe zuverlässig, robust und gleichzeitig möglichst effizient umzusetzen.

Die wichtigsten Komponenten und Signale, die bei der Umsetzung der Fahrzeuggierraten-Regelung verwendet werden, sind im Blockschaltbild in Abbildung 5.11 zusammengefasst. Anhand der vom Fahrzeugbeobachter ermittelten Fahrzustandsgrößen wie Längs- und Quergeschwindigkeit, Radlasten oder Reifenquerschlupf sowie unter Berücksichtigung der Lenkbewegung des Fahrers und der Stellgrößenbegrenzung der Umfangsschlupf-Regler ermittelt der Fahrdynamikregler die erforderlichen Sollwertänderungen der unterlagerten Umfangsschlupf-Regelung der einzelnen Räder. Der Fahrdynamikregler ist als Einheit aus Sollwertrechner, Gierraten-Regler und Stellgrößenverteilung anzusehen, dessen Bestandteile im weiteren Verlauf dieses Abschnitts genauer betrachtet werden. Zur Regelstrecke sind die geschlossenen Umfangsschlupf-Regelkreise der einzelnen Räder, die Kraftentstehung am Reifen, die Querdynamik des Fahrzeuges und der Beobachter zu zählen. Als relevante Komponenten des Fahrzeugbeobachters sind die Schätzung der Fahrzeuggeschwindigkeit in Längs- und Querrichtung sowie die Gierrate zu nennen, aus denen die oben genannten Größen ermittelt werden. Zusätzlich wird die beobachtete Fahrzeuggierrate vom Fahrdynamikregler zur Berechnung der Regelabweichung benötigt.

Ein in der Literatur vorrangig diskutierter Ansatz zur Sollwertvorgabe bedient sich den Eigenschaften des linearen Einspurmodells. Unter Kenntnis der Fahrzeuggeschwindigkeit und des Lenkwinkels sowie entsprechender Fahrzeugparameter wird die erwartete Reaktion der Fahrzeuggierrate auf die Lenkungsvorgabe des Fahrers bestimmt. Sobald kein lineares Fahrverhalten mehr vorliegt, weicht die beobachtete Gierrate von dem Referenzwert ab, was einem Anstieg der Regelabweichung entspricht. Das Referenzmodell kann aber auch derart parametriert werden, dass ein bestimmtes Fahrverhalten erwartet beziehungsweise von der Fahrzeuggierraten-Regelung umgesetzt wird. Beispielsweise kann der Eigenlenkgradient zu Null gewählt werden, was der Vorgabe eines neutralsteuernden Fahrverhaltens entspricht. Die Systemkenngrößen der Fahrzeugquerdynamik sind dann zusätzlich nur noch linear von der Fahrgeschwindigkeit abhängig. Um die Regelabweichung in querdynamisch kritischen Fahrmanövern zu begrenzen, wird ein Schwellwert für die zulässige Querbeschleunigung festgelegt, der unterhalb des theoretischen Maximalwertes liegt. In Implementierungsbeispielen, die den Fahrzeug-Schwimmwinkel als Regelgröße einbeziehen, wird dessen Sollwert ebenfalls begrenzt oder auf Null gesetzt, um die Stabilität des Fahrzeuges nicht zu gefährden. Auf Grund des geringen Parametrier- und Rechenaufwandes und der bereits vielfach bewährten Verwendung kommt für den Sollwertrechner ein lineares Einspurmodell zum Einsatz. Die benötigten Modellparameter wurden mit Hilfe der Parameteroptimierung anhand ermittelte Messwerte aus geeigneten Fahrmanövern identifiziert [32, 89].

Für die Auslegung des Gierraten-Reglers ist das Übertragungsverhalten von der Stellgröße auf die geschätzte Fahrzeuggierrate von Bedeutung. Zuerst werden von den Umfangsschlupf-Reglern die geforderten Werte des Reifenlängsschlupfes an jedem Rad eingestellt. In erster Näherung soll davon ausgegangen werden, dass dies durch die Auslegung der Regler mit einer festgelegten und hohen Dynamik stattfindet. Vereinfacht kann hierfür dann ein PT_1-Glied als Übertragungsfunktion angenommen werden, dessen Zeitkonstante der Summe der Zeitkonstanten des geschlossen Umfangsschlupf-Regelkreises entspricht. Der hierdurch entstehende Amplituden- und Phasenfehler ist unterhalb einer bestimmten Frequenz sehr gering, wodurch die Bandbreite der Regelung eingeschränkt wird und später bei der Dimensionierung berücksichtigt werden muss. Für die in Abschnitt 5.1.1 umgesetzte Beispielauslegung wird dies bei einer Kreisfrequenz von etwa 50 rad/s sein. Die Übertragungsfunktion der Umfangsschlupf-Regelung am i-ten Rad $G_{SRi}(s)$ wird in Abhängigkeit der festgelegten Zeitkonstante des geschlossenen Regelkreises T_R gemäß Gleichung (5.23) approximiert.

$$G_{SRi}(s) = \frac{\Delta \hat{s}_{xi}(s)}{\Delta s_{xi,soll}(s)} = \frac{1}{4 \cdot T_R \cdot s + 1} \quad ; \quad i = \{fl, fr, rl, rr\} \tag{5.23}$$

Mit dem eingeregelten Umfangsschlupf wird die Reifenlängskraft an jedem Rad beeinflusst, die wiederum auf die Querdynamik des Fahrzeuges wirkt. Bei Verwendung konventioneller Lenksysteme mit relativ kleinen Radeinschlagswinkeln lediglich an einer Achse ist auf Grund der Kopplung von Längs- und Querdynamik des Fahrzeuges für kleine Geschwindigkeiten kaum eine Beeinflussung der Gierrate möglich. Somit kann die Verzögerung des Kraftaufbaus in Längsrichtung des Reifens vernachlässigt werden, da zur Regelung der Fahrzeugquerdynamik bereits eine genügend hohe Raddrehzahl und Fahrzeuggeschwindigkeit vorhanden sein werden. Die Gleichung zur Berechnung der Reifenlängskraft aus dem Längsschlupf des i-ten Rades lautet dann:

$$\Delta F_{WTxi} = \left.\frac{\partial \mu\left(s_{D,res}\right)}{\partial s_{D,res}}\right|_{s_{D,res}=\sqrt{s_{xi}^2+s_{yi}^2}} \cdot \Delta s_{xi} \cdot F_{WTzi} \quad ; \quad i = \{fl, fr, rl, rr\}$$
$$= c_\mu \cdot F_{WTzi} \cdot \Delta s_{xi} \tag{5.24}$$

Um das dynamische Verhalten der Gierrate in Abhängigkeit der Reifenlängskräfte zu bestimmen, werden die Gleichungen zur Beschreibung der Fahrzeugquerdynamik (Quergeschwindigkeit und Gierrate) aus den Gleichungen (2.16) und (2.17) herangezogen. Nach Transformation der Reifenkräfte in den Fahrzeugaufbau mittels (2.18) und Ersetzen der Reifenquerkräfte mit einem linearen Reifenmodell gemäß Gleichung (2.2) ergeben sich die Differentialgleichungen der Quergeschwindigkeit und der Gierrate in Abhängigkeit der Reifenlängskräfte und der Schräglaufwinkel an den Rädern.

$$m_V \dot{v}_{Vy} = c_{\alpha f}\left(\alpha_{Wfl} + \alpha_{Wfr}\right)\cos\delta + \left(F_{WTxfl} + F_{WTxfr}\right)\sin\delta + \left(\alpha_{Wrl} + \alpha_{Wrr}\right) c_{\alpha r} - m_V v_{Vx}\omega_{Vz} \tag{5.25}$$

$$J_{Vz}\,\dot{\omega}_{Vz} = \left(\left(F_{WTxfr} - F_{WTxfl}\right)\frac{b_f}{2} + c_{\alpha f}\left(\alpha_{Wfl} + \alpha_{Wfr}\right) l_f\right)\cos\delta + \left(\left(F_{WTxfr} + F_{WTxfl}\right) l_f + c_{\alpha f}\left(\alpha_{Wfl} - \alpha_{Wfr}\right)\frac{b_f}{2}\right)\sin\delta + \left(F_{WTxrr} - F_{WTxrl}\right)\frac{b_r}{2} - c_{\alpha r}\left(\alpha_{Wrl} + \alpha_{Wrr}\right) l_r \tag{5.26}$$

Zur Vereinfachung wurde hierbei angenommen, dass die Schräglaufsteifigkeiten an den Rädern einer Achse jeweils gleich sind und ein linearer Zusammenhang zwischen Schräglaufwinkel und Reifenquerkraft vorliegt. Dies ist zwar nur bei kleinen Schräglaufwinkeln an den Rädern und geringer Quergeschwindigkeit beziehungsweise geringem Schwimmwinkel des Fahrzeuges gültig, jedoch wird mit der Regelung der Fahrzeugdynamik versucht, genau diesen Zustand aufrechtzuerhalten. Zusätzlich ist eine Nachführung der Schräglaufsteifigkeiten anhand des aktuellen Fahrzustands denkbar, indem beispielsweise die Radlastschwankungen einbezogen werden. Unter dieser Annahme sind ebenfalls die linearisierten Gleichungen der Schräglaufwinkel anwendbar [31], die sich aus der Gleichung (2.41) ergeben und ebenfalls achsweise gleich sind.

$$\alpha_{Wfl} = \alpha_{Wfr} = \delta - \frac{v_{Vy} + \omega_{Vz} \cdot l_f}{v_{Vx}} \quad ; \quad \alpha_{Wrl} = \alpha_{Wrr} = -\frac{v_{Vy} - \omega_{Vz} \cdot l_r}{v_{Vx}} \tag{5.27}$$

Die sich hieraus ergebenen Gleichungen für Quergeschwindigkeit und Gierrate stellen für konstante Längsgeschwindigkeit v_{Vx} ein gekoppeltes, lineares Differentialgleichungssystem dar, das in Zustandsraumdarstellung überführt werden kann.

$$\begin{aligned}
&\text{Zustandsgrößen} \quad \boldsymbol{x}_{QD} = \begin{bmatrix} v_{Vy} & \omega_{Vz} \end{bmatrix}^T \\
&\text{Eingangsgrößen} \quad \boldsymbol{u}_{QD} = \begin{bmatrix} F_{WTxfl} & F_{WTxfr} & F_{WTxrl} & F_{WTxrr} \end{bmatrix}^T \\
&\text{Ausgangsgröße} \quad y_{QD} = \omega_{Vz} \\
&\text{Systemmatrix} \quad \mathbf{A}_{QD} = \begin{bmatrix} -\frac{2(c_{\alpha f}\cos\delta + c_{\alpha r})}{m_V v_{Vx}} & -\frac{2(c_{\alpha f} l_f \cos\delta - c_{\alpha r} l_r) + m_V v_{Vx}^2}{m_V v_{Vx}} \\ -\frac{2(c_{\alpha f} l_f \cos\delta - c_{\alpha r} l_r)}{J_{Vz} v_{Vx}} & -\frac{2(c_{\alpha f} l_f^2 \cos\delta + c_{\alpha r} l_r^2)}{J_{Vz} v_{Vx}} \end{bmatrix} && (5.28) \\
&\text{Eingangsmatrix} \quad \mathbf{B}_{QD} = \begin{bmatrix} \frac{\sin\delta}{m_V} & \frac{\sin\delta}{m_V} & 0 & 0 \\ \frac{-\frac{b_f}{2}\cos\delta + l_f \sin\delta}{J_{Vz}} & \frac{\frac{b_f}{2}\cos\delta + l_f \sin\delta}{J_{Vz}} & -\frac{b_r}{2J_{Vz}} & \frac{b_r}{2J_{Vz}} \end{bmatrix} && (5.29) \\
&\text{Ausgangsmatrix} \quad \mathbf{C}_{QD} = \begin{bmatrix} 0 & 1 \end{bmatrix} && (5.30)
\end{aligned}$$

Mit Hilfe der Matrizen der Zustandsraumdarstellung werden die Übertragungsfunktionen der Reifenlängskräfte auf die Fahrzeuggierrate bestimmt. Diese weisen das Verhalten eines PDT_2-Gliedes auf, wobei die Grunddynamik für alle Übertragungspfade identisch ist, die Verstärkungsfaktoren und die Vorhaltezeiten an den einzelnen Rädern sich jedoch unterscheiden. In allgemeiner Form werden die Gleichungen der Übertragungsfunktionen des i-ten Rades mit den Systemparametern Verstärkungsfaktor K_{QDi}, Vorhaltezeit T_{DQDi} sowie Zeitkonstante T_{QD} und Lehr'sches Dämpfungsmaß D_{QD} gemäß Gleichung (5.31) beschrieben. Die Gleichungen der Systemkenngrößen sind im Anhang D.1 einsehbar.

$$G_{QDi}(s) = \frac{\omega_{Vz}(s)}{F_{WTxi}(s)} = \frac{K_{QDi}(T_{DQDi} \cdot s + 1)}{T_{QD}^2 \cdot s^2 + 2\, D_{QD}\, T_{QD} \cdot s + 1} \; ; \; i = \{fl, fr, rl, rr\} \qquad (5.31)$$

Durch die unterschiedlichen Verstärkungsfaktoren werden hauptsächlich die veränderlichen Hebelarme der Reifenlängskräfte an den gelenkten Vorderrädern in den Gleichungen berücksichtigt. Überstreicht beispielsweise die Verlängerung des Hebelarms der Reifenlängskräfte an einem der Vorderräder den Fahrzeugschwerpunkt, wird der Verstärkungsfaktor zunächst Null und wechselt anschließend das Vorzeichen, wie den graphischen Darstellungen in Abbildung 5.12 entnommen werden kann. Des Weiteren ist in den Kurvenverläufen für gleichbleibende Lenkwinkel ein Anstieg der Verstärkungsfaktoren mit der Längsgeschwindigkeit erkennbar, was den bereits bekannten Zusammenhang zwischen der Gierverstärkung und der Fahrgeschwindigkeit aus dem linearen Einspurmodell hier radweise abbildet. Die Berechnung der charakteristischen Geschwindigkeit nach Gleichung (2.5) ergibt für die verwendeten Fahrzeugparameter 57,2 m/s und kann anhand der Plateaus in den Kennfeldern identifiziert werden.

Die Zeitkonstanten der Vorhalteglieder T_{DQDi} in Abbildung 5.13 weisen an jedem Rad einen ähnlichen Wertebereich innerhalb des Kennfeldes auf, steigen näherungsweise linear mit der Längsgeschwindigkeit an und sind weitestgehend nicht vom Radeinschlagswinkel abhängig. Während an den Hinterrädern die Werte identisch sind und

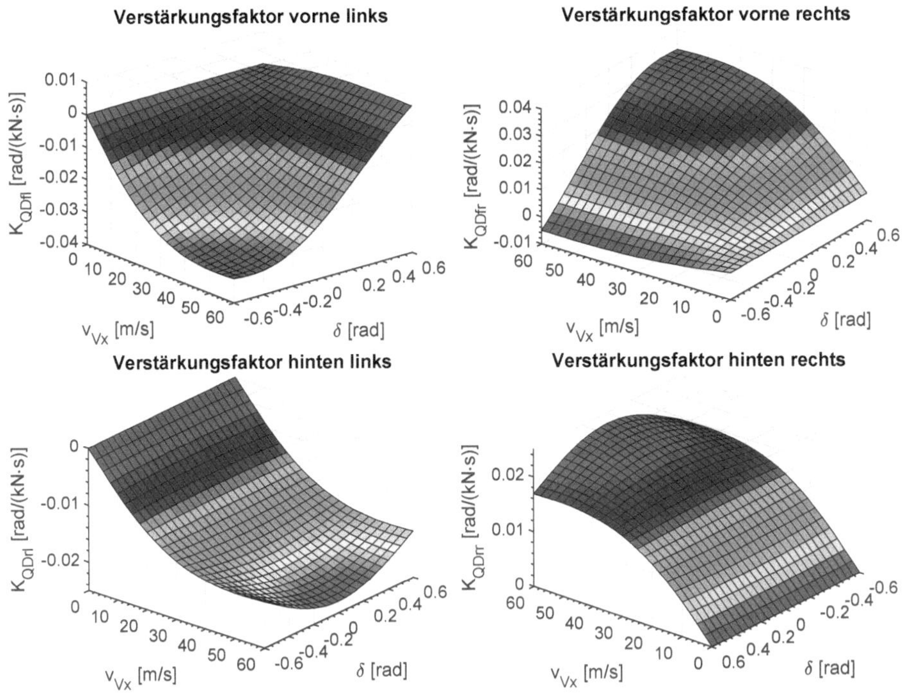

Abb. 5.12: Verstärkungsfaktoren der Übertragungsfunktionen von Reifenlängskraft auf die Gierrate des Fahrzeuges in Abhängigkeit der Längsgeschwindigkeit und des Lenkwinkels

deshalb in einem Diagramm zusammengefasst wurden, enthalten die Graphen der Vorhaltezeiten an den Vorderrädern eine Unstetigkeit. Die Lage der Unstetigkeit ist unabhängig von der Geschwindigkeit des Fahrzeuges und tritt genau für den Radeinschlagswinkel auf, an dem der Hebelarm der Reifenlängskraft dieses Rades zu Null wird, was somit ebenfalls für den Verstärkungsfaktor gilt. Da dies von einer effizient umgesetzten Stellgrößenverteilung berücksichtigt werden sollte, wird an dieses Rad zur Regelung der Fahrzeuggierrate keinesfalls ein Sollwert ausgegeben werden und hat für das weitere Vorgehen vorerst keine Bedeutung.

Die Kenngrößen Zeitkonstante T_{QD} und Lehr'sches Dämpfungsmaß D_{QD} beschreiben die Grunddynamik eines schwingungsfähigen Systems 2. Ordnung. Wie aus den Kennfeldern in Abbildung 5.14 zu entnehmen ist, steigt mit höheren Längsgeschwindigkeiten die Zeitkonstante der Querdynamik an, während die Systemdämpfung abnimmt. Diese Eigenschaften sind aus der Analyse des Einspurmodells ebenfalls bekannt und werden im Kurvenverlauf qualitativ abgebildet. Bis zu einer Längsgeschwindigkeit von etwa 20 m/s werden die Systemparameter der Grunddynamik vom Radeinschlagswinkel dabei kaum beeinflusst.

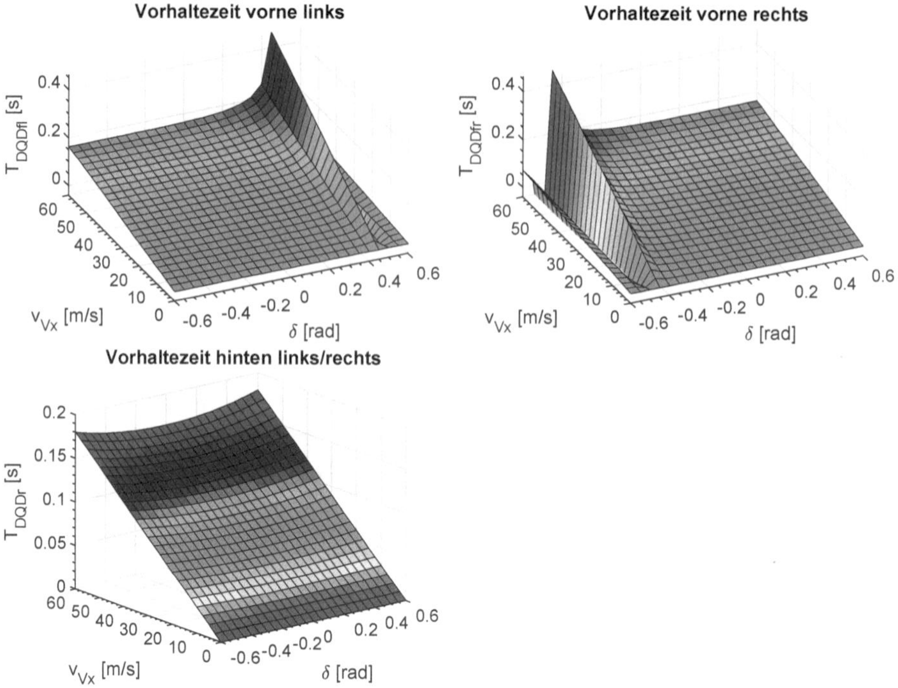

Abb. 5.13: Zeitkonstanten des Vorhaltegliedes der Übertragungsfunktionen von Reifenlängskraft auf die Gierrate des Fahrzeuges in Abhängigkeit der Längsgeschwindigkeit und des Lenkwinkels

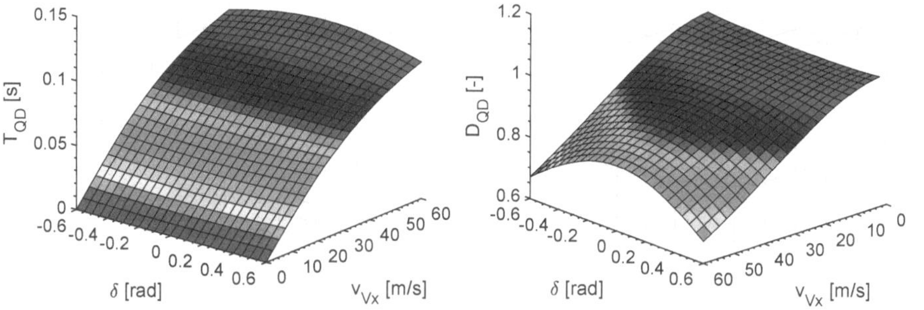

Abb. 5.14: Charakterisierung der Grunddynamik der Übertragungsfunktionen von Reifenlängskraft auf die Gierrate des Fahrzeuges in Abhängigkeit der Längsgeschwindigkeit und des Lenkwinkels mit Zeitkonstante (links) und Lehr'schem Dämpfungsmaß (rechts)

Das letzte Übertragungsglied innerhalb der Regelstrecke ist die Beobachtung der Fahrzeuggierrate $G_{Bz}(s)$, die nach Gleichung (4.24) einem PT_1-Element mit der Zeitkonstante T_{Bz} entspricht. Durch Reihenschaltung der einzelnen Übertragungsglieder ergibt sich die gesamte Übertragungsfunktion der Regelstrecke. Zur Berechnung der Gierrate müssen hierbei die radweisen Übertragungspfade der Querdynamik aufsummiert werden.

$$\begin{aligned}\hat{\omega}_{Vz}(s) &= G_{SR}(s) \cdot \left(\sum_i G_{QDi}(s) \cdot c_{\mu i} \cdot F_{WTzi} \cdot \Delta s_{xi}(s) \right) \cdot G_{Bz}(s) \\ &= \frac{\sum_i K_{QDi}\,(T_{DQDi} \cdot s + 1)\, c_{\mu i} \cdot F_{WTzi} \cdot \Delta s_{xi}(s)}{(4\,T_R \cdot s + 1)\left(T_{QD}^2 \cdot s^2 + 2\,D_{QD}\,T_{QD} \cdot s + 1\right)(T_{Bz} \cdot s + 1)}\end{aligned} \tag{5.32}$$

Die in der Konzeption vorgeschlagene Anwendung des Verfahrens der Polplatzierung zur Ermittlung der Regler-Verstärkungen wird durch die Form der Regelstrecke erschwert. Zunächst ist die Auslegung eines Mehrgrößenreglers erforderlich, da es sich um ein System mit mehreren Eingangsgrößen und einer Ausgangsgröße handelt (MISO-System). In diesem Zuge muss die Verteilung der Stellgröße in die Reglerauslegung integriert werden, wodurch eine analytische Bestimmung der Regler-Verstärkungen kompliziert wird. Deshalb wird im Folgenden untersucht, ob eine Formulierung der Regelstrecke mit einer Eingangsgröße gefunden werden kann. Hierdurch wird die Problemstellung der Stellgrößenverteilung ausgelagert und kann gesondert behandelt werden. Des Weiteren soll anhand der Eigenwerte der Regelstrecke entschieden werden, ob eine Ordnungsreduktion des Systems möglich ist. Verglichen mit der Zeitkonstante der Reifenlängsschlupf-Regelung und der Beobachtung der Fahrzeuggierrate ist die Zeitkonstante der Querdynamik ab einer Geschwindigkeit von etwa 4 m/s mehr als doppelt so hoch. Eine Regelung der Fahrzeugquerdynamik unterhalb dieser Geschwindigkeit erfordert nicht nur einen übermäßig hohen Stellaufwand der Antriebe sondern ist mutmaßlich nicht oder äußerst selten erforderlich. Daher werden diese Eigenwerte der Regelstrecke im Rahmen des Reglerentwurfs ausgeblendet.

Durch Substitution der Eingangsgrößen in den Differentialgleichungen der Fahrzeugquerdynamik (5.25) und (5.26), in der die Reifenlängskräfte achsweise als Summe oder Differenz auftreten, können die Eingangsgrößen des Systems durch eine Ersatzgröße ausgedrückt werden. Möglich wird dies durch die Annahme, dass der Stelleingriff an den Rädern bevorzugt entgegengesetzt erfolgt und damit die Summe der Stellgrößen an einer Achse vergleichsweise gering ist. Zusätzlich wird die Summe der Reifenlängskräfte mit dem Sinus der Radeinschlagswinkel multipliziert, sodass für kleine Lenkwinkel der Einfluss dieses Systemeingangs vernachlässigt werden kann [64]. Die Differenzen der Reifenlängskräfte ergeben zusammen mit den jeweiligen Hebelarmen ein resultierendes Giermoment $\Delta M_{Vz,ers}$, welches als neue Eingangsgröße gewählt wird. Das so erhaltene SISO-System weist ebenfalls das Verhalten eines PDT_2-Gliedes auf, dessen Parameter von der Längsgeschwindigkeit des Fahrzeuges abhängig sind und mit der bekannten Vorgehensweise zur Reglerauslegung behandelt werden kann.

$$G_{QD,ers}(s) = \frac{\omega_{Vz}(s)}{\Delta M_{Vz,ers}(s)} = \frac{K_{Mz}\,(T_{DMz}\cdot s + 1)}{T_{Mz}^2\cdot s^2 + 2\,D_{Mz}\,T_{Mz}\cdot s + 1} \tag{5.33}$$

$$\text{mit}\quad K_{Mz} = \frac{v_{Vx}\,(c_{\alpha f} + c_{\alpha r})}{(l_r\,c_{\alpha r} - l_f\,c_{\alpha f})\,m_V\,v_{Vx}^2 + 2\,(l_f + l_r)^2\,c_{\alpha f}\,c_{\alpha r}}\ ;$$

$$T_{DMz} = \frac{m_V\,v_{Vx}}{2\,(c_{\alpha f} + c_{\alpha r})}\ ;$$

$$T_{Mz} = \sqrt{\frac{J_{Vz}\,m_V\,v_{Vx}^2}{2\left((l_r\,c_{\alpha r} - l_f\,c_{\alpha f})\,m_V\,v_{Vx}^2 + 2\,(l_f + l_r)^2\,c_{\alpha f}\,c_{\alpha r}\right)}}$$

$$\text{und}\quad D_{Mz} = \frac{J_{Vz}\,(c_{\alpha f} + c_{\alpha r}) + m_V\left(l_f^2\,c_{\alpha f} + l_r^2\,c_{\alpha r}\right)}{\sqrt{2\,J_{Vz}\,m_V\left((l_r\,c_{\alpha r} - l_f\,c_{\alpha f})\,v_{Vx}^2 + 2\,(l_f + l_r)^2\,c_{\alpha f}\,c_{\alpha r}\right)}}$$

Bei Betrachtung des Bode-Diagramms wird deutlich, dass auf Grund der relativen Lage der Null- und Polstellen sich der Amplituden- und Frequenzgang unabhängig von der Fahrzeuggeschwindigkeit durch ein PT_1-Glied approximieren lässt. Dadurch kann die Ordnung des eingesetzten Reglers und die Komplexität der Berechnung erneut erheblich reduziert werden. Allerdings geht dabei die Information über die Schwingungsfähigkeit des Systems in der Übertragungsfunktion verloren, wodurch mit höherer Längsgeschwindigkeit die Stabilität des geregelten Systems nicht mehr sichergestellt ist und somit dieser Ansatz hier nicht weiter verfolgt wird.

Um den Aufwand bei der Dimensionierung des Reglers zu minimieren, kann bei der Vorgabe der Dynamik der geschlossenen Regelstrecke lediglich die Polvorgabe vorgenommen werden, ohne die Nullstelle zu verschieben. Dieses Vorgehen erfordert einen anschließenden Stabilitätsnachweis der geschlossenen Regelstrecke mit Nullstelle und, falls nötig, eine iterative Anpassung der Vorgaben der Polplatzierung oder die Erweiterung des Reglers um einen weiteren Freiheitsgrad. Zunächst ist die Verwendung eines adaptiven PID-Reglers mit Anti-Windup zur Auslegung mittels Polplatzierung erforderlich.

$$G_{GR}(s) = \frac{\Delta M_{Vz,soll}(s)}{e_{\omega z}(s)} = K_{GRP} + \frac{K_{GRI}}{s} + \frac{K_{GRD}\cdot s}{T_{GRD}\cdot s + 1} \tag{5.34}$$

In Anlehnung an das Vorgehen bei der Entwicklung der Umfangsschlupf-Regelung werden die Übertragungsfunktionen der offenen und geschlossenen Regelstrecke $G_{RGRO}(s)$ und $G_{RGR}(s)$ aufgestellt. Die einzelnen hierbei durchgeführten Rechenschritte können ergänzend im Anhang D.2 nachvollzogen werden.

$$\begin{aligned} G_{RGRO}(s) &= \frac{\Delta\hat{\omega}_{Vz}(s)}{e_{\omega z}(s)} = G_{GR}(s)\cdot G_{QD,ers}(s) \\ &= \frac{\begin{array}{l} K_{Mz}\,(T_{DMz}\cdot s + 1)\cdots \\ \quad\cdot\,((K_{GRD} + K_{GRP}\,T_{GRD})\,s^2 + (K_{GRP} + K_{GRI}\,T_{GRD})\,s + K_{GRI}) \end{array}}{\left(T_{Mz}^2\cdot s^2 + 2\,D_{Mz}\,T_{Mz}\cdot s + 1\right)(T_{GRD}\cdot s + 1)\,s} \end{aligned} \tag{5.35}$$

$$G_{RGR}(s) = \frac{\Delta\hat{\omega}_{Vz}(s)}{\Delta\omega_{Vz,soll}(s)} = \frac{G_{RGRO}(s)}{1 + G_{RGRO}(s)} \tag{5.36}$$

$$= \frac{b_3\, s^3 + b_2\, s^2 + b_1\, s + b_0}{a_4\, s^4 + \left(b_3 + 2\, D_{Mz}\, T_{Mz}\, T_{GRD} + T_{Mz}^2\right) s^3 \cdots + (b_2 + 2\, D_{Mz}\, T_{Mz} + T_{GRD})\, s^2 + (b_1 + 1)\, s + b_0}$$

mit $b_0 = K_{GRI}\, K_{Mz}$;

$b_1 = K_{GRI}\, K_{Mz}\, T_{DMz} + (K_{GRI}\, T_{GRD} + K_{GRP})\, K_{Mz}$;

$b_2 = (K_{GRI}\, T_{GRD} + K_{GRP})\, K_{Mz}\, T_{DMz} + (K_{GRP}\, T_{GRD} + K_{GRD})\, K_{Mz}$;

$b_3 = (K_{GRP}\, T_{GRD} + K_{GRD})\, K_{Mz}\, T_{DMz}$

und $a_4 = T_{Mz}^2\, T_{GRD}$

Zur Vorgabe der gewünschten Dynamik der geschlossenen Regelschleife muss der Nenner in $G_{RGR,soll}(s)$ mindestens ein Polynom 4. Ordnung aufweisen. Dabei werden gemäß Gleichung (5.18) erneut ein konjugiert komplexes Polpaar und zwei reelle Pole im Ansatzpolynom definiert.

$$G_{RGR,soll}(s) = \frac{1}{\left(T_{GR}^2 \cdot s^2 + 2 \cdot D_{GR} \cdot T_{GR} \cdot s + 1\right)\left(T_{GR2}^2 \cdot s + 1\right)^2} \tag{5.37}$$

Durch Koeffizientenvergleich der Nennerpolynome in (5.36) und (5.37) kann erneut ein Gleichungssystem aufgestellt werden, dessen Lösung eine Berechnungsvorschrift der Reglerparameter liefert, die für den einfachen Fall, dass $T_{GR2}=T_{GR}$ und $D_{GR}=1$ gesetzt wird, in den Gleichungen (5.38) bis (5.41) geschrieben sind (vgl. Anhang D.3).

$$K_{GRP} = \frac{\sum_{i=0}^{8} k_{GRPi}\, T_{GR}^i}{K_{Mz}\left(\sum_{i=0}^{4} l_{GRi}\, T_{GR}^i\right)^2} \tag{5.38}$$

$$K_{GRI} = \frac{\left(T_{Mz}^2 - 2\, D_{Mz}\, T_{Mz}\, T_{DMz} + T_{DMz}^2\right) T_{Mz}^2}{K_{Mz}\left(\sum_{i=0}^{4} l_{GRi}\, T_{GR}^i\right)} \tag{5.39}$$

$$K_{GRD} = \frac{(2\, D_{Mz}\, T_{Mz}\, T_{DMz} - T_{DMz})\, T_{GR}^3 - 3\, T_{Mz}^2\, T_{GR}^2 \cdots + 3\, T_{Mz}\, T_{DMz}\, T_{GR} - T_{Mz}^2\, T_{DMz}^2}{K_{Mz}\left(\sum_{i=0}^{4} l_{GRi}\, T_{GR}^i\right)^3} \tag{5.40}$$

$$T_{GRD} = \frac{\left(T_{Mz}^2 - 2\, D_{Mz}\, T_{Mz}\, T_{DMz} + T_{DMz}^2\right) T_{GR}^4}{\sum_{i=0}^{4} l_{GRi}\, T_{GR}^i} \tag{5.41}$$

Eine allgemeine analytische Betrachtung der Gleichungen ist bereits im gezeigten Sonderfall schwierig, sodass die Diskussion der Parameter-Kennlinien anhand eines konkreten Auslegungsbeispiels durchgeführt wird, dessen graphische Darstellung in Abbildung 5.15 zu sehen ist. Die Festlegung der Eigenwerte der geschlossenen Regelschleife bewirkt im vorliegenden Fall eine Verringerung der Regelstrecken-Dynamik, wodurch die Parameter des Reglers negative Vorzeichen aufweisen. Hierdurch wird sichergestellt, dass die Eigenwerte der Gierraten-Regelung in der komplexen Zahlenebene stets rechts von den Eigenwerten der Regelung des Umfangsschlupfes liegen. Andernfalls weist die äußere Regelschleife der Kaskadenregelung eine höhere Dynamik als die inneren Regelkreise auf und wird instabil.

Mit der doppelten reellen Polstelle von T_{GR2} wird der Einfluss auf den Amplitudengang durch die bei der Polvorgabe vernachlässigten Nullstelle über den gesamten Geschwindigkeitsbereich ausreichend gedämpft. Zur Steigerung der Stabilitätsreserve sollte die Zeitkonstante T_{GR2} nicht zu hoch gewählt werden, da dies den Abstand der Pole von der Imaginärachse verringert. Zu kleine Werte für T_{GR2} verursachen Unstetigkeiten mit Vorzeichenwechsel in den Kurvenverläufen der Reglerparameter, da die Eigenwerte der Regelstrecke mit steigender Fahrzeuggeschwindigkeit in Richtung der festgelegten Eigenwerte der geschlossenen Regelschleife wandern und diese letztlich überschreiten. Entsprechend wird die Dynamik der geschlossenen Regelschleife gegenüber der Regelstecken-Dynamik erhöht. Grundsätzlich ist ein derartiger Reglerentwurf denkbar, allerdings treten unverhältnismäßig große Stellaufwände und numerische kritische Berechnungen der Reglerparameter in Folge besagter Unstetigkeiten auf, was insbesondere im Hinblick auf die Implementierung des Regler-Algorithmus vermieden werden sollte.

Eine Erhöhung der Zeitkonstante T_{GR} führt aus den gleichen Gründen innerhalb des dargestellten Geschwindigkeitsbereiches ebenfalls zu Unstetigkeiten in den Kurvenverläufen. Werden dagegen kleinere Werte für T_{GR} gewählt, muss wiederum die Dynamik der inneren Regelschleife beachtet werden. Gleichzeitig steigt die Proportionalverstärkung K_{GRP} für kleine Geschwindigkeiten an, was erneut zu unnötig hohen Stellaufwänden führen wird. Auffallend ist das starke Ansteigen der Verstärkung K_{GRP} für Geschwindigkeiten unter 10 m/s, während die übrigen Reglerparameter gegen Null gehen. Dabei nimmt der Regler das Verhalten eines P-Gliedes an und der Wert der ausgegebenen Stellgröße steigt sehr stark an. Dies spiegelt die bei der Analyse der Regelstrecke getätigte Aussage wider, dass eine Regelung der Fahrzeug-Gierrate mit konventionellen Fahrwerks- und Lenkungssystemen und bei kleinen Geschwindigkeiten nur mit sehr hohem Stellaufwand realisiert werden kann.

Der zulässige Wertebereich bei der Wahl des Lehr'schen Dämpfungsmaßes D_{GR} ist ebenfalls eingeschränkt. Wird ein schnelles Ansprechverhalten bei Sollwertänderung angestrebt, muss die Dämpfung des geschlossenen Regelkreises auf Kosten von Überschwingen der Regelgröße verringert werden. Eine Erhöhung von D_{GR} über einen Wert von Eins hinaus erzeugt zwei reelle Eigenwerte, von denen einer mit steigender Dämpfung asymptotisch in Richtung der Imaginärachse wandert und der andere gegen minus Unendlich strebt. In beiden Fällen wird erneut die Stabilität der Kaskadenregelung beeinträchtigt, was bereits bei der Wahl der Zeitkonstanten T_{GR} und T_{GR2} erläutert wurde. Der Wert für D_{GR} von 0,9 stellt daher ein Kompromiss aus Ansprechverhalten bei geringer Überschwingweite dar. Zur Beurteilung der Stabilität des geschlossenen Regelkreises wurden die Eigenwerte der Übertragungsfunktion $G_{RGR}(s)$

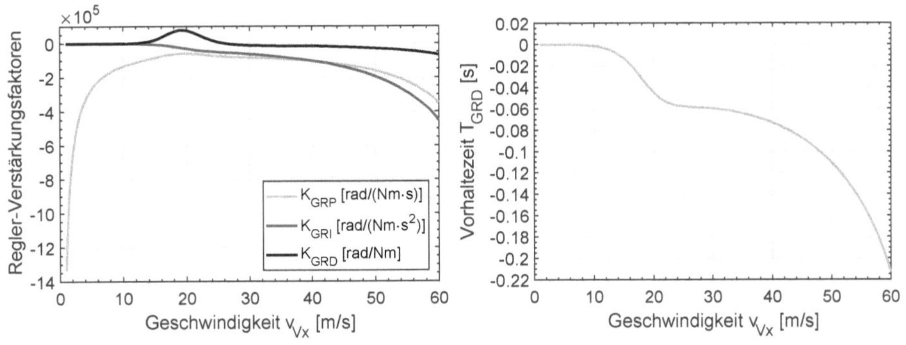

Abb. 5.15: Verstärkungsfaktoren (links) und Vorhaltezeit (rechts) des adaptiven PID-Gierraten-Reglers in Abhängigkeit der Fahrzeuggeschwindigkeit bei Vorgabe der Dynamik des geschlossenen Regelkreises zu T_{GR}=50 ms, T_{GR2}=0,3 s und D_{GR}=0,9

bestimmt. Abgesehen von leichten Schwankungen bleiben die Eigenwerte über fast den gesamten Geschwindigkeitsbereich sehr nahe an den gewünschten Stellen. Erst für Geschwindigkeiten unter 0,1 m/s werden zwei der vier Eigenwerte instabil, wobei eine Gierraten-Regelung in diesem Geschwindigkeitsbereich ohnehin nicht geplant ist. Die im Reglerentwurf nicht behandelte Nullstelle beeinträchtigt in diesem Beispiel somit nicht die Stabilität der geschlossenen Regelschleife.

Nach der Dimensionierung des Reglers muss die Frage geklärt werden, wie die Verteilung der berechneten Stellgröße auf die Einzelradantriebe erfolgt. Die Problemstellung der Regelung überaktuierter Systeme ist in vielen ingenieurtechnischen Bereichen angesiedelt [43, 51, 87]. Im Falle der Fahrdynamikregelung ergeben sich im Gegensatz zu vielen anderen Anwendungsfällen erhöhte Anforderungen an die Echtzeitfähigkeit des Regelungssystems. In der Literatur werden dazu verschiedenste Lösungsansätze diskutiert, die zumeist auf ein mathematisches Optimierungsproblem hinführen [16, 82, 93]. Dabei variieren die Art und Formulierung der Kostenfunktion von linearen und quadratischen bis hin zu nichtlinearen Optimierungsproblemen, was von der Wahl der zu optimierenden Größen und der dabei verfolgten Ziele abhängt. Damit die Verteilung der Stellgröße in Echtzeit berechnet werden kann, sollte die Komplexität des Optimierungsproblems und des zur Lösung eingesetzten Verfahrens möglichst gering gehalten werden. Für die hier vorgestellten Lösungsvarianten wurde sich auf die Nutzung der elektrischen Einzelradantriebe konzentriert, wobei durch den breiten Einsatz elektromechanischer Lenksysteme weitere Aktuatoren zu Regelung der Fahrzeugquerdynamik vorhanden sein können [31]. In der Literatur lassen sich verschiedene Lösungsvarianten für das Problem der Stellgrößenverteilung finden. Eine quadratische Kostenfunktion zur Optimierung der Reifenkräfte wird in [82] vorgestellt, in der die Summe der Kraftschlusspotenziale an jedem Rad unter anderem durch Anwendung des Innere-Punkte-Verfahrens minimiert wird. Die aus dem Fahrerwunsch extrahierten Bewegungsgrößen des Fahrzeuges und die hierfür nötigen Reifenlängs- und Reifenquerkräfte sowie das erforderliche Giermoment werden dabei als Nebenbedingungen berücksichtigt. In ähnlicher Weise wird in [93] eine quadratische Zielfunktion definiert, für deren numerische Lösung die Methode der Sequentiellen Kleinsten Fehler-Quadrate eingesetzt wird. In [16] wird ein nichtlineares Optimierungsproblem gebildet, in dem neben der eigentlichen Aufgabe der Fahrdynamikregelung die Verluste im Antriebsstrang minimiert werden sollen. Zur numerischen Lösung wird die Sequentielle Quadratische Programmierung (SQP) verwendet.

Im vorliegenden Anwendungsfall werden die Änderungen der Reifenlängsschlupf-Werte $\Delta \boldsymbol{s}_x$ als Optimierungsvariablen gewählt, die im Anschluss direkt an die unterlagerten Reifenlängsschlupf-Regelkreise weitergegeben werden können. Dabei kann eine Erhöhung oder Verringerung des Längsschlupfes sich ebenfalls auf die Längsdynamik des Fahrzeuges auswirken. Sollte dies vom Fahrer nicht beabsichtigt sein, kann der Stelleingriff falsch interpretiert werden und den Fahrer verunsichern oder zu womöglich unproduktiven Gegenmaßnahmen animieren. Als zu minimierende Zielfunktion wird daher die Rückwirkung der Stellgrößenverteilung auf die Längsdynamik gewählt. Dies lässt sich mathematisch mit Hilfe der partiellen Ableitungen der Längsdynamik-Differentialgleichung in (2.15) nach dem Längsschlupf ausdrücken, wenn im Vorfeld die Gleichung (2.51) zur Berechnung der Längskräfte in Abhängigkeit des Reifenschlupfes eingesetzt werden. Die sich ergebenen Werte werden im Folgenden als Längsdynamik-Gradient κ_{xi} des i-ten Rades bezeichnet und als Diagonalmatrix $\mathbb{K}$ in die Zielfunktion eingebracht. Damit sowohl positive als auch negative Schlupfänderungen berücksichtigt werden, wird eine quadratische Kostenfunktion angesetzt.

$$\begin{aligned} &\min_{\Delta \boldsymbol{s}_x \in \mathbb{R}} z(\Delta \boldsymbol{s}_x) = \Delta \boldsymbol{s}_x^T \cdot \mathbb{K} \cdot \Delta \boldsymbol{s}_x \quad ; \quad \Delta \boldsymbol{s}_x = \left[\Delta \boldsymbol{s}_{xfl}, \Delta \boldsymbol{s}_{xfr}, \Delta \boldsymbol{s}_{xrl}, \Delta \boldsymbol{s}_{xrr}\right]^T \\ &\text{mit} \quad \mathbb{K} = diag\left(\left[\kappa_{xfl}, \kappa_{xfr}, \kappa_{xrl}, \kappa_{xrr}\right]\right) \\ &\text{und} \quad \kappa_{xi} = \frac{\partial \dot{v}_{Vx}(s_{xi})}{\partial s_{xi}} \quad ; \quad i = \{fl, fr, rl, rr\} \end{aligned} \tag{5.42}$$

Das zur Stellung der Fahrzeuggierrate vom Regler ermittelte Giermoment kann innerhalb der Begrenzungen der Einzelradantriebe und den geschätzten Haftgrenzen zumeist von einem oder mehreren Radantrieben realisiert werden, sodass ein überbestimmtes Gleichungssystem einen unendlichen Lösungsraum aufspannt. Zunächst soll daher ein Maß für die Durchführung der Stellaufgabe ermittelt werden. Dies kann mathematisch mit Hilfe der partiellen Ableitungen der Fahrzeuggierraten-Differentialgleichung nach den Stellgrößen erfolgen, die als Giermoment-Gradienten ξ_i bezeichnet werden [31].

$$\xi_i\left(s_{xi}, F_{WTzi}, \mu_i, \delta_{Wi}\right) = \frac{\partial \dot{\omega}_{Vx}(s_{xi})}{\partial s_{xi}} \quad ; \quad i = \{fl, fr, rl, rr\} \tag{5.43}$$

Welchen Einfluss eine Änderung des Reifenlängsschlupfes am i-ten Rad auf das Giermoment und folglich der Gierrate des Fahrzeuges hat, wird in Abhängigkeit des aktuellen Reifenlängsschlupfes s_{xi}, der Reifenaufstandskraft F_{WTzi}, dem Reibbeiwert μ_i

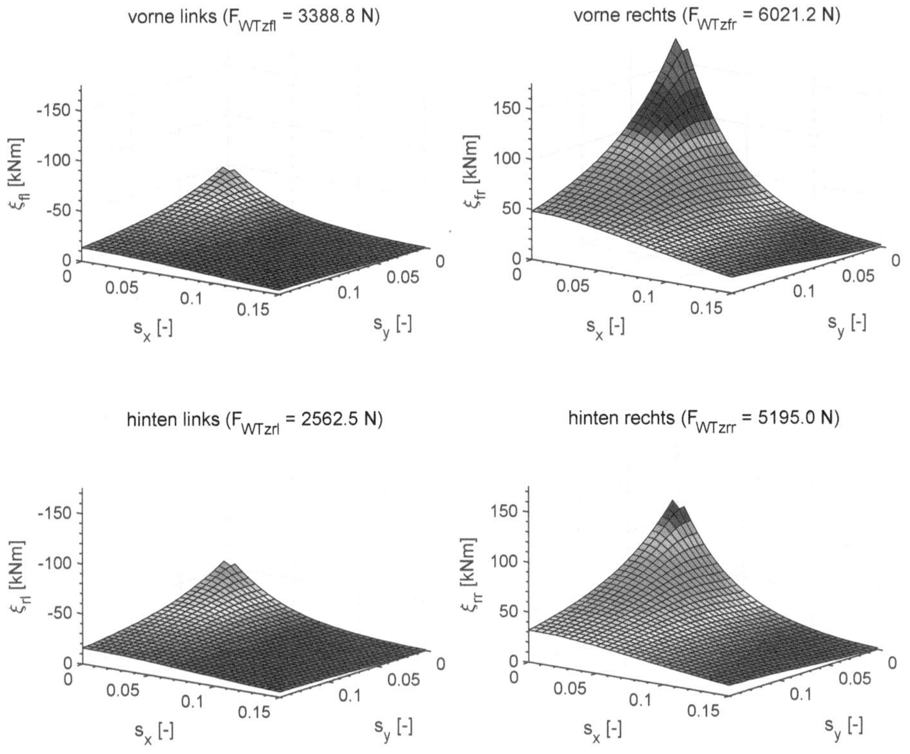

Abb. 5.16: Giermoment-Gradienten in Abhängigkeit von Reifenlängs- und Reifenquerschlupf bei Durchfahren einer Linkskurve mit konstanter Geschwindigkeit

und dem Radeinschlagswinkel δ_{Wi} durch die Werte von ξ_i quantifiziert. Während der Radeinschlagswinkel den Hebelarm der Reifenlängskraft zum Fahrzeugschwerpunkt bestimmt, wirken sich Änderungen der Reifenvertikalkraft und des Reibbeiwerts direkt proportional auf den Wert von ξ_i aus. Zur besseren Anschaulichkeit sind in Abbildung 5.16 die Graphen der Giermoment-Gradienten über dem Längs- und Querschlupf an den Reifen während der Fahrt einer Linkskurve mit konstanter Geschwindigkeit dargestellt. Als Fahrzeugparameter wurden die Daten des Simulationsmodells in Tabelle 3.4 (Seite 59) gewählt. Die Wertebereiche der einzelnen ξ-Achsen wurden zur Veranschaulichung der Größenverhältnisse gleich und für die linken Räder zusätzlich invertiert dargestellt. Auf Grund der wirkenden Querbeschleunigung von etwa -4 m/s^2 stellen sich die angegebenen Radlasten ein und bewirken im Betrag deutlich höhere Giermoment-Gradienten an den kurvenäußeren Rädern. Neben diesen Beziehungen ist ebenfalls gut erkennbar, dass die Beträge der Giermoment-Gradienten auch bei kleinem Reifenlängsschlupf sinken, wenn für die Kurvenfahrt bereits erhöhte Querschlupf-Werte an den Reifen erforderlich sind. Somit wird die Verminderung der übertragbaren Längskraft bei gleichzeitiger Querkraft am Reifen berücksichtigt. Da zusätzlich der Hebelarm der Reifenlängskraft am kurveninneren Vorderrad durch Lenken verringert wird, ist der Giermoment-Gradient dort am geringsten und im Umkehrschluss am kurvenäußeren Vorderrad am höchsten. Zum Zwecke der Stellgrößenverteilung werden diese Sachverhalte verwendet, um die Umsetzung des geforderten Giermoment-Sollwertes abzuschätzen. Bei Erfüllung der Stellaufgabe muss sich die vom Regler ermittelte Giermoment-Änderung $\Delta M_{Vz,soll}$ aus den Änderungen des Reifenlängsschlupfes $\Delta \boldsymbol{s}_x$ an jedem Rad ergeben, was zur Formulierung einer Gleichungsnebenbedingung für das Optimierungsproblem führt.

$$\Delta M_{Vz,soll} = \begin{bmatrix} \xi_{fl} & \xi_{fr} & \xi_{rl} & \xi_{rr} \end{bmatrix} \cdot \Delta \boldsymbol{s}_x \tag{5.44}$$

Die Stellgrößenbegrenzungen der Einzelradantriebe werden als Ungleichungsnebenbedingungen berücksichtigt. Situationsabhängig ergeben sich diese Werte aus dem stellbaren Drehmoment des Antriebes oder der geschätzten Kraftschlussgrenze des Rades.

$$\Delta s_{xi,min} \leq \Delta s_{xi} \leq \Delta s_{xi,max} \quad ; \quad i = \{fl, fr, rl, rr\} \tag{5.45}$$

Gängige Verfahren zur Lösung des in (5.42), (5.44) und (5.45) formulierten Optimierungsproblems sind die Quadratische Programmierung (QP), das SQP-Verfahren oder das Innere-Punkte-Verfahren [59]. Ein Beispiel für den hier beschriebenen Anwendungsfall kann [82] entnommen werden. Der in der Simulationsumgebung *MATLAB® und Simulink®* mittels Erweiterung durch die *Optimization Toolbox™* enthaltene Löser wendet standardmäßig das Innere-Punkte-Verfahren an und wird für die Untersuchung in der Simulation eingesetzt. Die Gleichungen der Längsdynamik- und Giermoment-Gradienten sowie eine Darstellung der Gleichungen des Optimierungsproblems sind Anhang D.4 zu entnehmen.

Um die vorgestellte Regelung der Fahrzeuggierrate zu evaluieren, wurden die einzelnen Komponenten des Sollwertrechners, des adaptiven PID-Gierraten-Reglers und der Stellgrößenverteilung in einer komplexen Gesamtfahrzeugsimulation implementiert und anhand verschiedener Fahrmanöver getestet. Die Reaktion des Reglers auf eine näherungsweise sprungförmige Lenkwinkelanregung wird anhand eines ISO 7401 Fahrmanövers untersucht. Dazu wird das Fahrzeug in Geradeausfahrt auf eine Fahrgeschwindigkeit von 80 km/h beschleunigt und das Lenkrad in der anschließenden Phase des Rollens mit einer maximalen Winkelgeschwindigkeit von 200 °/s eingeschlagen, bis eine Querbeschleunigung von etwa 4 m/s^2 erreicht wird. In Abbildung 5.17 sind die dazugehörigen Zeitverläufe des Gierraten-Sollwertes und der Fahrzeuggierrate im geregelten und ungeregelten Fall dargestellt. Die Regelgröße folgt dabei dem Referenzwert und hält diesen in der Folge stationär genau. Darüber hinaus bleibt die Gierrate nach dem Einlenken ohne zusätzlichen Lenkeingriff durch den Fahrer konstant, während im ungeregelten Fall der Lenkwinkel hierzu nachgeführt werden muss. Mit konstantem Lenkwinkel und eingeregelter Gierrate stellen sich stationär ebenfalls konstante Werte für die Querbeschleunigung und den Schwimmwinkel ein, was einer stationären Kreisfahrt entspricht und anhand der Graphen im rechten Diagramm der Abbildung

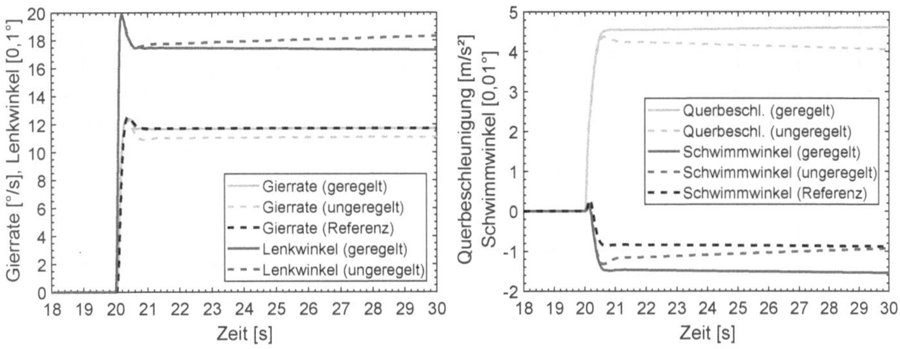

Abb. 5.17: Gierrate und Lenkwinkel (links) sowie Querbeschleunigung und Schwimmwinkel (rechts) während eines simulierten Lenkwinkelsprungs nach ISO 7401 mit und ohne Regelung der Fahrzeuggierrate

5.17 nachvollzogen werden kann. Ohne Regelung der Fahrzeuggierrate und dem damit verbundenen Nachführen des Radeinschlagswinkels wirkt ein höherer Anteil der Querkräfte an den Vorderrädern entgegen der Längsdynamik und verzögert das Fahrzeug leicht, was sich in dem Absinken der Querbeschleunigung und des Schwimmwinkels niederschlägt. Zwar ist der Stationärwert des Schwimmwinkels im geregelten höher als um ungeregelten Fall, allerdings sind die erreichten Werte sehr gering und stellen keine Gefährdung für die Fahrzeugstabilität dar. Bezogen auf die gefahrene Linkskurve bewirkt ein negativer Schwimmwinkel ein „Hereinziehen“ in die Kurve, was sich eher positiv auf das Lenkungsverhalten auswirkt.

Eine genauere Analyse des Einregelns der Gierrate erfolgt anhand der graphische Darstellung der Regelabweichung und der Stellgröße in Abbildung 5.18. Nach dem Einlenken steigt die Regelabweichung an, wobei das Signal hohe Schwankungen aufweist, die sich auf Grund der Proportional-Verstärkung des Reglers direkt im Verlauf der Stellgröße wiederfinden. Bei Erreichen der maximalen Regelabweichung von etwa 0,06 °/s sind die Schwankungen der Regelabweichung bereits stark gedämpft und klingen weiter ab. Anschließend sinkt die Regelabweichung asymptotisch gegen Null ab, sodass bezüglich des Sollwertes die bereits angedeutete stationäre Genauigkeit vorliegt. Das erforderliche Giermoment steigt dabei auf etwa -125 Nm an, für dessen Umsetzung die Sollwerte der unterlagerten Reifenlängsschlupf-Regelkreise angepasst werden. An den zeitlichen Verläufen der radindividuellen Änderungen des Soll-Schlupfes in Abbildung 5.18 kann die Berechnung der Stellgrößenverteilung nachvollzogen werden. Zunächst werden die Schlupfwerte an den kurvenäußeren Rädern erhöht und etwa in gleichem Maße an den kurveninneren Rädern verringert. Auf Grund der Radeinschlagswinkel und der Radlastverteilung sind die Giermoment-Gradienten qualitativ ähnlich dem Beispiel in Abbildung 5.16 ausgeprägt, sodass aus betragsmäßig gleich hohen Schlupfänderungen ein Giermoment resultiert. Die bereits angesprochenen Schwankungen der Stellgröße sind ebenfalls in den Verläufen der Schlupf-Sollwerte

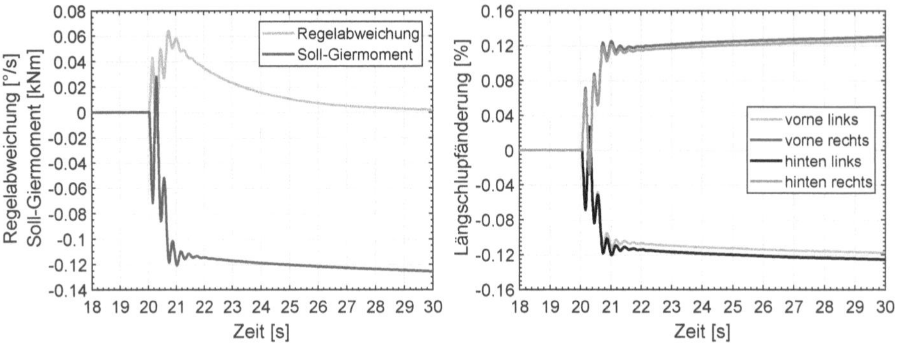

Abb. 5.18: Regelabweichung und Soll-Giermoment (links) sowie ermittelte Längsschlupf-Änderungen (rechts) während eines simulierten Lenkwinkelsprungs nach ISO 7401

enthalten, was insbesondere in kritischen Fahrzuständen vermieden werden sollte, um die Fahrzeugstabilität nicht zu gefährden.

Mit Hilfe der Simulationsergebnisse einer Konstantkreisfahrt wird das Verhalten des Regelungssystems bei rampenförmigem Anstieg des Sollwertes untersucht. Infolge der stetigen Erhöhung der Fahrzeuggeschwindigkeit muss zur Aufrechterhaltung des Kreisbahnradius die Gierrate durch den Fahrer mittels Lenkradeinschlags nachgeführt werden. Bei Verlassen des Bereichs linearen Fahrverhaltens nimmt die Regelabweichung zu und bewirkt ein Eingreifen des Gierraten-Reglers. Die zeitlichen Verläufe der Regelabweichung und des Giermoment-Sollwertes bei eingeschalteter Regelung der Fahrzeuggierrate sind in Abbildung 5.19 in einem Diagramm dargestellt. Im Zeitraum zwischen 70 s und 120 s tritt zunächst eine negative Regelabweichung auf. Demnach ist bezüglich des Referenzverhaltens im Sollwertrechner die Gierrate des Fahrzeuges zu hoch. Die Regelabweichung und die daraus ermittelte Stellgröße sind jedoch vergleichsweise gering. Im Anschluss nähert sich das Fahrverhalten dem nichtlinearen Bereich, wodurch bei gleichem Lenkeinschlag die Gierrate des Fahrzeuges nicht mehr im gleichen Maße zunimmt. Zu diesem Zeitpunkt haben sich die Radlasten auf Grund der wirkenden Querbeschleunigung bereits merklich geändert. Somit wird durch die Verringerung der Motormomente an den kurveninneren Rädern eine Erhöhung des Längsschlupfes infolge kleiner werdender Radlasten entgegengewirkt, während an den kurvenäußeren Rädern mehr Drehmoment aufgebracht werden muss, um den gleichen Längsschlupfwert zu halten. Dieser Sachverhalt wird von der Gierraten-Regelung berücksichtigt, da er sich in den Werten der Giermoment-Gradienten widerspiegelt. Die Darstellung der Giermoment-Gradienten in Abbildung 5.16 illustriert dies beispielhaft für die Fahrt einer Linkskurve, wie es im beschriebenen simulierten Fahrmanöver durchgeführt wurde. Durch die von der Stellgrößenverteilung ermittelten Änderungen des Reifenlängsschlupfes, deren Zeitverläufe auf der rechten Seite in Abbildung 5.19 dargestellt sind, erfolgt ein koordinierter radindividueller Eingriff mit Hilfe der unterlagerten Reifenlängsschlupf-Regelkreise. In der Folge werden achsweise differenzielle

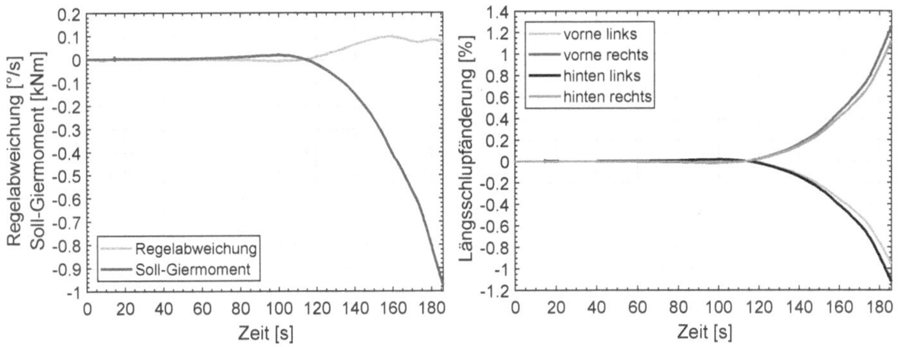

Abb. 5.19: Regelabweichung und Soll-Giermoment (links) sowie ermittelte Längsschlupf-Änderungen (rechts) während einer simulierten Konstantkreisfahrt

Längskräfte eingeprägt, die entsprechend ihrer Hebelarme zum Fahrzeugschwerpunkt ein Drehmoment um die Hochachse des Fahrzeuges erzeugen. Um die vorliegende positive Regelabweichung abzubauen, muss die Gierrate des Fahrzeuges erhöht werden, wodurch die einsetzende Erhöhung der kurvenäußeren und gleichzeitige Verringerung der kurveninneren Drehmomente beziehungsweise Längsschlupf-Sollwerte plausibel ist. Bei weiterer Erhöhung der Geschwindigkeit müssen die kurveninneren Räder verzögert werden, um das geforderte Giermoment zu realisieren. Hierzu werden die Sollwerte der Reifenlängsschlupf-Regelung um etwa 1,2 % an den kurvenäußeren und um etwa -1 % an den kurveninneren Rädern angepasst. Das Fahrmanöver wird bis zum Ausbrechen des Fahrzeuges fortgeführt, wobei die Regelabweichung unterhalb von 0,1 °/s bleibt und der Sollwert des Giermoments auf fast 1 kNm ansteigt.

Zur Charakterisierung des Regelungsverhaltens während des gesamten Fahrmanövers sind die Gierverstärkung und die Regelabweichung in Abhängigkeit der Querbeschleunigung im geregelten und ungeregelten Fall in Abbildung 5.20 dargestellt. Für die Gierverstärkung wird zusätzlich der Referenzwert des Sollwertrechners abgebildet. Wie im Abschnitt 4.1.2 zur Fahrzustandsschätzung und der Abbildung 4.14 bereits veranschaulicht wurde, nimmt die Regelabweichung ab einer Querbeschleunigung von etwa 4 m/s^2 signifikant zu. Bei eingeschalteter Gierraten-Regelung weist das Fahrzeug die vom Sollwertrechner beabsichtigte Gierverstärkung über den gesamten Bereich der Querbeschleunigung auf, sodass dem Fahrzeug das Fahrverhalten des Referenzmodells aufgeprägt wird. Während die Gierverstärkung ohne Regelung der Fahrzeuggierrate ab einer Querbeschleunigung von 7 m/s^2 degressiv verläuft, bleiben die Eigenschaften des Lenkverhaltens mit Gierraten-Regelung erhalten.

Eine Beurteilung des Regelungsverhaltens unter wechselseitigen Anregungen der Querdynamik des Fahrzeuges erfolgt anhand eines simulierten Doppelspurwechsels. In den vorgestellten Ergebnissen wurde das Manöver mit einer Geschwindigkeit von 110 km/h bei Erreichen der ersten Pylonengasse gefahren. In Abbildung 5.21 werden die zeitlichen Verläufe der relevanten Fahrzustandsgrößen Gierrate, Lenkwinkel, Quer-

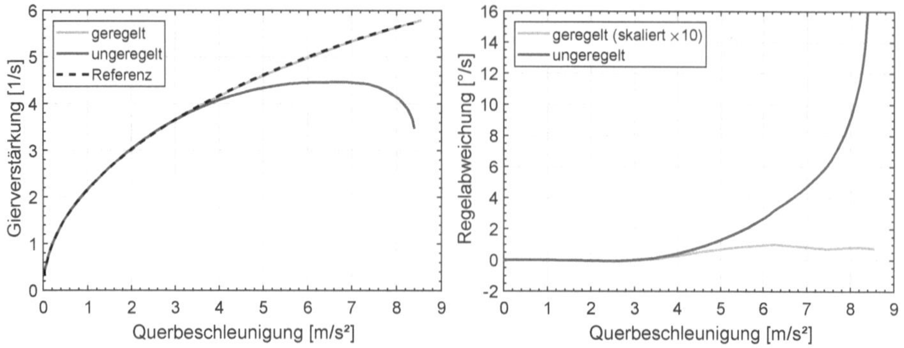

Abb. 5.20: Gierverstärkung (links) und Regelabweichung (rechts) in Abhängigkeit der Querbeschleunigung aus einer simulierten Konstantkreisfahrt mit und ohne Regelung der Fahrzeuggierrate

beschleunigung und Schwimmwinkel während der Durchfahrt der Pylonengassen für den geregelten und ungeregelten Fall gegenübergestellt. Dabei wird ersichtlich, dass die Regelung der Gierrate dem Verlauf des Sollwertes folgt, wobei zur besseren Darstellung auf den Zeitverlauf der Regelabweichung in Abbildung 5.22 verwiesen wird. Bezüglich des ungeregelten Falls stellt sich ein ähnlicher Kurvenverlauf bei Regelung der Gierrate ein, allerdings sind hierzu insbesondere während des Gegenlenkens geringere Amplituden des Lenkradwinkels erforderlich. Folglich wird der Fahrer durch die Gierraten-Regelung beim Absolvieren des Fahrmanövers unterstützt, indem geringere Lenkbewegungen erforderlich werden. Besonders interessant wird dies beim Übergang von der zweiten in die dritte Pylonengasse zwischen 23,5 s und 25 s, wenn die Querbeschleunigung mit etwa 7,5 m/s^2 am höchsten ist und das Fahrzeug zum Untersteuern neigt. Auf Grund des besseren Lenkverhaltens kann der Fahrer einerseits am Ausgang der zweiten Pylonengasse etwas eher einlenken und andererseits das Gegenlenken innerhalb der dritten Gasse frühzeitiger beenden. Die Querbeschleunigung und der Schwimmwinkel in Abbildung 5.21 verlaufen mit und ohne Regelung der Fahrzeuggierrate beinahe identisch, was auf Grund der ebenfalls marginalen Unterschiede im Verlauf der Gierrate zu erwarten war.

Zur detaillierteren Betrachtung der Stellgröße und deren Verteilung sind diese zusammen mit der Regelabweichung in Abbildung 5.22 während der Durchfahrt durch die Pylonengassen graphisch dargestellt. Die Regelabweichung bleibt während des Fahrmanövers mit aktiver Regelung der Fahrzeuggierrate betragsmäßig unter 1,1 °/s. Speziell während des Wechsels von der zweiten in die dritte Pylonengasse konnte die Differenz zum Sollwertrechner von über 5 °/s ohne Regelung auf unter 0,7 °/s deutlich reduziert werden. Die erforderlichen Giermoment-Sollwerte von bis zu 1 kNm werden von der Stellgrößenverteilung wie gefordert achsweise differenziell auf die Schlupf-Sollwerte der Räder eingeprägt. Trotz der hierzu betragsmäßig geringen Schlupfänderungen bis zu 1,2 % erreichen die elektrischen Antriebe an den kurvenäußeren Rädern zeitweise ihre Stellgrößenbegrenzung. Als Ursache hierfür sind die erhöhten Radlasten

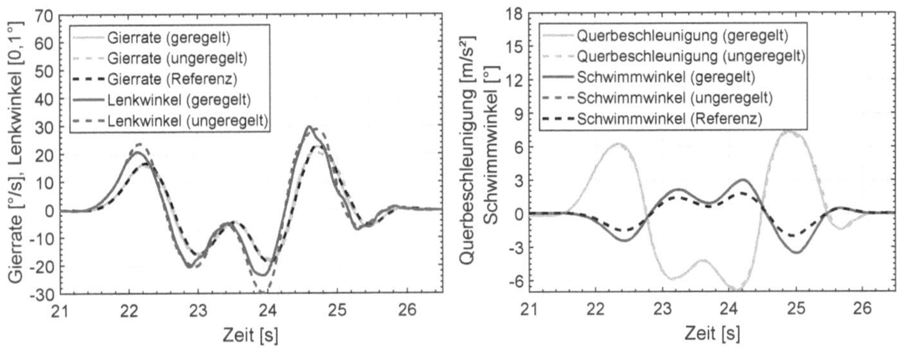

Abb. 5.21: Gierrate und Lenkwinkel (links) sowie Querbeschleunigung und Schwimmwinkel (rechts) während eines simulierten Doppelspurwechsels nach ISO 3888 mit und ohne Regelung der Fahrzeuggierrate

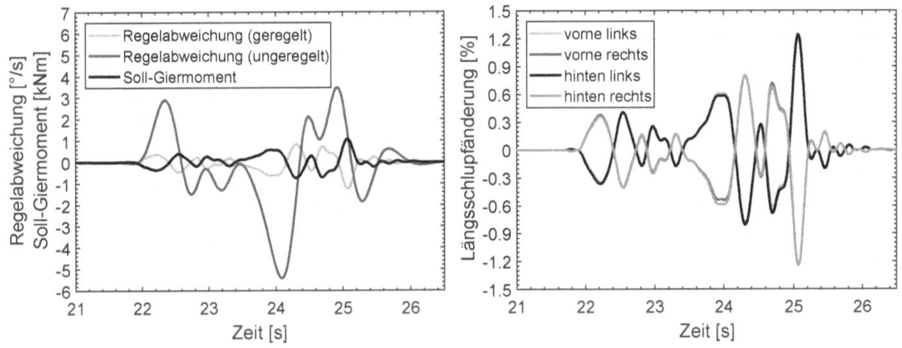

Abb. 5.22: Regelabweichung und Soll-Giermoment (links) sowie ermittelte Längsschlupf-Änderungen (rechts) während eines simulierten Doppelspurwechsels nach ISO 3888

an diesen Rädern zu nennen, die ein höheres Drehmoment erfordern, um den gewünschten Längsschlupf zu stellen. Gleichzeitig werden bei einer Geschwindigkeit von 110 km/h Motordrehzahlen erreicht, bei denen auf Grund der Leistungsbegrenzung nicht mehr das maximale Drehmoment der elektrischen Maschine zur Verfügung steht. In querdynamisch kritischen Fahrsituationen wird der stellbare Längsschlupf nicht nur durch ein begrenztes Motormoment sondern auch durch den bereits aufgebauten Querschlupf am Reifen eingeschränkt. Um diesen Zusammenhang zu berücksichtigen, wurde bei der Formulierung der Gleichungen der Giermoment-Gradienten die Berechnung der Längskraft unter Berücksichtigung des Querschlupfes gewählt, wodurch die Giermoment-Gradienten in Abbildung 5.16 mit dem Querschlupf sinken. Entsprechend bewirken gleiche Beträge der Schlupfänderungen an den Rädern einer Achse ein höheres Giermoment. Dies wird durch die ebenfalls einfließenden Radlasten skaliert, sodass zwar am kurveninneren Rad bei gleichem Drehmoment mehr Längsschlupf eingeregelt werden kann, jedoch gleichzeitig der Querschlupf ansteigt und den Längsschlupf auf diesem Wege begrenzt. Dazu ist anzumerken, dass an den kurveninneren Rädern negative Schlupfänderungen aufgebracht werden, sodass hier das maximale generatorische Drehmoment des Motors mit Hilfe kooperativer Eingriffe durch die mechanische Bremse erweitert werden kann. An den kurvenäußeren Rädern stellt sich der Sachverhalt entgegengesetzt dar. Die während der Kurvenfahrt höheren Radlasten steigern die übertragbare Gesamtkraft am Reifen beziehungsweise verringern den Wert des Schlupfes bei gleicher Reifenkraft. Hierdurch wird der aus dem KAMM'schen Kreis abgeleitete einstellbare Längsschlupfbereich zwar erhöht, jedoch ist für die gleiche Schlupfänderung mehr Drehmoment des Einzelradantriebs zur Reifenlängsschlupf-Regelung erforderlich. Während im standardisierten Fahrmanöver des Doppelspurwechsels der Antriebsstrang ausgekuppelt wird beziehungsweise kein Antriebsmoment an den Rädern aufgebracht werden soll, muss im Allgemeinen davon ausgegangen werden, dass bereits ein Längsschlupf am Rad vorliegt. Somit werden die maximal möglichen positiven Schlupfänderungen zusätzlich limitiert. Inwieweit hieraus Rückschlüsse auf die Dimensionierung des Einzelradantriebs gezogen werden können, soll an dieser Stelle nicht weiter untersucht werden.

Anhand der vorgestellten Simulationsergebnisse kann die grundsätzliche Funktionsfähigkeit der Regelung der Fahrzeuggierrate bestätigt werden. Zum Nachweis der praktischen Umsetzbarkeit wird im Folgenden die prototypische Implementierung des Regelalgorithmus im Versuchsfahrzeug vorgestellt. Damit einhergehend muss ermittelt werden, ob die im Versuchsfahrzeug installierten Radnabenantriebe ein genügend hohes Drehmoment bereitstellen können, um einen merklichen Eingriff in die Fahrdynamik zu bewerkstelligen.

5.2 Validierung und Test

Der schrittweise Entwurf der einzelnen Regelschleifen innerhalb der Kaskadenstruktur [46, 73] wird auf die Vorgehensweise zur Implementierung und zum Test im Versuchsfahrzeug übertragen. Somit wird zunächst der vorgestellte Reifenlängsschlupf-Regler in die bereits vorhandene Steuergeräte-Software des Versuchsfahrzeugs eingepflegt. Die hierfür notwendigen Eingangsgrößen werden von dem im Vorfeld implementierten Beobachter bereitgestellt, während die Übergabe der Drehmomentsollwerte an die Motorcontroller mittels definierter CAN-Nachrichten erfolgt. Um die Fahrversuche im Sinne der Wiederholbarkeit einfach zu gestalten und trotzdem eine Analyse des Regler-Verhaltens zu ermöglichen, wurde als Manöver eine Beschleunigung in Geradeausfahrt gewählt. In den Graphen der Zeitverläufe von Längsgeschwindigkeit und Längsbeschleunigung in Abbildung 5.23 ist der relevante Teil des beschriebenen Fahrmanövers einzusehen. Für die Geschwindigkeit wurden zusätzlich zum beobachteten Signalverlauf die Werte der Referenzsensorik angegeben, während der beobachteten Beschleunigung das aufgenommene Signal des Fahrzeugsensors hinzugefügt wurde.

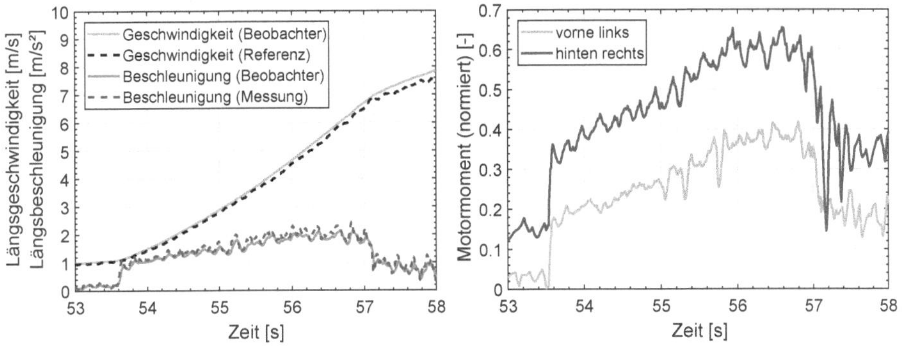

Abb. 5.23: Längsgeschwindigkeit und Längsbeschleunigung (links) sowie normierte Drehmoment-Sollwerte (rechts) während einer Beschleunigung mit Schlupfregelung

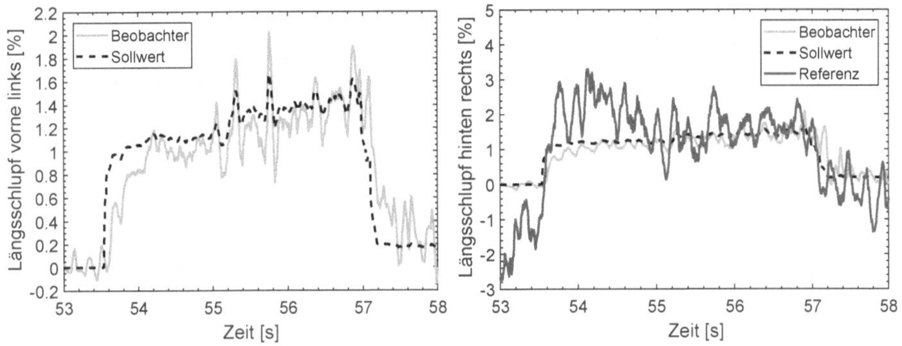

Abb. 5.24: Reifenlängsschlupf am linken Vorderrad (links) und am rechten Hinterrad (rechts) während einer Beschleunigung mit Schlupfregelung

Auf die Vorgabe positiver Sollwerte für den Längsschlupf wird das Fahrzeug als erwartete Reaktion beschleunigt, indem die vom Reifenlängsschlupf-Regler ermittelten Drehmoment-Sollwerte von den Motoren umgesetzt werden. Im Diagramm auf der rechten Seite in Abbildung 5.23 sind beispielhaft für das linke Vorderrad und das rechte Hinterrad die Zeitverläufe der Motormomente dargestellt, wobei eine Normierung der Werte auf die jeweils maximal möglichen Drehmomente erfolgte. Für ebendiese Räder sind in Abbildung 5.24 der Sollwert und beobachtete Längsschlupf graphisch dargestellt und um den mit Hilfe der Referenzsensorik ermittelten statischen Schlupf am rechten Hinterrad ergänzt.

Anhand des Verlaufs kann zunächst der beobachtete Längsschlupf validiert werden. Als Reaktion auf die Erhöhung des Sollwertes auf etwa 1,1 % werden an den Rädern mit etwa 1 s Zeitverzögerung der Längsschlupf stationär genau eingeregelt. Im weiteren Verlauf wird der Sollwert auf 1,5 % erhöht, dem der Istwert unmittelbar folgt. Die hierfür erforderlichen Drehmomente betragen an den Vorderrädern etwa 40 % beziehungsweise an den Hinterrädern ca. 60 % der Maximalwerte der Antriebsmotoren an der Hinterachse. Die anschließende Verringerung der Längsschlupf-Sollwerte auf 0,2 % wird von der Reifenlängsschlupf-Regelung mit dem Herabsetzen der Drehmoment-Sollwerte quittiert, sodass in der Folge der beobachtete Längsschlupf auf dessen Wert sinkt. Im Gegensatz zum Beginn der Beschleunigung reagiert der Istwert nun deutlich früher auf die Sollwertänderung. Abgesehen von Ungenauigkeiten in den Fahrzeugparametern und beobachteten Fahrzustandsgrößen, die sich auf die Berechnung der Reglerverstärkungen auswirken, kann die relativ hohe Zeitverzögerung somit auch systembedingte Gründe haben. Dazu zählen beispielsweise nicht berücksichtigte Verluste durch statische Reibungsanteile, die bei der Modellierung der Raddynamik vernachlässigt wurden. Da am Anfang des Fahrmanövers die Raddrehzahlen gering sind, ist ebenfalls ein Einfluss durch die unterlagerte Drehmoment-Regelung der Antriebe denkbar. Zwar weisen die Antriebe eine relativ hohe Polpaarzahl auf, jedoch können die Motorcontroller zur Regelung des Antriebs lediglich auf die verbauten digitalen Hall-Sensoren zurückgreifen, sodass einerseits bei geringen Drehzahlen höhere Drehmoment-Rippel auftreten und andererseits eine Regelung des Drehmoments bei Stillstand nicht möglich ist. Um dies zu ermöglichen, muss sowohl die Rotorlage im Stillstand als auch die Drehzahl und Drehrichtung bei geringen Drehzahlen bestimmbar sein. Bei Betrachtung des Anfahrverhaltens der Radnabenantriebe wird bis zum Erreichen einer bestimmten Mindestdrehzahl der Motor vermutlich mit einem geringeren Drehmoment gesteuert in Rotation versetzt. Sobald die Drehrichtung plausibilisiert werden kann und die Bestimmung der Drehzahl mit einer ausreichenden Genauigkeit erfolgt, wird die Regelung des Drehmoments aktiviert.

Die Verwendung der Längsschlupf-Regelung im Stillstand und bei sehr geringen Drehzahlen der Antriebe hat sich mit den im Versuchsfahrzeug vorhandenen Radnabenantrieben, beziehungsweise mit der Kombination aus Sensorik und Motorcontroller, als nicht praktikabel erwiesen. Darüber hinaus enthalten die beobachteten Längsschlupfverläufe ein Rauschen mit vereinzelt erhöhten Schwankungen, die sich in den Solldrehmomenten widerspiegeln. Dies war nicht nur akustisch wahrnehmbar, sondern im Falle der Vorderräder über das Direktlenkgetriebe am Lenkrad leicht spürbar. Somit sollte eine weitere Verbesserung der Schlupfschätzung hinsichtlich geringerer Rauschamplituden oder andere Maßnahmen zur Glättung der Regelabweichung beziehungsweise der Stellgröße angestrebt werden.

Nach der Inbetriebnahme der Reifenlängsschlupf-Regler wurde die überlagerte Regelung der Gierrate des Fahrzeuges in die Steuergeräte-Software des Versuchsfahrzeugs programmiert. Auf Grund der Tatsache, dass der in der Simulation verwendete Löser zur Berechnung der Stellgrößenverteilung nicht automatisch in die Programmiersprache der Steuerung übersetzt werden kann, wurde an dieser Stelle eine vereinfachte Berechnungsvorschrift gewählt. Dazu wurden zwar die radweisen Stellgrößenbegrenzungen berechnet, aber nicht als Ungleichungsnebenbedingungen bei der Lösung berücksichtigt. Das in (5.42) und (5.44) formulierte Optimierungsproblem ist nun lediglich durch eine Gleichungsnebenbedingung beschränkt und kann direkt gelöst

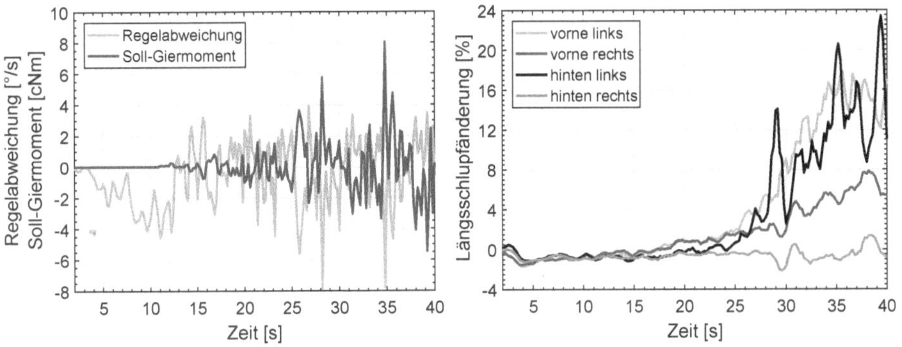

Abb. 5.25: Regelabweichung und Soll-Giermoment (links) sowie ermittelte radindividuelle Schlupfänderungen (rechts) während einer Konstantkreisfahrt mit Regelung der Gierrate

werden. Zur Bestimmung des Minimums der Kostenfunktion unter Gleichungsnebenbedingung wird die Langrange-Funktion aufgestellt. Die Erfüllung der notwendigen Bedingung ist gegeben, wenn das durch partielle Ableitung nach den Parametern und den Langrange-Multiplikatoren gebildete Gleichungssystem lösbar ist. Bei analytischer Betrachtung des Gleichungssystems lässt sich zeigen, dass die Matrix des Gleichungssystems invertiert werden kann, wenn alle Längsdynamik- und Giermoment-Gradienten ungleich Null sind. Dies wird beispielsweise durch das Abheben eines Rades verletzt, was in querdynamischen Grenzsituationen auftreten kann und sowohl einen Längsdynamik- als auch einen Giermoment-Gradienten an diesem Rad von Null bedeutet. Damit das Lösungsverhalten nicht beeinträchtigt wird, werden daher für die Optimierung Minimalwerte der Radlasten festgelegt, wodurch relativ zu den anderen Rädern vernachlässigbar geringe Schlupfänderungen bestimmt werden. Darüber hinaus wird die Bestimmung der hinreichenden Bedingung erleichtert, da die Hessematrix $\mathbb{K}$ der Kostenfunktion positiv definit ist, solange die Radlasten an allen Rädern größer Null sind und somit ein Minimum vorliegt. Weitere Anpassungen waren bei der Implementierung des Fahrzeuggierraten-Reglers nicht erforderlich.

Anhand der bei der Durchführung zweier Fahrmanöver mit vorwiegend querdynamischer Anregung erfassten Messwerte soll im Folgenden das Verhalten des Gierraten-Reglers beurteilt werden. Zu Beginn wurde eine Konstantkreisfahrt vorgenommen, bei der sich im Zuge der vorsichtigen Erhöhung der Fahrgeschwindigkeit die Regelabweichung stetig erhöht. Da die Längsbeschleunigung des Versuchsfahrzeugs gering gehalten wird, sind keine hohen Längsschlupfwerte an den Rädern erforderlich. Dies gestattet der Fahrzeuggierraten-Regelung eine gute Ausnutzung des stellbaren Bereichs des Längsschlupf-Reglers. In Abbildung 5.25 werden die Regelabweichung, das vom Regler ermittelte Soll-Giermoment und die zu dessen Umsetzung erforderlichen radindividuellen Schlupfänderungen graphisch dargestellt.

Die Regelabweichung der Gierrate erreicht zu Beginn einen Wert zwischen -2 und -4 °/s, bevor eine Reaktion auf der Stellgröße sichtbar wird. Es ist nur ein geringes zusätz-

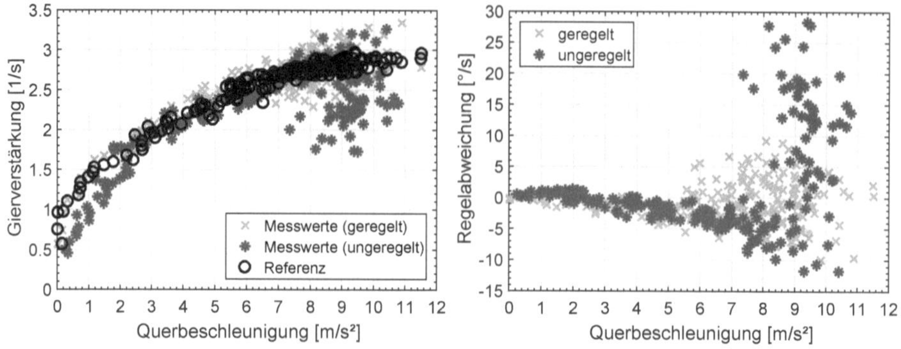

Abb. 5.26: Messwerte der Gierverstärkung (links) und der Regelabweichung der Gierrate (rechts) während einer Konstantkreisfahrt mit und ohne Regelung der Gierrate

liches Giermoment erforderlich, um die Regelabweichung wieder abzubauen, was sich mit kleinen differenziellen Schlupfänderungen an Vorder- und Hinterachse umsetzen lässt. Mit zunehmender Fahrzeuggeschwindigkeit sind höhere Werte für das Giermoment von Nöten, um die Regelabweichung zu limitieren. Dies lässt sich am Verlauf der Stellgröße erkennen, die während des gesamten Fahrmanövers der Regelabweichung mit entgegengesetztem Vorzeichen folgt und diese mit zunehmender Geschwindigkeit mehr und mehr verstärkt. Um die Regelabweichung bis auf wenige erkennbare Ausreißer unter ±5 °/s zu halten, sind Soll-Giermomente von bis zu 400 Nm vom Regler berechnet worden. Daraus resultiert ein deutliches Anwachsen der zu stellenden achsweisen differenziellen Schlupfänderungen auf bis zu 10 % an der Vorder- und 16 % an der Hinterachse. Auf Grund der geringeren Radlasten können die Längsschlupf-Regler an den kurveninneren linken Rädern zwar höhere Schlupfänderungen realisieren, allerdings erreichen die Radnabenantriebe in etwa zum Zeitpunkt 30 s ihre Drehmomentbegrenzung. Gleichzeitig befindet sich das Rad infolge des hohen Querschlupfes bereits nahe an der Grenze der Haftreibung. An dieser Stelle müssen die maximal stellbaren Längschlupfwerte bei der Verteilung der Stellgröße berücksichtigt werden und die Schlupfänderung an diesen Rädern wieder verringern, was allerdings wegen der vorgenommenen Vereinfachungen zur Lösung des Optimierungsproblems der Stellgrößenverteilung derzeit nicht erfolgt. Dies führt zu starken Schwankungen in den Schlupfänderungen der kurveninneren Räder, die sich auch auf die Sollwerte der Motordrehmomente auswirken und über die Direktlenkung am Lenkrad spürbar sind. Zwar lassen sich diese Rückwirkungen vermutlich durch die Einhaltung der Stellgrenzen verringern, allerdings ist eine weitere Minimierung nur unter Verwendung einer elektromechanischen Lenkunterstützung zu erreichen. Trotzdem der Regeleingriff an der Stellgrößenbegrenzung erfolgt, erhöht sich die Regelabweichung in diesem Abschnitt des Fahrversuchs nicht. Für den Fahrer und Beifahrer ist dies jedoch wahrnehmbar und sollte daher verbessert werden.

Wenngleich das Regelverhalten Verbesserungspotenzial aufweist, kann die grundsätzliche Funktionsweise anhand der Darstellungen in Abbildung 5.26 aufgezeigt werden. Hierin wurden zu äquidistanten Zeitpunkten aus den aufgenommenen Messwerten die Gierverstärkung und die Regelabweichung ermittelt und in Abhängigkeit der Querbeschleunigung aufgetragen. Die Verteilung der Messpunkte erlaubt einen Vergleich mit dem theoretischen Zusammenhang aus der Simulation in Abbildung 5.20 auf Seite 150 und der erzielten Wirkung der Gierraten-Regelung im realen Fahrversuch. Im Wesentlichen lässt sich der degressive Verlauf der Gierverstärkung aus der Simulation in den Messwerten wiedererkennen und sogar das plötzliche Abnehmen der Gierverstärkung bei hohen Querbeschleunigungen für den ungeregelten Fall erahnen. Bezüglich der Referenzwerte ist sowohl bei geringen als auch bei hohen Querbeschleunigungen der Einfluss der Gierraten-Regelung ersichtlich, da die Messpunkte im geregelten Anwendungsfall deutlich näher an dem Referenzverhalten liegen. Für geringe Querbeschleunigungen kann ein Anheben der Gierverstärkung durch die Fahrdynamikregelung vermutet werden, was sich im Fahrversuch durch ein bereitwilligeres Einlenken zu Beginn einer Kurvenfahrt äußert. Werden Querbeschleunigungen über 6 m/s^2 erreicht, kann die Regelung der Referenz nicht in der gleichen Qualität folgen, was ursächlich aus der vereinfachten Implementierung der Stellgrößenverteilung und dem Erreichen der Begrenzungen der Radnabenantriebe resultiert. Dennoch ist mit eingeschalteter Gierraten-Regelung ein besseres Lenkverhalten auch bei querdynamisch kritischen Fahrzuständen erkennbar, da die Gierverstärkung in diesem Bereich weniger stark zurückgeht. Ein Unter- oder Übersteuern des Versuchsfahrzeuges zu provozieren, kann nur noch mit heftigen Lenkbewegungen und Bremseingriffen bewerkstelligt werden. Somit wurde eine Verbesserung des Lenkverhaltens und schließlich der Kurvenstabilität erzielt. Die graphische Darstellung der Regelabweichung im rechten Diagramm von Abbildung 5.26 demonstriert die Wirkung des Regeleingriffs anhand der deutlich geringeren Regelabweichung insbesondere bei hohen Querbeschleunigungen. Im gesamten Querbeschleunigungsbereich liegt die Regelabweichung trotz Stellgrößenbegrenzung innerhalb von $\pm 10\,^{\circ}/s$, wohingegen ohne Regelung der Gierrate bis zu drei Mal höhere Werte auftreten. Des Weiteren können erneut die theoretischen Verläufe aus Abbildung 5.20 qualitativ identifiziert werden, die ein starkes Ansteigen der Regelabweichung im ungeregelten Fall ab Querbeschleunigungen von 6 m/s^2 prognostizieren ließen. Zwischen 6 und 8 m/s^2 Querbeschleunigung befindet sich allerdings ein Bereich, in dem die Regelung der Fahrzeuggierrate vermeintlich höhere Regelabweichungen erzeugt. Eine Verbesserung des Regeleingriffs in diesem Bereich ist allerdings bei vollständiger Berücksichtigung der Begrenzungen und einem feiner dosierten Stelleingriff zu erwarten.

Um das Regelverhalten unter wechselseitiger Anregung der Querdynamik zu untersuchen, wurde als weiterer Fahrversuch ein Ausweichmanöver in Anlehnung an den ISO 3888 Doppelspurwechsel gefahren. Da keine genügend lange und breite Versuchsfläche zur Verfügung stand, konnte nur ein kurzes, aber heftiges Ausweichen nachempfunden werden. Als zugrundeliegendes Szenario kann die Fahrt einer schlecht

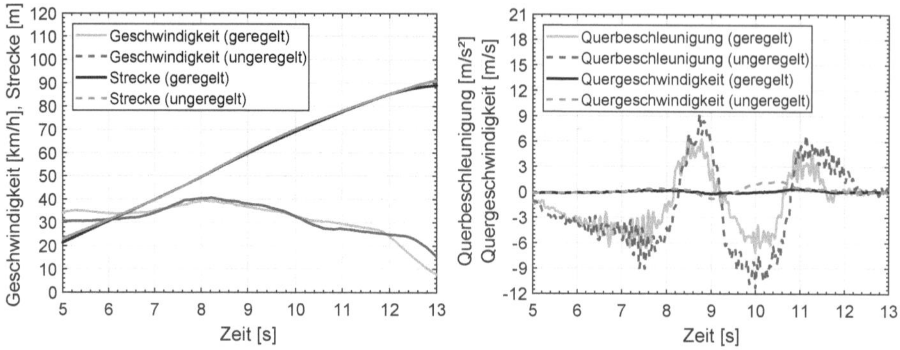

Abb. 5.27: Weg- und Geschwindigkeitsprofil (links) sowie Querbeschleunigung und Quergeschwindigkeit (rechts) während eines Ausweichmanövers mit und ohne Regelung der Gierrate

einsehbaren Rechtskurve angenommen werden, in der ein plötzliches Hindernis, beispielsweise ein Radfahrer am Straßenrand, auftaucht. Um eine Kollision zu vermeiden, wird als mögliche Reaktion des Fahrers ein Ausweichmanöver ohne Betätigung der Bremse gefahren. Die Komplexität des Fahrversuchs, im Besonderen die Bedingungen am Anfang des Ausweichvorgangs, erschwert ein Reproduzieren des Fahrmanövers ungemein. Somit ist auch der Vergleich zwischen geregelter und ungeregelter Fahrt nur bedingt aussagekräftig, jedoch können prinzipielle Aussagen zum Regelverhalten getätigt werden. Zu diesem Zweck wurden die dargestellten Versuchsergebnisse mit Beginn der ersten Lenkbewegung zeitlich synchronisiert.

Die in Abbildung 5.27 im linken Diagramm dargestellten Weg- und Geschwindigkeitsprofile beider Versuchsfahrten liegen innerhalb des interessanten Zeitbereichs zwischen 7 s und 12 s nahe beieinander, sodass für die Längsdynamik von näherungsweise gleichen Voraussetzungen gesprochen werden kann. Gleiches gilt zumindest bei Beginn des Ausweichens für die Querbeschleunigung und Quergeschwindigkeit, deren Zeitverläufe im rechten Diagramm dargestellt werden. Bevor der erste signifikante Regeleingriff bei etwa 6,5 s erfolgt, werden in beiden Versuchen sehr ähnliche Werte der Querbeschleunigung erreicht. Zwischen der Quergeschwindigkeit im geregelten und ungeregelten Fall sind bis zu diesem Zeitpunkt ebenfalls keine nennenswerten Abweichungen erkennbar. Dies ändert sich während des Ausweichens, in dessen Folge die Querbeschleunigung auf etwa 7,5 m/s^2 anwächst, während mit Regelung der Fahrzeuggierrate etwa 5 m/s^2 erreicht werden. Der leicht verzögerte Anstieg der Quergeschwindigkeit deutet darauf hin, dass das Fahrzeug nichtlineares Fahrverhalten aufweist und den Lenkvorgaben nicht mehr im gewünschten Maße folgt, was auf Grund der geringeren Querbeschleunigungswerte mit geregelter Gierrate weniger stark ausgeprägt ist. Dieser Effekt wird bei der nun folgenden Rückkehr auf die Fahrspur unter zweimaligem schnellem Gegenlenken drastisch verstärkt. Mit eingeschalteter Regelung der Fahrdynamik wird eine deutliche Verringerung der auftretenden Querbeschleunigungen erzielt und ein Ansteigen der Quergeschwindigkeit verhindert. Speziell

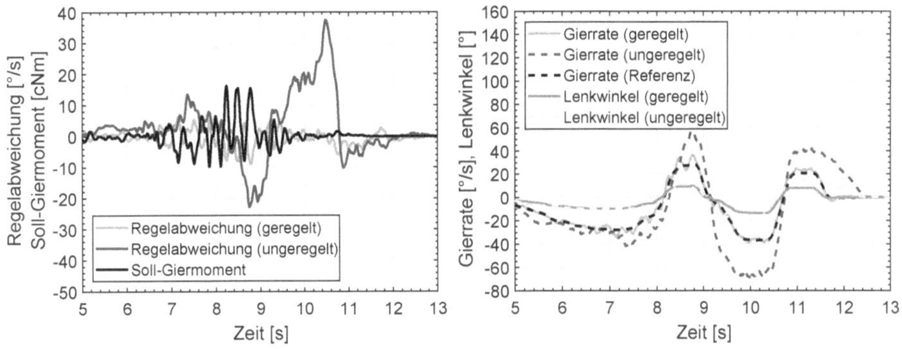

Abb. 5.28: Regelabweichung und Soll-Giermoment (links) sowie Gierrate und Lenkwinkel (rechts) während eines Ausweichmanövers mit und ohne Regelung der Gierrate

in diesem Abschnitt des Fahrmanövers, in dem das Fahrzeug auf seine ursprüngliche Fahrspur zurückgeführt wird, hat ein nichtlineares oder gar beinahe instabiles Fahrverhalten verheerende Konsequenzen. Ein ungeübter Fahrer kann durch übermäßige Lenkbewegungen die Kontrolle über das Fahrzeug verlieren, die Fahrbahn verlassen oder in den Gegenverkehr geraten. Das Aufrechterhalten der Fahrzeugstabilität in einer querdynamisch kritischen Situation wurde demnach von der Regelung der Fahrdynamik erfolgreich umgesetzt.

Mit den Graphen der Regelabweichung, des Soll-Giermoments sowie der Gierrate und des Lenkwinkels in Abbildung 5.28 wird der Regeleingriff während des Fahrmanövers analysiert. Wie in den vorherigen Ausführungen vermutet wurde, weicht das Fahrverhalten bezüglich der festgelegten Referenz ab, was sich in deutlichen Regelabweichungen mit einem Maximalwert von etwa 38 °/s widerspiegelt. Dieser Wert tritt eben in dem kritischen Teil des Ausweichmanövers ein, in dem das Fahrzeug wieder auf die Fahrspur zurückgeführt wird. Durch den Einsatz der Gierraten-Regelung wird die Regelabweichung innerhalb von ±10 °/s gehalten, was die Ergebnisse aus der Konstantkreisfahrt bestätigt. Die Schwingungen auf der Regelabweichung und der Stellgröße müssen indessen kritisch betrachtet und tiefergehend untersucht werden. Obwohl hieraus die Stabilität des Fahrzeuges nicht beeinträchtigt wurde, kann dies für wiederholende oder ähnliche Fahrsituationen nicht ausgeschlossen werden. Das wechselseitige Einprägen des Soll-Giermoments kann darüber hinaus während der Fahrt durch die Insassen fühlbar sein, wodurch es zusätzlich als komfortmindernd zu werten ist. Eine mögliche Ursache ist eine grundsätzlich zu hohe Stelldynamik des Reglers, die vorzugsweise unter plötzlichen heftigen Lenkbewegungen hervortreten. Im Diagramm auf der rechten Seite in Abbildung 5.28 sind die Verläufe der Gierrate und des Lenkwinkels dargestellt, die bis zum Beginn des Ausweichvorgangs ebenfalls sehr ähnlich sind. Im Moment des ersten Gegenlenkens wird der Unterschied zwischen geregelter und ungeregelter Gierrate deutlich. Trotzdem beinahe identische Lenkradbewegungen durchgeführt wurden, wächst die Gierrate ohne Regelung auf

Werte nahe 60 °/s an, wohingegen die geregelte Gierrate lediglich Werte um 30 °/s erreicht. Dies entspricht dem erwünschten Verhalten aus der Sollwertvorgabe, die als Referenz im selben Diagramm über der Zeit aufgetragen wurde. In dem Zuge kann festgestellt werden, dass die geregelte Gierrate der Referenz während des gesamten Fahrmanövers gut folgt. Jedoch weist die Regelgröße während des Ausweichens die besagte Schwingung um den Verlauf des Sollwertes auf, die bereits im Verlauf der Stellgröße identifiziert wurde, aber mit nachfolgenden Lenkbewegungen nicht erneut auftritt. Eine weiterführende Diskussion des unterschiedlichen Fahrverhaltens mit und ohne Regelung der Fahrzeuggierrate wird auf Grund der fortan voneinander abweichenden Lenkbewegungen nicht geführt. Ob die ohne Regelung sichtbar erhöhten Lenkwinkel erforderlich waren, um das Manöver zu absolvieren oder aus der schlechten Reproduzierbarkeit des Versuches resultieren, kann im Nachhinein nicht eindeutig geklärt werden. Allgemein geht mit dem Ziel einer Fahrdynamikregelung, nämlich die Fahrzeugstabilität zu erhalten und die Lenkeigenschaften des Fahrzeuges zu verbessern, zumeist ein reduzierter Aufwand der Lenkradbewegung einher, der sich in den vorliegenden Messergebnissen durchaus interpretieren lässt. Demgegenüber muss erwähnt werden, dass die Schwingungen des Soll-Giermoments nach der Verteilung der Stellgröße an die unterlagerten Reifenlängsschlupf-Regler über die Direktlenkung des Versuchsfahrzeuges am Lenkrad wirksam sind. Um dieser Rückwirkung zu entgegnen und eine koordinierte Lenkbewegung zu gewährleisten, muss der Fahrer stärker an das Lenkrad greifen.

Zur weiteren Klärung dieses Sachverhalts werden in der Abbildung 5.29 die dazugehörigen Verläufe der Schlupfsollwertänderungen und der Giermoment-Gradienten bezüglich der einzelnen Räder dargestellt. Die Schlupfänderungen weisen im besagten Zeitintervall ebendiese Schwingungen auf, was letztlich zu hohen differenziellen Schlupfänderungen von über 10 % an der gelenkten Achse führt. Da der Verlauf schon bei Betrachtung der entsprechenden Giermoment-Gradienten nicht vollständig symmetrisch erfolgen kann und zudem von den geschätzten Fahrzuständen und Modellparametern abhängig ist, kann eine hieraus resultierende unpassende Differenz der Reifenlängskräfte an den Vorderrädern nicht gänzlich verhindert werden. In Folge der Abhängigkeit der Giermoment-Gradienten von den Radeinschlagswinkeln an den Vorderrädern variieren deren Werte ohnehin stärker als an der nichtgelenkten Hinterachse. Neben Maßnahmen zur Verminderung dieser Rückwirkung auf das Lenkgestänge kann die Verwendung einer elektromechanischen Servolenkung unter Umständen bereits ausreichend sein, um den Fahrer wieder zu entlasten.

Mit der Auswertung der Fahrversuche kann die Validierung der praktischen Anwendbarkeit der Fahrdynamikregelung erfolgreich abgeschlossen werden. Somit sind sowohl die Regelung des Reifenlängsschlupfes als auch der Gierrate vom Konzept über die modellbasierte Entwicklung bis zur prototypischen Implementierung gelungen umgesetzt. Eine Überführung der theoretischen Erkenntnisse aus der Simulation hinsichtlich der Wirkung der Gierraten-Regelung auf die Gierverstärkung des Fahrzeuges ist ebenfalls möglich. Aus den ersten Fahrversuchen und Tests des Regelungskonzep-

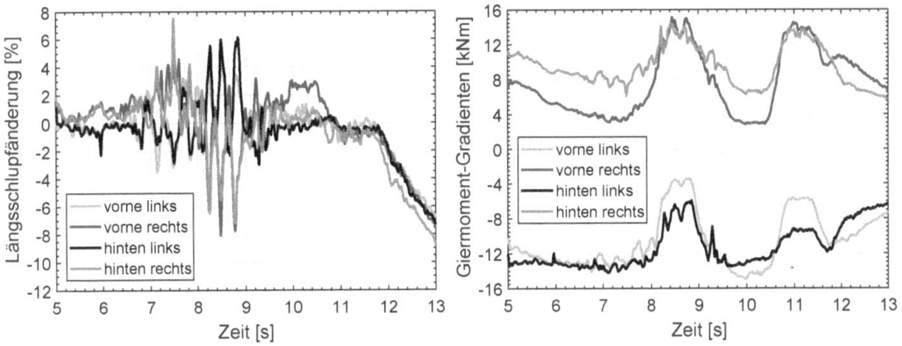

Abb. 5.29: Schlupfänderungen (links) und Giermoment-Gradienten (rechts) während eines Ausweichmanövers mit Regelung der Gierrate

tes mit einem Versuchsfahrzeug können erweiterte Anforderungen hinsichtlich der erforderlichen technischen Eigenschaften der Einzelradantriebe und der eingesetzten Sensorik aufgezeigt werden, deren Einbeziehen eine Verbesserung des Regelungsverhaltens und eine Ausweitung des Regeleingriffs auch bei sehr niedrige Raddrehzahlen und Fahrgeschwindigkeiten bewirken sollten. Um dies zumindest teilweise mit den vorliegenden Radnabenantrieben und Fahrzeugsensoren des Versuchsfahrzeuges zu erreichen, müssen weitere iterative Schleifen des Produktentwicklungszyklus durchlaufen werden, in denen beispielsweise eine genauere Modellierung der Komponenten, eine Verbesserung der Schätzergebnisse der verwendeten Beobachter und eine Anpassung der Reglerverstärkungen durchgeführt werden sollten.

Die hierarchische Strukturierung der Regelungsaufgabe wird sehr häufig und in verschiedenen Konzepten der Fahrdynamikregelung eingesetzt. Da eine direkte Stellung der Längs- und Querkräfte an den Rädern nicht möglich ist, sondern mittels Raddrehmomenten und Lenkwinkel realisiert werden muss, ist eine koordinierte Verteilung der Stellaufgabe erforderlich. Folglich scheint nicht nur aus praktischen Gesichtspunkten die Auslegung als Kaskadenregelung eine sinnvolle Methode zur Dimensionierung der Regler zu sein. Um die Stabilität der kaskadierten Regelungsstruktur zu gewährleisten, muss die Dynamik einer unterlagerten Regelschleife stets höher sein. Mit dem Verfahren der Polplatzierung wurden die Eigenwerte entsprechend festgelegt, was die weiteren Schritte der Reglerauslegung erleichtert. Hierbei muss allerdings bedacht werden, dass nicht alle Parameter des Regelstrecken-Modells ausreichend genau bekannt sind und somit auch die ermittelten Reglerverstärkungen die gewünschte Dynamik nicht exakt abbilden können. Folglich ergeben sich erhöhte Anforderungen an die Robustheit der Regelung, die sich nicht ohne Weiteres beziffern lassen. Darüber hinaus muss überprüft werden, ob die Nichtlinearitäten des Systems im Regleralgorithmus ausreichend berücksichtigt werden. Das Einbeziehen weiterer fahrdynamischer Kenngrößen, beispielsweise der Querbeschleunigung [57] oder der Quergeschwindigkeit [18] beziehungsweise Schwimmwinkel, sollte hinsichtlich der Möglichkeiten untersucht werden, die Grenzen der Fahrdynamikregelung weiter auszureizen oder energieeffizient [16] und komfortorientiert zu agieren.

Da bisherige längs- und querdynamische Regelsysteme zumeist getrennt voneinander entwickelt worden sind, ist im Hinblick auf das automatisierte Fahren eine Kopplung dieser Systeme womöglich mit schwer abschätzbarem Koordinationsaufwand verbunden. Um dem entgegen zu wirken und sowohl die Regelungsaufgabe als auch die Problemstellung der Stellgrößenverteilung mit einem Verfahren zu lösen, kommt der Einsatz eines optimalen Zustandsreglers [16, 39, 76] in Frage. Der Herausforderung, geeignete Verstärkungsfaktoren in der Kostenfunktion zu wählen, stehen die Freiheitsgrade bei der Formulierung der Zielfunktion, die vergleichsweise einfache Erweiterbarkeit um weitere Stellgrößen und die mögliche Einbindung zusätzlicher Nebenbedingungen gegenüber. Alternative Regelungsansätze, beispielsweise eines *Sliding-Mode*-Reglers, werden in wissenschaftlichen Beiträgen häufig diskutiert, müssten jedoch im Anwendungskontext einer Fahrdynamikregelung in der Praxis genauer evaluiert werden. Ein häufiges Umschalten des *Sliding-Mode*-Reglers kann zu starken Schwankungen des Drehmoments führen, die sich auf den Schlupf beziehungsweise die Reifenkraft auswirken können oder akustisch wahrnehmbar werden.

Wie bereits im Abschnitt 5.2 beschrieben, war mit den im Versuchsfahrzeug verbauten Radnabenantrieben eine Regelung des Reifenlängsschlupfes bei sehr niedrigen Drehzahlen leider nicht möglich, sodass zur Durchführung der Fahrversuche die Regelung in diesem Fahrzustand ausgeblendet werden musste. Darüber hinaus erfolgte die Reifenlängsschlupf-Regelung in allen anderen Fahrsituationen mit gewünschter Dynamik und stationär genau. Ein Erreichen der Stellgrößenbegrenzung des Antriebes konnte mit dem eingesetzten Anti-Windup-Algorithmus ebenfalls korrekt behandelt werden. Für die Regelung der Fahrzeuggierrate ergeben sich aus den genannten Einschränkungen bei niedrigen Drehzahlen keine Probleme, da die Beeinflussung der Querdynamik des Fahrzeuges bei geringen Geschwindigkeiten ohnehin einen sehr hohen Stellaufwand erfordert und deshalb vermieden wird. Die Gierraten-Regelung wirkt sich während der Fahrversuche positiv auf das Lenkverhalten des Fahrzeuges aus, indem das Einlenken und anschließende Aufrechterhalten des Kurvenradius merklich unterstützt wird. Ein Über- oder Untersteuern des Fahrzeuges manuell zu provozieren, gestaltet sich mit eingeschalteter Fahrdynamikregelung ebenfalls deutlich schwieriger. Über die Direktlenkung des Versuchsfahrzeuges sind stoßweise Stelleingriffe spürbar, die den Fahrer irritieren können und mit einem glatteren Verlauf der Stellgröße verringert werden sollten. Bei Verwendung einer elektromechanischen Servolenkung könnten diesen Rückwirkungen auch aktiv entgegnet werden.

Des Weiteren wurde die Fragestellung aufgeworfen, ob die Umsetzung einer Fahrdynamikregelung Einfluss auf die Anforderungen an den Einzelradantrieben, zum Beispiel hinsichtlich des maximalen Drehmoments und der maximalen Leistung, nimmt. Es sollte daher kontrolliert werden, ob sich aus den gängigen Forderungen an Beschleunigungsvermögen, Höchstgeschwindigkeit und Steigfähigkeit des Fahrzeuges bereits ausreichend hohe Antriebsleistungen ergeben, beziehungsweise die erforderlichen

Drehmomente bereitgestellt werden können. Aktuelle Systeme zur Fahrdynamikregelung sind vorwiegend der aktiven Sicherheit zuzuordnen und werden nur in kritischen Fahrsituationen aktiv, die im gewöhnlichen Straßenverkehr selten auftreten. Der dauerhafte Betrieb einer konventionellen ASR könnte unnötige oder sehr häufige Stelleingriffe der Bremse mit sich bringen, die zur Überhitzung und erhöhten Verschleiß führen. Durch den Einsatz elektrischer Einzelradantriebe ist eine permanente Regelung der Fahrdynamik denkbar, die bei der Umsetzung von längs- und querregelnden Fahrerassistenzsystemen oder dem automatisierten Fahren eingesetzt werden kann. Eine Erweiterung des Beobachters um die Bestimmung der Position und Orientierung des Fahrzeuges wird hierzu erforderlich, um die nötigen Informationen einer Bahnregelung des Fahrzeuges zur Verfügung zu stellen. Die Fahrdynamikregelung kann darüber hinaus bei der Bahnplanung unterstützend wirken, indem wichtige Informationen zum Fahrzustand, Reibbeiwert und Stellgrößenbegrenzungen kommuniziert werden und die Ermittlung einer Trajektorie stabiler Fahrzustände erleichtert werden könnte.

Anhang A: Analyse der Gierdynamik des linearen Einspurmodells

Modellgleichungen der Querdynamik

Differentialgleichungen des Schwimmwinkels β und der Gierrate ω_z:

$$m \cdot v \cdot \left(\frac{d}{dt} \beta(t) \right) = c_f \cdot \delta - \frac{\left(m \cdot v^2 + c_f \cdot l_f - c_r \cdot l_r \right) \omega_z(t)}{v} - (c_f + c_r) \cdot \beta(t)$$

$$J \cdot \frac{d}{dt} \omega_z(t) = c_f \cdot l_f \cdot \delta - \frac{\left(c_f \cdot l_f^2 + c_r \cdot l_r^2 \right) \cdot \omega_z(t)}{v} - (c_f \cdot l_f - c_r \cdot l_r) \cdot \beta(t)$$

Überführung in die Zustandsraumdarstellung

Allgemeine Formulierung:

$$\text{Dynamik:} \quad \dot{\boldsymbol{x}} = \mathbf{A} \cdot \boldsymbol{x} + \mathbf{B} \cdot \boldsymbol{u} \quad \text{Ausgang:} \quad \boldsymbol{y} = \mathbf{C} \cdot \boldsymbol{x}$$

Definition der Systemgrößen:

$$\text{Zustandsgrößen:} \quad \boldsymbol{x} = \begin{bmatrix} \beta \\ \omega_z \end{bmatrix} \quad \text{Eingangsgröße:} \quad u = \delta \quad \text{Ausgangsgrößen:} \quad \boldsymbol{y} = \begin{bmatrix} \beta \\ \omega_z \end{bmatrix}$$

Systemmatrizen:

$$\text{Dynamikmatrix:} \quad \mathbf{A} = \begin{bmatrix} \frac{-c_f - c_r}{m \cdot v} & -1 - \frac{c_f \cdot l_f - c_r \cdot l_r}{m \cdot v^2} \\ \frac{-c_f \cdot l_f + c_r \cdot l_r}{J} & -\frac{c_f \cdot l_f^2 + c_r \cdot l_r^2}{v \cdot J} \end{bmatrix}$$

$$\text{Eingangsmatrix:} \quad \mathbf{B} = \begin{bmatrix} \frac{c_f}{m \cdot v} \\ \frac{c_f \cdot l_f}{J} \end{bmatrix}$$

$$\text{Ausgangsmatrix:} \quad \mathbf{C} = \begin{bmatrix} 1 & 0 \\ 0 & 1 \end{bmatrix}$$

Bewertung des stationären Fahrverhaltens

Berechnung des Eigenlenkgradienten U:

$$U = m \cdot \frac{-c_f \cdot l_f + c_r \cdot l_r}{(l_f + l_r) \cdot c_f \cdot c_r}$$

Berechnung der stationären Gierverstärkung K_ψ:

$$K_\psi = \frac{v}{U \cdot v^2 + l_f + l_r}$$

Das Maximum der Gierverstärkung wird bei der charakteristischen Geschwindigkeit v_{char} erreicht. Durch Bilden der ersten Ableitung der Gierverstärkung nach der Geschwindigkeit und Auflösen der notwendigen Bedingung nach der Geschwindigkeit ergibt sich unter Vernachlässigung der negativen Lösung:

$$v_{char} = -\frac{\sqrt{-m \cdot (c_f \cdot l_f - c_r \cdot l_r) \cdot c_f \cdot c_r} \cdot (l_f + l_r)}{m \cdot (c_f \cdot l_f - c_r \cdot l_r)}$$

DOI 10.1515/9783110564303-006

Die Polstelle der Gierverstärkung als Funktion der Geschwindigkeit wird als kritische Geschwindigkeit v_{krit} bezeichnet. Für positive Geschwindigkeitswerte folgt:

$$v_{krit} = \frac{\sqrt{m \cdot (c_f \cdot l_f - c_r \cdot l_r) \cdot c_f \cdot c_r} \cdot (l_f + l_r)}{m \cdot (c_f \cdot l_f - c_r \cdot l_r)}$$

Definition der Fahrzeugdaten zur numerischen Betrachtung

Beispielhafte Fahrzeugparameter für unterschiedliches Fahrverhalten:

Fahrverhalten	m [kg]	J [kgm²]	l_f [m]	l_r [m]	c_f [kN/rad]	c_r [kN/rad]	U [s²/m]	$v_{char/krit}$ [m/s]
Untersteuernd	1450	1920	1,3	1,45	80	100	$2{,}7\times10^{-3}$	31,9
Übersteuernd	1450	1920	1,4	1,35	100	90	$-1{,}1\times10^{-3}$	50,4
Neutralsteuernd	1450	1920	1,375	1,375	95	95	0	-

Herleitung der Übertragungsfunktionen

Berechnung der Übertragungsfunktionen im Bildbereich mit Hilfe der Systemmatrizen (Laplace-Operator s):

$$\mathbf{G}(s) = \mathbf{C} \cdot (s \cdot \mathbf{I} - \mathbf{A})^{-1} \cdot \mathbf{B}$$

Übertragungsfunktion des Schwimmwinkels β und der Gierrate ω_z in Abhängigkeit des Lenkwinkels:

$$G_\beta(s) = \frac{\beta(s)}{\delta(s)} = \frac{c_f\left(Jvs - l_f m v^2 + c_r l_f l_r + c_r l_r^2\right)}{Jmv^2s^2 + \left(\left(c_f l_f^2 + c_r l_r^2\right) m + J\,(c_f + c_r)\right) vs + (-c_f l_f + c_r l_r)\, mv^2 + (l_f + l_r)^2\, c_f c_r}$$

$$G_\psi(s) = \frac{\omega_z(s)}{\delta(s)} = \frac{vc_f\,(l_f mvs + c_r l_f + c_r l_r)}{Jmv^2s^2 + \left(\left(c_f l_f^2 + c_r l_r^2\right) m + J\,(c_f + c_r)\right) vs + (-c_f l_f + c_r l_r)\, mv^2 + (l_f + l_r)^2\, c_f c_r}$$

Systemkenngrößen der Gierdynamik

Der Gierverstärkungsfaktor K_ψ entspricht der stationären Verstärkung der Gierdynamik:

$$K_\psi = \lim_{s\to 0} G_\psi(s) = \frac{vc_f c_r\,(l_f + l_r)}{(-c_f l_f + c_r l_r)\, mv^2 + (l_f + l_r)^2\, c_f c_r}$$

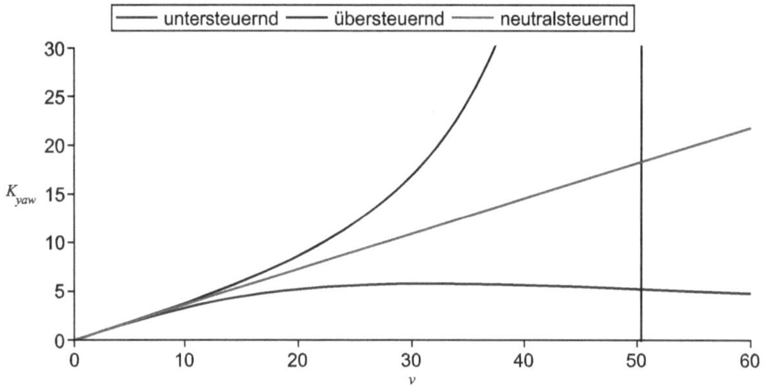

Die Gleichung der Zeitkonstante T_ψ ergibt sich aus der Quadratwurzel des Koeffizienten vor dem quadratischen Term des normierten Nennerpolynomes:

$$T_\psi = \sqrt{\frac{mJv^2}{(-c_f l_f + c_r l_r)\, m v^2 + (l_f + l_r)^2\, c_f c_r}}$$

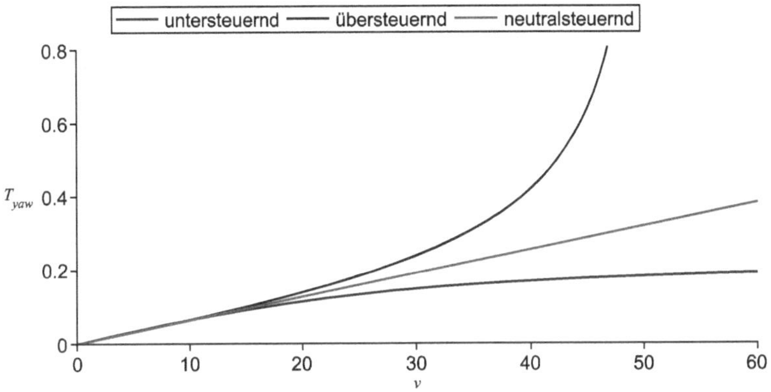

Zur Berechnung des Lehr'schen Dämpfungsmaßes D_ψ wird der Koeffizient des linearen Terms des normierten Nennerpolynoms mit $2 \cdot D_\psi \cdot T_\psi$ gleichgesetzt und nach D_ψ aufgelöst:

$$D_\psi = \frac{\left(c_f l_f^2 + c_r l_r^2\right) m + (c_r + c_f) J}{2\sqrt{mJ\left((-c_f l_f + c_r l_r)\, m v^2 + (l_f + l_r)^2\, c_f c_r\right)}}$$

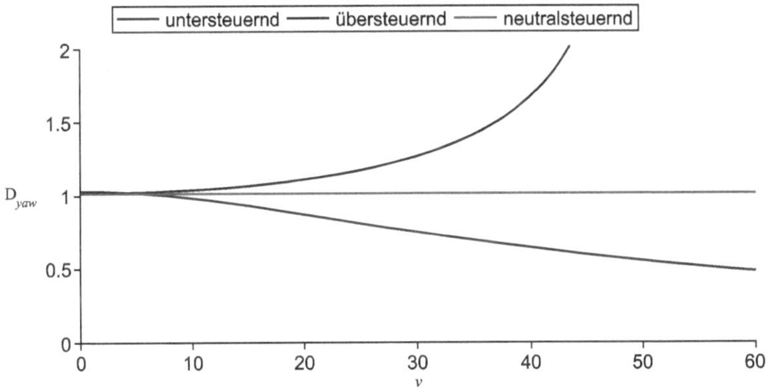

Die Eigenwerte λ des Systems werden durch Berechnung der Nullstellen des charakteristischen Polynoms (Nenner der Übertragungsfunktion) ermittelt. Durch Anwenden der binomischen Formeln wurden die Terme zusätzlich vereinfacht.

$$\lambda_{1,2} = \pm \frac{\sqrt{4 \cdot \left(v^2 (c_f l_f - c_r l_r)\, m - c_f c_r (l_f + l_r)^2\right) mJ + (a+b)^2} - a - b}{2mJv}$$

mit $a = (c_f + c_r) J$ und $b = \left(c_f l_f^2 + c_r l_r^2\right) m$

Anhang B: Herleitung der Modellgleichungen des ebenen Zweispurmodells

B.1 Aufbaudynamik in 3D

Definition der Koordinaten und Vektoren

Position, Geschwindigkeit und Beschleunigung des Fahrzeugreferenzpunktes (Schwerpunkt) im Inertialsystem:

$$\boldsymbol{R}_E = \begin{bmatrix} R_{Ex} \\ R_{Ey} \\ R_{Ez} \end{bmatrix}; \quad \boldsymbol{V}_E = \begin{bmatrix} V_{Ex} \\ V_{Ey} \\ V_{Ez} \end{bmatrix}; \quad \boldsymbol{A}_E = \begin{bmatrix} A_{Ex} \\ A_{Ey} \\ A_{Ez} \end{bmatrix}$$

Lage (Orientierung), Drehwinkelgeschwindigkeit und Drehwinkelbeschleunigung bezüglich des Fahrzeugreferenzpunktes (Schwerpunkt) im Inertialsystem; Kardanwinkel ψ, ϑ, φ (Orientierung des fahrzeugorientierten Koordinatensystems bezüglich des ortsfesten Koordinatensystems):

$$\boldsymbol{\Phi} = \begin{bmatrix} \psi \\ \vartheta \\ \varphi \end{bmatrix}; \quad \boldsymbol{\Omega}_E = \begin{bmatrix} \Omega_{Ex} \\ \Omega_{Ey} \\ \Omega_{Ez} \end{bmatrix}; \quad \boldsymbol{A}_E = \begin{bmatrix} A_{Ex} \\ A_{Ey} \\ A_{Ez} \end{bmatrix}$$

Geschwindigkeit und Beschleunigung des Fahrzeugreferenzpunktes (Schwerpunkt) im fahrzeugorientierten Koordinatensystem:

$$\boldsymbol{V}_V = \begin{bmatrix} v_{Vx} \\ v_{Vy} \\ v_{Vz} \end{bmatrix}; \quad \boldsymbol{A}_V = \begin{bmatrix} a_{Vx} \\ a_{Vy} \\ a_{Vz} \end{bmatrix}$$

Winkelgeschwindigkeit und Winkelbeschleunigung im fahrzeugorientierten Koordinatensystem:

$$\boldsymbol{\Omega}_V = \begin{bmatrix} \omega_{Vx} \\ \omega_{Vy} \\ \omega_{Vz} \end{bmatrix}; \quad \boldsymbol{A}_V = \begin{bmatrix} \alpha_{Vx} \\ \alpha_{Vy} \\ \alpha_{Vz} \end{bmatrix}$$

Transformationsmatrizen

Definition der Matrizen der Elementardrehungen um X-, Y- und Z-Achse:

$$\mathbf{R}_X(\varphi) = \begin{bmatrix} 1 & 0 & 0 \\ 0 & \cos\varphi & -\sin\varphi \\ 0 & \sin\varphi & \cos\varphi \end{bmatrix}; \mathbf{R}_Y(\vartheta) = \begin{bmatrix} \cos\vartheta & 0 & \sin\vartheta \\ 0 & 1 & 0 \\ -\sin\vartheta & 0 & \cos\vartheta \end{bmatrix}; \mathbf{R}_Z(\psi) = \begin{bmatrix} \cos\psi & -\sin\psi & 0 \\ \sin\psi & \cos\psi & 0 \\ 0 & 0 & 1 \end{bmatrix}$$

Drehung des fahrzeugfesten Koordinatensystems in das horizontrierte Koordinatensystem (Reihenfolge ψ, ϑ, φ):

$$\begin{aligned} \mathbf{T}_{EV} &= \mathbf{R}_Z(\psi) \cdot \mathbf{R}_Y(\vartheta) \cdot \mathbf{R}_X(\varphi) \\ &= \begin{bmatrix} \cos\psi\cos\vartheta & -\sin\psi\cos\varphi + \cos\psi\sin\vartheta\sin\varphi & \sin\psi\sin\varphi + \cos\psi\sin\vartheta\cos\varphi \\ \sin\psi\cos\vartheta & \cos\psi\cos\varphi + \sin\psi\sin\vartheta\sin\varphi & -\cos\psi\sin\varphi + \sin\psi\sin\vartheta\cos\varphi \\ -\sin\vartheta & \cos\vartheta\sin\varphi & \cos\vartheta\cos\varphi \end{bmatrix} \end{aligned}$$

Drehung des fahrzeugfesten Koordinatensystems in das ortsfeste Koordinatensystem:

$$\mathbf{T}_{VE} = \mathbf{T}_{EV}^T$$

DOI 10.1515/9783110564303-007

Ableitung der Elementardrehmatrizen nach der Zeit:

$$\dot{\mathbf{R}}_X(\varphi) = \begin{bmatrix} 0 & 0 & 0 \\ 0 & -\sin\varphi & -\cos\varphi \\ 0 & \cos\varphi & -\sin\varphi \end{bmatrix} \cdot \dot{\varphi}$$

$$\dot{\mathbf{R}}_Y(\vartheta) = \begin{bmatrix} -\sin\vartheta & 0 & \cos\vartheta \\ 0 & 0 & 0 \\ -\cos\vartheta & 0 & -\sin\vartheta \end{bmatrix} \cdot \dot{\vartheta}$$

$$\dot{\mathbf{R}}_Z(\psi) = \begin{bmatrix} -\sin\psi & -\cos\psi & 0 \\ \cos\psi & -\sin\psi & 0 \\ 0 & 0 & 0 \end{bmatrix} \cdot \dot{\psi}$$

Elementarwinkelgeschwindigkeiten:

$$\mathbf{P}_\varphi = \dot{\mathbf{R}}_X(\varphi) \cdot \mathbf{R}_X(\varphi)^T; \quad \mathbf{P}_\vartheta = \dot{\mathbf{R}}_Y(\vartheta) \cdot \mathbf{R}_Y(\vartheta)^T; \quad \mathbf{P}_\psi = \dot{\mathbf{R}}_Z(\psi) \cdot \mathbf{R}_Z(\psi)^T$$

Winkelgeschwindigkeitstensor ortsfest (schiefsymmetrische Matrix):

$$\tilde{\boldsymbol{\Omega}} = \mathbf{P}_\varphi \cdot \Omega_{Ex} + \mathbf{P}_\vartheta \cdot \Omega_{Ey} + \mathbf{P}_\psi \cdot \Omega_{Ez} = \begin{bmatrix} 0 & -\Omega_{Ez} & \Omega_{Ey} \\ \Omega_{Ez} & 0 & -\Omega_{Ex} \\ -\Omega_{Ey} & \Omega_{Ex} & 0 \end{bmatrix}$$

Winkelgeschwindigkeitstensor körperfest (schiefsymmetrische Matrix):

$$\tilde{\boldsymbol{\omega}} = \mathbf{T}_{EV}^T \cdot \tilde{\boldsymbol{\Omega}} \cdot \mathbf{T}_{EV}$$

Zeitliche Ableitung der Transformationsmatrix vom fahrzeugorientierten Koordinatensystem in das ortsfeste Koordinatensystem:

$$\dot{T}_{EV} = \tilde{\boldsymbol{\Omega}} \cdot T_{EV}$$

Definition der Trägheiten und externen Kräfte im Inertialsystem

Massenmatrix M_V und Trägheitstensor Θ_V des Fahrzeugaufbaus:

$$M_V = \begin{bmatrix} m_V & 0 & 0 \\ 0 & m_V & 0 \\ 0 & 0 & m_V \end{bmatrix}; \quad \Theta_V = \begin{bmatrix} J_{Vx} & 0 & 0 \\ 0 & J_{Vy} & 0 \\ 0 & 0 & J_{Vz} \end{bmatrix}$$

Windgeschwindigkeit im Inertialsystem:

$$\boldsymbol{V}_{EA} = \begin{bmatrix} V_{Ax} \\ V_{Ay} \\ V_{Az} \end{bmatrix}$$

Gravitationskraft bei wirkender Erdbeschleunigung g_E:

$$\boldsymbol{F}_G = M_V \cdot \begin{bmatrix} 0 \\ 0 \\ -g_E \end{bmatrix}$$

Definition der Kräfte im fahrzeugorientierten Koordinatensystem

Gewichtskraft:

$$\boldsymbol{F}_{VG} = \mathbf{T}_{VE} \cdot \boldsymbol{F}_G = \begin{bmatrix} \sin\vartheta m_V g_E \\ -\cos\vartheta \sin\varphi m_V g_E \\ -\cos\vartheta \cos\varphi m_V g_E \end{bmatrix}$$

Position der Radaufhängungspunkte im fahrzeugorientierten Koordinatensystem (l_f - Abstand Schwerpunkt zur Vorderachse, l_r - Abstand Schwerpunkt zur Hinterachse, b_f - Spurbreite vorne, b_r - Spurbreite hinten, h_S - Schwerpunkthöhe über Fahrbahnniveau):

$$\boldsymbol{R}_{Vfl} = \begin{bmatrix} l_f \\ \frac{b_f}{2} \\ -h_S \end{bmatrix}; \quad \boldsymbol{R}_{Vfr} = \begin{bmatrix} l_f \\ \frac{-b_f}{2} \\ -h_S \end{bmatrix}; \quad \boldsymbol{R}_{Vrl} = \begin{bmatrix} l_r \\ \frac{b_r}{2} \\ -h_S \end{bmatrix}; \quad \boldsymbol{R}_{Vrr} = \begin{bmatrix} l_r \\ \frac{-b_r}{2} \\ -h_S \end{bmatrix}$$

Angriffspunkt der Windkraft im fahrzeugorientierten Koordinatensystem:

$$\boldsymbol{R}_{VA} = \begin{bmatrix} r_{VAx} \\ r_{VAy} \\ r_{VAz} \end{bmatrix}$$

Relativgeschwindigkeit zwischen Wind und Fahrzeugaufbau im fahrzeugfesten Koordinatensystem:

$$\boldsymbol{V}_{VA} = \boldsymbol{V}_V + \mathbf{T}_{EV} \cdot \boldsymbol{V}_{EA}$$

Luftwiderstandskraft:

$$\boldsymbol{F}_{VA} = \frac{1}{2} \varrho_{Luft} \cdot \begin{bmatrix} c_{Wx} A_{refx} & 0 & 0 \\ 0 & c_{Wy} A_{refy} & 0 \\ 0 & 0 & c_{Wz} A_{refz} \end{bmatrix} \cdot \boldsymbol{V}_{VA} \cdot \|\boldsymbol{V}_{VA}\|_2$$

Reaktionskräfte an den Radaufhängungspunkten:

$$\boldsymbol{F}_{Vfl} = \begin{bmatrix} F_{Vflx} \\ F_{Vfly} \\ F_{Vflz} \end{bmatrix}; \quad \boldsymbol{F}_{Vfr} = \begin{bmatrix} F_{Vfrx} \\ F_{Vfry} \\ F_{Vfrz} \end{bmatrix}; \quad \boldsymbol{F}_{Vrl} = \begin{bmatrix} F_{Vrlx} \\ F_{Vrly} \\ F_{Vrlz} \end{bmatrix}; \quad \boldsymbol{F}_{Vrr} = \begin{bmatrix} F_{Vrrx} \\ F_{Vrry} \\ F_{Vrrz} \end{bmatrix}$$

Bewegungsgleichungen

Impulssatz und Drallsatz des Fahrzeugaufbaus im fahrzeugorientierten Koordinatensystem:

$$M_V (\boldsymbol{A}_V + \tilde{\boldsymbol{\omega}} \cdot \boldsymbol{V}_V) = \boldsymbol{F}_{Vfl} + \boldsymbol{F}_{Vfr} + \boldsymbol{F}_{Vrl} + \boldsymbol{F}_{Vrr} + \boldsymbol{F}_{VG} + \boldsymbol{F}_{VA}$$

$$\boldsymbol{\Theta}_V \cdot \boldsymbol{A}_V + \boldsymbol{\Omega}_V \times (\boldsymbol{\Theta}_V \cdot \boldsymbol{\Omega}_V) = \boldsymbol{R}_{Vfl} \times \boldsymbol{F}_{Vfl} + \boldsymbol{R}_{Vfr} \times \boldsymbol{F}_{Vfr} + \boldsymbol{R}_{Vrl} \times \boldsymbol{F}_{Vrl} + \boldsymbol{R}_{Vrr} \times \boldsymbol{F}_{Vrr} + \boldsymbol{R}_{VA} \times \boldsymbol{F}_{VA}$$

B.2 Raddynamik in 3D

Definition der Koordinaten und Vektoren

Position, Geschwindigkeit und Beschleunigung des Radmittelpunktes (Schwerpunkt) im Inertialsystem:

$$\boldsymbol{R}_{EW} = \begin{bmatrix} R_{EWx} \\ R_{EWy} \\ R_{EWz} \end{bmatrix}; \quad \boldsymbol{V}_{EW} = \begin{bmatrix} V_{EWx} \\ V_{EWy} \\ V_{EWz} \end{bmatrix}; \quad \boldsymbol{A}_{EW} = \begin{bmatrix} A_{EWx} \\ A_{EWy} \\ A_{EWz} \end{bmatrix}$$

Orientierung des radorientierten Koordinatensystems bezüglich des fahrzeugorientierten Koordinatensystems (Winkellage um Drehachse ignoriert):

$$\boldsymbol{\Phi}_W = \begin{bmatrix} \epsilon_W \\ 0 \\ \delta_W \end{bmatrix}$$

Geschwindigkeit und Beschleunigung des Radmittelpunktes im radorientierten Koordinatensystem:

$$\boldsymbol{V}_W = \begin{bmatrix} v_{Wx} \\ v_{Wy} \\ v_{Wz} \end{bmatrix}; \quad \boldsymbol{A}_W = \begin{bmatrix} a_{Wx} \\ a_{Wy} \\ a_{Wz} \end{bmatrix}$$

Winkelgeschwindigkeit und Winkelbeschleunigung im radorientierten Koordinatensystem:

$$\boldsymbol{\Omega}_W = \begin{bmatrix} \omega_{Wx} \\ \omega_{Wy} \\ \omega_{Wz} \end{bmatrix}; \quad A_W = \begin{bmatrix} \alpha_{Wx} \\ \alpha_{Wy} \\ \alpha_{Wz} \end{bmatrix}$$

Angriffspunkt der Radaufhängungskräfte $\boldsymbol{R}_{WV}$ und der Reifenkräfte $\boldsymbol{R}_{WT}$ im radorientierten Koordinatensystem:

$$\boldsymbol{R}_{WV} = \begin{bmatrix} R_{WVx} \\ R_{WVy} \\ R_{WVz} \end{bmatrix}; \quad \boldsymbol{R}_{WT} = \begin{bmatrix} 0 \\ 0 \\ -r_W \end{bmatrix}$$

Transformationsmatrizen

Drehung des radorientierten Koordinatensystems in das fahrzeugorientierte Koordinatensystem:

$$\mathbf{T}_{VW} = \mathbf{R}_Z(\delta_W) \cdot \mathbf{R}_Y(0) \cdot \mathbf{R}_X(\epsilon_W) = \begin{bmatrix} \cos\delta_W & -\sin\delta_W \cdot \cos\epsilon_W & \sin\delta_W \cdot \sin\epsilon_W \\ \sin\delta_W & \cos\delta_W \cdot \cos\epsilon_W & -\cos\delta_W \cdot \sin\epsilon_W \\ 0 & \sin\epsilon_W & \cos\epsilon_W \end{bmatrix}$$

Drehung des fahrzeugorientierten Koordinatensystems in das radorientierte Koordinatensystem:

$$\mathbf{T}_{WV} = \mathbf{T}_{VW}^T = \begin{bmatrix} \cos\delta_W & \sin\delta_W & 0 \\ -\sin\delta_W \cdot \cos\epsilon_W & \cos\delta_W \cdot \cos\epsilon_W & \sin\epsilon_W \\ \sin\delta_W \cdot \sin\epsilon_W & -\cos\delta_W \sin\epsilon_W & \cos\epsilon_W \end{bmatrix}$$

Drehung des radorientierten Koordinatensystems in das Inertialsystem $\mathbf{T}_{EW}$ und umgekehrt $\mathbf{T}_{WE}$:

$$\mathbf{T}_{EW} = \mathbf{T}_{EV} \cdot \mathbf{T}_{VW}; \quad \mathbf{T}_{WE} = \mathbf{T}_{EW}^T$$

Definition der Trägheiten und externen Kräfte im Inertialsystem

Massenmatrix M_W und Trägheitstensor $\boldsymbol{\Theta}_W$ des Rades:

$$M_W = \begin{bmatrix} m_W & 0 & 0 \\ 0 & m_W & 0 \\ 0 & 0 & m_W \end{bmatrix}; \quad \Theta_W = \begin{bmatrix} J_{Wx} & 0 & 0 \\ 0 & J_{Wy} & 0 \\ 0 & 0 & J_{Wz} \end{bmatrix}$$

Gravitationskraft bei wirkender Erdbeschleunigung g_E:

$$\boldsymbol{F}_{GW} = M_W \cdot \begin{bmatrix} 0 \\ 0 \\ -g_E \end{bmatrix}$$

Definition der Kräfte und Drehmomente im radorientierten Koordinatensystem
Gewichtskraft im radorientierten Koordinatensystem:

$$\boldsymbol{F}_{WGW} = \mathbf{T}_{WE} \cdot \boldsymbol{F}_{GW}$$

Kräfte aus der Radaufhängung $\boldsymbol{F}_{WV}$, den Reifen $\boldsymbol{F}_{WT}$ sowie dem Rollreibungswiderstand $\boldsymbol{F}_{WR}$ im radorientierten Koordinatensystem:

$$\boldsymbol{F}_{WV} = \begin{bmatrix} F_{WVx} \\ F_{WVy} \\ F_{WVz} \end{bmatrix}; \quad \boldsymbol{F}_{WT} = \begin{bmatrix} F_{WTx} \\ F_{WTy} \\ F_{WTz} \end{bmatrix}; \quad \boldsymbol{F}_{WR} = \begin{bmatrix} 0 & 0 & -k_{Roll} \\ 0 & 0 & 0 \\ 0 & 0 & 0 \end{bmatrix} \cdot \boldsymbol{F}_{WT}$$

Antriebs- und Bremsmoment (M_{WA}, M_{WB}), Lenk- und Bohrmoment (M_{WL}, M_{WT}) sowie Lagerreibmoment $\boldsymbol{T}_{WR}$ im radorientierten Koordinatensystem:

$$\boldsymbol{T}_{WD} = \begin{bmatrix} 0 \\ M_{WA} - M_{WB} \\ 0 \end{bmatrix}; \quad \boldsymbol{T}_{WT} = \begin{bmatrix} 0 \\ 0 \\ M_{WL} - M_{WT} \end{bmatrix}; \quad \boldsymbol{T}_{WR} = \begin{bmatrix} 0 & 0 & 0 \\ 0 & -k_R & 0 \\ 0 & 0 & 0 \end{bmatrix} \cdot \boldsymbol{\Omega}_W$$

Bewegungsgleichungen
Impulssatz und Drallsatz des Rades im radorientierten Koordinatensystem:

$$\boldsymbol{M}_W \cdot \boldsymbol{A}_W = \boldsymbol{F}_{WV} + \boldsymbol{F}_{WT} + \boldsymbol{F}_{WR} + \boldsymbol{F}_{WGW}$$

$$\begin{bmatrix} m_W a_{Wx} \\ m_W a_{Wy} \\ m_W a_{Wz} \end{bmatrix} = \begin{bmatrix} F_{WTx} + F_{WVx} - F_{WTz} k_{Roll} \\ F_{WTy} + F_{WVy} - \mathbf{T}_{EV} \sin \epsilon_W m_W g_E \\ F_{WTz} + F_{WVz} - \mathbf{T}_{EV} \cdot \cos \epsilon_W m_W g_E \end{bmatrix}$$

$$\boldsymbol{\Theta}_W \cdot \boldsymbol{A}_W + \boldsymbol{\Omega}_W \times (\boldsymbol{\Theta}_W \cdot \boldsymbol{\Omega}_W) = \boldsymbol{R}_{WV} \times \boldsymbol{F}_{WV} + \boldsymbol{R}_{WT} \times \boldsymbol{F}_{WT} + \boldsymbol{T}_{WD} + \boldsymbol{T}_{WT} + \boldsymbol{T}_{WR}$$

$$\begin{bmatrix} J_{Wx}\alpha_{Wx} + (J_{Wz} - J_{Wy})\,\omega_{Wy}\omega_{Wz} \\ J_{Wy}\alpha_{Wy} + (J_{Wx} - J_{Wz})\,\omega_{Wy}\omega_{Wz} \\ J_{Wz}\alpha_{Wz} + (J_{Wy} - J_{Wx})\,\omega_{Wx}\omega_{Wy} \end{bmatrix} = \begin{bmatrix} F_{WTy} r_W - F_{WVy} R_{WVz} + F_{WVz} R_{WVy} \\ M_{WA} - M_{WB} - F_{WTx} r_W - k_R \omega_{Wy} + F_{WVx} R_{WVz} - F_{WVz} R_{VWx} \\ M_{WL} - M_{WT} - F_{WVx} R_{WVy} + F_{WVy} R_{WVx} \end{bmatrix}$$

B.3 Reduzierung der Freiheitsgrade

Modellvereinfachungen durch Reduktion der Freiheitsgrade:
- der Nick-, Wank-, und Vertikaldynamik des Fahrzeugaufbaus
- des Nick- und Wankwinkels
- der Sturz-, Lenk-, Längs-, Quer- und Vertikaldynamik des Rades
- des Sturzwinkels
- der Luftwiderstandskräfte in y- und z-Richtung sowie Wind in z-Richtung und Angriffspunkt der Windkraft auf x_V-Achse

Impulssatz und Drallsatz des Fahrzeugaufbaus im fahrzeugorientierten Koordinatensystem:

$$\begin{bmatrix} m_V\left(a_{Vx}-v_{Vy}\cdot\Omega_{Ez}\right) \\ m_V\left(a_{Vy}+v_{Vx}\cdot\Omega_{Ez}\right) \\ 0 \end{bmatrix} = \begin{bmatrix} F_{Vflx}+F_{Vfrx}+F_{Vrlx}+F_{Vrrx}-\frac{1}{2}\sqrt{|v_x|^2+|v_y|^2}\varrho_{Luft}c_{Wx}A_{refx}v_x \\ F_{Vfly}+F_{Vfry}+F_{Vrly}+F_{Vrry} \\ F_{Vflz}+F_{Vfrz}+F_{Vrlz}+F_{Vrrz}-m_Vg_E \end{bmatrix}$$

$$\text{mit } v_x = v_{Vx}+\cos\psi V_{Ax}+\sin\psi V_{Ay}$$

$$\text{und } v_y = -v_{Vy}+\sin\psi V_{Ax}-\cos\psi V_{Ay}$$

$$\begin{bmatrix} 0 \\ 0 \\ J_{Vz}\alpha_{Vz} \end{bmatrix} = \begin{bmatrix} \left(F_{Vfly}+F_{Vfry}+F_{Vrly}+F_{Vrry}\right)h_S+\frac{b_f}{2}\left(F_{Vflz}-F_{Vfrz}\right)+\frac{b_r}{2}\left(F_{Vrlz}-F_{Vrrz}\right) \\ \left(F_{Vrlz}+F_{Vrrz}\right)l_r-\left(F_{Vflz}+F_{Vfrz}\right)l_f-\left(F_{Vflx}+F_{Vfrx}+F_{Vrlx}+F_{Vrrx}\right)h_S \\ \frac{b_f}{2}\left(F_{Vfrx}-F_{Vflx}\right)+\frac{b_r}{2}\left(F_{Vrrx}-F_{Vrlx}\right)+\left(F_{Vfly}+F_{Vfry}\right)l_f-\left(F_{Vrly}+F_{Vrry}\right)l_r \end{bmatrix}$$

Impulssatz und Drallsatz des Rades im radorientierten Koordinatensystem:

$$\begin{bmatrix} 0 \\ 0 \\ 0 \end{bmatrix} = \begin{bmatrix} F_{WTx}+F_{WVx}-F_{WTz}k_{Roll} \\ F_{WTy}+F_{WVy}-\mathbf{T}_{EV}\sin\epsilon_W m_W g_E \\ F_{WTz}+F_{WVz}-\mathbf{T}_{EV}\cdot\cos\epsilon_W m_W g_E \end{bmatrix}$$

$$\begin{bmatrix} 0 \\ J_{Wy}\alpha_{Wy} \\ 0 \end{bmatrix} = \begin{bmatrix} F_{WTy}r_W-F_{WVy}R_{WVz}+F_{WVz}R_{WVy} \\ M_{WA}-M_{WB}-F_{WTx}r_W-k_R\omega_{Wy}+F_{WVx}R_{WVz}-F_{WVz}R_{VWx} \\ M_{WL}-M_{WT}-F_{WVx}R_{WVy}+F_{WVy}R_{WVx} \end{bmatrix}$$

B.4 Bestimmung der Radaufstandskräfte

Position der Radaufstandspunkte im fahrzeugorientierten Koordinatensystem:

$$\boldsymbol{R}_{Vfl} = \begin{bmatrix} l_f \\ \frac{b_f}{2} \\ -h_S \end{bmatrix}; \quad \boldsymbol{R}_{Vfr} = \begin{bmatrix} l_f \\ \frac{-b_f}{2} \\ -h_S \end{bmatrix}; \quad \boldsymbol{R}_{Vrl} = \begin{bmatrix} l_r \\ \frac{b_r}{2} \\ -h_S \end{bmatrix}; \quad \boldsymbol{R}_{Vrr} = \begin{bmatrix} l_r \\ \frac{-b_r}{2} \\ -h_S \end{bmatrix}$$

Vektor der Radaufstandskräfte:

$$\boldsymbol{F}_{Vz} = \begin{bmatrix} F_{Vflz} \\ F_{Vfrz} \\ F_{Vrlz} \\ F_{Vrrz} \end{bmatrix}$$

Kräftegleichgewicht in z-Richtung:

$$F_{Vflz}+F_{Vfrz}+F_{Vrlz}+F_{Vrrz}-m_Vg_E = 0$$

Momentengleichgewicht um y-Achse projiziert auf die Fahrbahnebene:

$$\left(F_{Vrlz}+F_{Vrrz}\right)l_r-\left(F_{Vflz}+F_{Vfrz}\right)l_f-m_V\left(a_{Vx}-v_{Vy}\omega_{Vz}\right)h_S = 0$$

Momentengleichgewicht um x-Achse projiziert auf die Fahrbahnebene:

$$\frac{b_f}{2}\left(F_{Vflz}-F_{Vfrz}\right)+\frac{b_r}{2}\left(F_{Vrlz}-F_{Vrrz}\right)-m_V\left(a_{Vy}+v_{Vx}\omega_{Vz}\right)h_S = 0$$

Aufstellen des Gleichungssystems:

$$\mathbf{H} \cdot \boldsymbol{F}_{Vz} = \boldsymbol{c}$$

$$\begin{bmatrix} 1 & 1 & 1 & 1 \\ -l_f & -l_f & l_r & l_r \\ \frac{b_f}{2} & -\frac{b_f}{2} & \frac{b_r}{2} & -\frac{b_r}{2} \end{bmatrix} \cdot \begin{bmatrix} F_{Vflz} \\ F_{Vfrz} \\ F_{Vrlz} \\ F_{Vrrz} \end{bmatrix} = \begin{bmatrix} m_V g_E \\ m_V \left(a_{Vx} - v_{Vy}\omega_{Vz}\right) h_S \\ m_V \left(a_{Vy} + v_{Vx}\omega_{Vz}\right) h_S \end{bmatrix}$$

Lösen des unterbestimmten Gleichungssystems durch Bilden der Pseudoinversen $\mathbf{H}^+$ der Koeffizientenmatrix $\mathbf{H}$ und Umstellen der Gleichung nach dem Vektor der Radaufhängungskräfte $\boldsymbol{F}_{Vz}$:

$$\boldsymbol{F}_{Vz} = \mathbf{H}^+ \cdot \boldsymbol{c} \quad \text{mit } \mathbf{H}^+ = \mathbf{H}^T \cdot \left(\mathbf{H} \cdot \mathbf{H}^T\right)$$

$$\boldsymbol{F}_{Vz} = \begin{bmatrix} \left(\frac{l_r g_E}{2(l_f+l_r)} + \left(\frac{b_f(a_{Vy}+v_{Vx}\omega_{Vz})}{b_f^2+b_r^2} - \frac{a_{Vx}-v_{Vy}\omega_{Vz}}{2(l_f+l_r)}\right) h_S\right) m_V \\ \left(\frac{l_r g_E}{2(l_f+l_r)} + \left(-\frac{b_f(a_{Vy}+v_{Vx}\omega_{Vz})}{b_f^2+b_r^2} - \frac{a_{Vx}-v_{Vy}\omega_{Vz}}{2(l_f+l_r)}\right) h_S\right) m_V \\ \left(\frac{l_f g_E}{2(l_f+l_r)} + \left(\frac{b_r(a_{Vy}+v_{Vx}\omega_{Vz})}{b_f^2+b_r^2} + \frac{a_{Vx}-v_{Vy}\omega_{Vz}}{2(l_f+l_r)}\right) h_S\right) m_V \\ \left(\frac{l_f g_E}{2(l_f+l_r)} + \left(-\frac{b_f(a_{Vy}+v_{Vx}\omega_{Vz})}{b_f^2+b_r^2} + \frac{a_{Vx}-v_{Vy}\omega_{Vz}}{2(l_f+l_r)}\right) h_S\right) m_V \end{bmatrix}$$

Vereinfachen der Gleichungen durch Vernachlässigung der lokalen Fahrzeugquergeschwindigkeit und Fahrzeugquergeschwindigkeitsänderung:

$$\boldsymbol{F}^*_{Vz} = \begin{bmatrix} \left(\frac{l_r g_E}{2(l_f+l_r)} + \left(\frac{b_f v_{Vx}\omega_{Vz}}{b_f^2+b_r^2} - \frac{a_{Vx}}{2(l_f+l_r)}\right) h_S\right) m_V \\ \left(\frac{l_r g_E}{2(l_f+l_r)} + \left(-\frac{b_f v_{Vx}\omega_{Vz}}{b_f^2+b_r^2} - \frac{a_{Vx}}{2(l_f+l_r)}\right) h_S\right) m_V \\ \left(\frac{l_f g_E}{2(l_f+l_r)} + \left(\frac{b_r v_{Vx}\omega_{Vz}}{b_f^2+b_r^2} + \frac{a_{Vx}}{2(l_f+l_r)}\right) h_S\right) m_V \\ \left(\frac{l_f g_E}{2(l_f+l_r)} + \left(-\frac{b_f v_{Vx}\omega_{Vz}}{b_f^2+b_r^2} + \frac{a_{Vx}}{2(l_f+l_r)}\right) h_S\right) m_V \end{bmatrix}$$

B.5 Geschwindigkeiten der Radaufstandspunkte

Position der Radaufstandspunkte im fahrzeugorientierten Koordinatensystem:

$$\boldsymbol{R}_{Vfl} = \begin{bmatrix} l_f \\ \frac{b_f}{2} \\ -h_S \end{bmatrix}; \quad \boldsymbol{R}_{Vfr} = \begin{bmatrix} l_f \\ \frac{-b_f}{2} \\ -h_S \end{bmatrix}; \quad \boldsymbol{R}_{Vrl} = \begin{bmatrix} l_r \\ \frac{b_r}{2} \\ -h_S \end{bmatrix}; \quad \boldsymbol{R}_{Vrr} = \begin{bmatrix} l_r \\ \frac{-b_r}{2} \\ -h_S \end{bmatrix}$$

Geschwindigkeit des Schwerpunkts und Drehraten um den Schwerpunkt im fahrzeugorientierten Koordinatensystem:

$$\boldsymbol{v}_V = \begin{bmatrix} v_{Vx} \\ v_{Vy} \\ 0 \end{bmatrix}; \quad \boldsymbol{\omega}_V = \begin{bmatrix} 0 \\ 0 \\ \omega_{Vz} \end{bmatrix}$$

Drehmatrix für die Verdrehung zwischen den lenkbaren Rädern und dem Fahrzeugaufbau (δ_W - Lenkwinkel):

$$\mathbf{T}_{VW}(\delta_W) = \begin{bmatrix} \cos\delta_W & -\sin\delta_W & 0 \\ \sin\delta_W & \cos\delta_W & 0 \\ 0 & 0 & 1 \end{bmatrix}$$

Berechnung der Geschwindigkeiten der Radaufstandspunkte:

$$v_{Vfl} = \mathbf{T}_{VW}(\delta_{Wfl}) \cdot (\boldsymbol{v}_V + \boldsymbol{\omega}_V \times \boldsymbol{R}_{Vfl}) = \begin{bmatrix} \cos\delta_{Wfl}\left(v_{Vx} - \frac{b_f}{2}\omega_{Vz}\right) + \sin\delta_{Wfl}\left(v_{Vy} + l_f\omega_{Vz}\right) \\ -\sin\delta_{Wfl}\left(v_{Vx} - \frac{b_f}{2}\omega_{Vz}\right) + \cos\delta_{Wfl}\left(v_{Vy} + l_f\omega_{Vz}\right) \\ 0 \end{bmatrix}$$

$$v_{Vfr} = \mathbf{T}_{VW}(\delta_{Wfr}) \cdot (\boldsymbol{v}_V + \boldsymbol{\omega}_V \times \boldsymbol{R}_{Vfr}) = \begin{bmatrix} \cos\delta_{Wfr}\left(v_{Vx} + \frac{b_f}{2}\omega_{Vz}\right) + \sin\delta_{Wfr}\left(v_{Vy} + l_f\omega_{Vz}\right) \\ -\sin\delta_{Wfr}\left(v_{Vx} + \frac{b_f}{2}\omega_{Vz}\right) + \cos\delta_{Wfr}\left(v_{Vy} + l_f\omega_{Vz}\right) \\ 0 \end{bmatrix}$$

$$v_{Vrl} = \mathbf{T}_{VW}(\delta_{Wrl}) \cdot (\boldsymbol{v}_V + \boldsymbol{\omega}_V \times \boldsymbol{R}_{Vrl}) = \begin{bmatrix} v_{Vx} - \frac{b_r}{2}\omega_{Vz} \\ v_{Vy} - l_r\omega_{Vz} \\ 0 \end{bmatrix}$$

$$v_{Vrr} = \mathbf{T}_{VW}(\delta_{Wrr}) \cdot (\boldsymbol{v}_V + \boldsymbol{\omega}_V \times \boldsymbol{R}_{Vrr}) = \begin{bmatrix} v_{Vx} + \frac{b_r}{2}\omega_{Vz} \\ v_{Vy} - l_r\omega_{Vz} \\ 0 \end{bmatrix}$$

Anhang C: Auslegung des Reifenlängsschlupf-Reglers

C.1 Übertragungsfunktion der Regelstrecke

Die Übertragungsfunktion der Regelstrecke ergibt sich aus den Übertragungsfunktionen der einzelnen Bestandteile, die zunächst getrennt voneinander aufgestellt werden. Die Darstellung im Bildbereich erfolgt mit Hilfe des Laplace-Operators s.

Elektromotor

Die Dynamik des geschlossenen Drehmoment-Regelkreises eines Elektromotors kann als PT_1-Element approximiert werden:

$$G_{MM}(s) = \frac{M_{M,ist}(s)}{M_{M,soll}(s)} \doteq \frac{1}{T_{Mers} \cdot s + 1}$$

Raddynamik

Zur Herleitung der Raddynamik in Zustandsraumdarstellung erfolgt die Betriebspunktlinearisierung der nichtlinearen Reifenkraft-Kopplung. Es wird angenommen, dass die translatorische Geschwindigkeit des Rades v_{Wx} näherungsweise konstant ist beziehungsweise sich relativ zur Raddrehzahl ω_{Wy} langsam ändert.

Zustandsgrößen: $\boldsymbol{x}_{RD} = \begin{bmatrix} \omega_{Wy} \\ s_x \end{bmatrix}$ Eingangsgröße: $u_{RD} = M_M$ Ausgangsgrößen: $\boldsymbol{y}_{RD} = \begin{bmatrix} \omega_{Wy} \\ s_x \end{bmatrix}$

Reifenlängskraft:

$$F_{WTx} = F_T(s_x) + d_F \cdot \dot{s}_x$$

Differentialgleichung der Raddynamik:

$$J_{Wy} \cdot \dot{\omega}_{Wy} = M_M - k_{Wy} \cdot \omega_{Wy} - F_{WTx} \cdot r_W$$

Differentialgleichung des dynamischen Schlupfes:

$$\sigma_x \cdot \dot{s}_x + \sqrt{(\omega_{Wy} \cdot r_W)^2 + v_{Wx}^2} \cdot s_x = \omega_{Wy} \cdot r_W - v_{Wx}$$

Ein-, Ausgangs-, und Zustandsgrößen des linearisierten Systems (Betriebspunkt B):

Zustandsgrößen: $\Delta\boldsymbol{x}_{RD} = \begin{bmatrix} \Delta\omega_{Wy} \\ \Delta s_x \end{bmatrix}$ Eingangsgröße: $u_{RD} = \Delta M_M$ Ausgangsgrößen: $\boldsymbol{y}_{RD} = \begin{bmatrix} \Delta\omega_{Wy} \\ \Delta s_x \end{bmatrix}$

DOI 10.1515/9783110564303-008

Systemmatrizen:

$$\text{Dynamikmatrix:}\quad \mathbf{A}_{RD} = \begin{bmatrix} \frac{d_F r_W^3 s_{xB} \omega_{WyB} - (d_F r_W^2 + k_W \sigma_x) v_{BB}}{v_{BB} \sigma_x J_{Wy}} & -\frac{r_W (c_{Fx}(s_{xB}) F_{WTz} \sigma_x - d_F r_W v_{BB})}{\sigma_x J_{Wy}} \\ \frac{r_W (v_{BB} - r_W \omega_{Wyb} s_{xB})}{v_{BB} \sigma_x} & -\frac{v_{BB}}{\sigma_x} \end{bmatrix}$$

$$\text{mit}\quad v_{BB} = \sqrt{(\omega_{WyB} r_W)^2 + v_{Wx}^2}$$

$$\text{Eingangsmatrix:}\quad \mathbf{B}_{RD} = \begin{bmatrix} \frac{1}{J_{Wy}} \\ 0 \end{bmatrix}$$

$$\text{Ausgangsmatrix:}\quad \mathbf{C}_{RD} = \begin{bmatrix} 1 & 0 \\ 0 & 1 \end{bmatrix}$$

Berechnung der Übertragungsfunktion von Drehmoment- auf Reifenlängsschlupf-Änderungen am Betriebspunkt:

$$G_{RD}(s) = \mathbf{C}_{RD} \cdot (s \cdot \mathbf{I} - \mathbf{A}_{RD})^{-1} \cdot \mathbf{B}_{RD}$$

$$G_{Ms}(s) = [G_{RD}(s)]_{2,1} = \frac{\Delta s_x(s)}{\Delta M_M(s)}$$

$$= \frac{r_W v_{DB}}{J_{Wy} \sigma_x v_{BB} s^2 + \left(J_{Wy} v_{BB}^2 + k_W v_{BB} \sigma_x - v_{DB} r_W^2 d_F\right) s + k_W v_{BB}^2 - v_{DB} r_W^2 F_{WTz} c_{Fx}(s_{xB})}$$

$$\text{mit}\quad v_{DB} = r_W s_{xB} \omega_{WyB} - v_{BB}$$

Radbeobachter

Die Dimensionierung des Radbeobachters nach dem Verfahren der Polplatzierung legt dessen dynamisches Verhalten fest:

$$G_{RB}(s) = \frac{\hat{\omega}_{Wy}(s)}{\omega_{Wy}(s)} = \frac{1}{T_{RB} \cdot s + 1}$$

Schlupfschätzer

Die Übertragungsfunktion wird anhand der linearisierten Schlupfdifferentialgleichung bestimmt:

$$G_{SS}(s) = \frac{\Delta \hat{s}_x(s)}{\Delta \hat{\omega}_{Wy}(s)} = \frac{r_W \left(\sqrt{(\omega_{WyB} r_W)^2 + v_{Wx}^2} - r_W s_{xB} \omega_{WyB}\right)}{\sqrt{(\omega_{WyB} r_W)^2 + v_{Wx}^2}\left(\sigma_x \cdot s + \sqrt{(\omega_{WyB} r_W)^2 + v_{Wx}^2}\right)}$$

Gesamtübertragungsfunktion der Regelstrecke

Die Übertragungsfunktion der gesamten Regelstrecke ergibt sich durch Reihenschaltung der einzelnen Übertragungselemente:

$$G_{Ms,ges}(s) = \frac{\Delta \hat{s}_x(s)}{\Delta M_{M,soll}(s)} = G_{MM}(s) \cdot G_{Ms}(s) \cdot G_{RB}(s) \cdot G_{SS}(s)$$

Die Regelstrecke weist eine Systemdynamik 4. Ordnung auf, wobei zwei reelle Pole und ein betriebspunktabhängiges konjugiert komplexes Polpaar vorliegen.

C.2 Ordnungsreduktion der Regelstrecke

Zur Vereinfachung des Reglerentwurfs wird die Ordnung der Regelstrecke reduziert. Hierzu werden die Eigenwerte der Drehmomentregelung und des Radbeobachters vernachlässigt, da diese nicht durch den Regler verschoben werden sollen und im Bezug zum übrig bleibenden konjugiert komplexem Polpaar weitaus höhere Eigenwerte aufweisen. Dies wurde für die verwendete beispielhafte Parametrierung in verschiedenen Betriebszuständen innerhalb des stabilen Bereichs der Reifenlängskraft-Schlupf-Kennlinie und eines Geschwindigkeitbereich unter 50 m/s durch Betrachtung des Pol-Nullenstellendiagramms validiert.

$$
\begin{aligned}
G_{Ms,red}(s) &= \frac{\Delta\hat{s}_x(s)}{\Delta M_{M,soll}(s)} = G_{Ms}(s)\cdot G_{SS}(s) \\
&= \frac{r_W v_{DB}}{J_{Wy}\sigma_x v_{BB} s^2 + \left(J_{Wy} v_{BB}^2 + k_W v_{BB}\sigma_x - v_{DB} r_W^2 d_F\right)s + k_W v_{BB}^2 - v_{DB} r_W^2 F_{WTz} c_{Fx}(s_{xB})} \\
&\quad \text{mit} \quad v_{BB} = \sqrt{(\omega_{WyB} r_W)^2 + v_{Wx}^2} \\
&\quad \text{und} \quad v_{DB} = r_W s_{xB}\omega_{WyB} - v_{BB}
\end{aligned}
$$

Die reduzierte Regelstrecke weist eine Systemdynamik 2. Ordnung auf. Durch Normierung des Nennerpolynoms ergibt sich die Darstellung als PT_2-Element mit den betriebspunktabhängigen Kenngrößen Verstärkungsfaktor K_S, Zeitkonstante T_S und Lehr'schen Dämpfungsmaß D_S:

$$
G_{Ms,red}(s) = \frac{\Delta\hat{s}_x(s)}{\Delta M_{M,soll}(s)} = \frac{K_S}{T_S^2\cdot s^2 + 2\cdot D_S\cdot T_S\cdot s + 1}
$$

C.3 Grenzwertbetrachtung des Reifenschlupfes mit alternativer Bezugsgeschwindigkeit

Eine Analyse des Grenzwertes ist insbesondere für den Fahrzeugstillstand beziehungsweise das Erreichen oder Verlassen des Stillstands von Interesse, da dieser als Istwert vom Schlupfschätzer im stationären Zustand ausgegeben wird. Darüber hinaus werden die Kenngrößen des Übertragungsverhaltens der reduzierten Regelstrecke für die sich ergebenen Betriebspunkte des Schlupfes betrachtet.

Grenzwert des Längsschlupfes

Allgemeiner Fall im Stillstand:

$$
\lim_{v_{Wx}\to 0,\,\omega_{WyB}\to 0} \frac{\omega_{WyB}\cdot r_W - v_{Wx}}{\sqrt{\omega_{WyB}^2\cdot r_W^2 + v_{Wx}^2}} = \text{nicht definiert}
$$

Iterativer Grenzwert für positive Raddrehzahl bei Fahrzeugstillstand:

$$
\lim_{\omega_{WyB}\to 0^+}\left(\lim_{v_{Wx}\to 0^+} \frac{\omega_{WyB}\cdot r_W - v_{Wx}}{\sqrt{\omega_{WyB}^2\cdot r_W^2 + v_{Wx}^2}}\right) = 1
$$

Iterativer Grenzwert für negative Raddrehzahl bei Fahrzeugstillstand:

$$
\lim_{\omega_{WyB}\to 0^-}\left(\lim_{v_{Wx}\to 0^-} \frac{\omega_{WyB}\cdot r_W - v_{Wx}}{\sqrt{\omega_{WyB}^2\cdot r_W^2 + v_{Wx}^2}}\right) = -1
$$

Iterativer Grenzwert für positive Geschwindigkeit bei Radstillstand:

$$\lim_{v_{Wx}\to 0^+}\left(\lim_{\omega_{WyB}\to 0^+}\frac{\omega_{WyB}\cdot r_W - v_{Wx}}{\sqrt{\omega_{WyB}^2\cdot r_W^2 + v_{Wx}^2}}\right) = -1$$

Iterativer Grenzwert für negative Geschwindigkeit bei Radstillstand:

$$\lim_{v_{Wx}\to 0^-}\left(\lim_{\omega_{WyB}\to 0^-}\frac{\omega_{WyB}\cdot r_W - v_{Wx}}{\sqrt{\omega_{WyB}^2\cdot r_W^2 + v_{Wx}^2}}\right) = 1$$

Grenzwert der Bezugsgeschwindigkeit

Iterativer Grenzwert für positive Raddrehzahl bei Fahrzeugstillstand:

$$\lim_{\omega_{WyB}\to 0^+}\left(\lim_{v_{Wx}\to 0^+}\sqrt{\omega_{WyB}^2\cdot r_W^2 + v_{Wx}^2}\right) = 0$$

Iterativer Grenzwert für negative Raddrehzahl bei Fahrzeugstillstand:

$$\lim_{\omega_{WyB}\to 0^-}\left(\lim_{v_{Wx}\to 0^+}\sqrt{\omega_{WyB}^2\cdot r_W^2 + v_{Wx}^2}\right) = 0$$

Iterativer Grenzwert für positive Geschwindigkeit bei Radstillstand:

$$\lim_{v_{Wx}\to 0^+}\left(\lim_{\omega_{WyB}\to 0^+}\sqrt{\omega_{WyB}^2\cdot r_W^2 + v_{Wx}^2}\right) = 0$$

Iterativer Grenzwert für negative Geschwindigkeit bei Radstillstand:

$$\lim_{v_{Wx}\to 0^-}\left(\lim_{\omega_{WyB}\to 0^-}\sqrt{\omega_{WyB}^2\cdot r_W^2 + v_{Wx}^2}\right) = 0$$

Grenzwert der Systemkenngrößen

Für die Berechnung der Steigung der Reibbeiwert-Schlupf-Kennlinie am Betriebspunkt wurde das vereinfachte Reifenmodell nach Burckhardt eingesetzt.
Iterativer Grenzwert des Verstärkungsfaktors beim Anhalten:

$$\lim_{s_{xB}\to -1^+}\left(\lim_{v_{BB}\to 0} K_S\right) = \frac{e^{C_2}}{r_W\cdot F_{WTz}\left(C_1 C_2 - C_3\cdot e^{C_2}\right)}$$

Iterativer Grenzwert des Verstärkungsfaktors beim Anfahren:

$$\lim_{s_{xB}\to 1^-}\left(\lim_{v_{BB}\to 0} K_S\right) = \frac{e^{C_2}}{r_W\cdot F_{WTz}\left(C_1 C_2 - C_3\cdot e^{C_2}\right)}$$

Iterativer Grenzwert der Zeitkonstante beim Anhalten:

$$\lim_{s_{xB}\to -1^+}\left(\lim_{v_{BB}\to 0} T_S\right) = 0$$

Iterativer Grenzwert der Zeitkonstante beim Anfahren:

$$\lim_{s_{xB}\to 1^-}\left(\lim_{v_{BB}\to 0} T_S\right) = 0$$

Iterativer Grenzwert des Lehr'schen Dämpfungsmaßes beim Anhalten:

$$\lim_{\omega_{WyB}\to 0^+}\left(\lim_{s_{xB}\to -1^+}\left(\lim_{v_{BB}\to 0} D_S\right)\right) = \text{nicht definiert}$$

Iterativer Grenzwert des Lehr'schen Dämpfungsmaßes beim Anfahren:

$$\lim_{\omega_{WyB}\to 0^+}\left(\lim_{s_{xB}\to 1^-}\left(\lim_{v_{BB}\to 0} D_S\right)\right) = \text{nicht definiert}$$

C.4 Übertragungsfunktion des geschlossenen Regelkreises

Zur Polvergabe einer Regelstrecke mit PT_2-Verhalten wird ein PID-Regler mit Realisierungsfilter zur Regelung des Schlupfes verwendet:

$$G_{SR}(s) = \frac{M_{M,soll}(s)}{e_{sx}(s)} = K_{SRP} + \frac{K_{SRI}}{s} + \frac{K_{SRD}\cdot s}{T_{SRD}\cdot s + 1}$$

Der offene Regelkreis ergibt sich aus der Reihenschaltung von Regler und reduzierter Strecke:

$$G_{SR,red,0}(s) = \frac{\Delta\hat{s}_x(s)}{\Delta e_{sx}(s)} = G_{SR}(s)\cdot G_{Ms,red}(s)$$
$$= \frac{\left((K_{SRP}\cdot T_{SRD} + K_{SRD})\,s^2 + (K_{SRI}\cdot T_{SRD} + K_{SRP})\,s + K_{SRI}\right)K_S}{s\,(T_{SRD}\cdot s + 1)\left(T_S^2\cdot s^2 + 2\cdot D_S\cdot T_S\cdot s + 1\right)}$$

Hieraus ergibt sich die Übertragungsfunktion des geschlossenen Regelkreises (System 4. Ordnung):

$$G_{SR,red}(s) = \frac{\Delta\hat{s}_x(s)}{\Delta s_{x,soll}(s)} = \frac{G_{SR,red,0}(s)}{1 + G_{SR,red,0}(s)}$$
$$= \frac{b_2 s^2 + b_1 s + b_0}{T_{SRD}T_S^2 s^4 + \left(2D_S T_S T_{SRD} + T_S^2\right)s^3 + (b_2 + 2D_S T_S + T_{SRD})\,s^2 + (b_1 + 1)\,s + b_0}$$

mit $b_0 = K_{SRI}K_S;$

$b_1 = (K_{SRI}T_{SRD} + K_{SRP})\,K_S$

und $b_2 = (K_{SRP}\cdot T_{SRD} + K_{SRD})\,K_S$

C.5 Bestimmung der Reglerparameter mittels Polplatzierung

Zur Vorgabe der Dynamik des geschlossenen Regelkreises wird ein Ansatzpolynom 4. Ordnung in allgemeiner Form gewählt. Die Wahl eines konjugiert komplexen Polpaars und einer doppelten reellen Polstelle hat sich für die spätere Auswertung des sich ergebenen Gleichungssystems als geeignet erwiesen. Das Zählerpolynom wird für die Auslegung außer Acht gelassen und lediglich eine Verstärkung von 1 zur Sicherstellung der stationären Genauigkeit gefordert.

$$G_{SR,red,soll}(s) = \frac{\Delta\hat{s}_x(s)}{\Delta s_{x,soll}(s)} = \frac{1}{\left(T_{Rsoll}^2\cdot s^2 + 2\cdot D_{Rsoll}\cdot T_{Rsoll}\cdot s + 1\right)(T_{Rsoll2}\cdot s + 1)^2}$$

Die Koeffizienten des normierten Nennerpolynoms werden für den geschlossenen Regelkreis $\boldsymbol{c}_{SR,red}$ sowie dem Ansatzpolynom $\boldsymbol{c}_{SR,red,soll}$ gesammelt.

$$\boldsymbol{c}_{SR,red} = \begin{bmatrix} 1 \\ T_{SRD} + \frac{K_{SRP}K_S+1}{K_{SRI}K_S} \\ \frac{T_{SRD}T_S^2}{K_{SRI}K_S} \\ \frac{T_S^2+2D_S T_S T_{SRD}}{K_{SRI}K_S} \\ \frac{2D_S T_S + T_{SRD} + (K_{SRP}T_{SRD}+K_{KSRD})K_S}{K_{SRI}K_S} \end{bmatrix} ; \quad \boldsymbol{c}_{SR,red,soll} = \begin{bmatrix} 1 \\ 2\left(D_{Rsoll}T_{Rsoll} + T_{Rsoll2}\right) \\ T_{Rsoll}^2 T_{Rsoll2}^2 \\ 2\left(D_{Rsoll}T_{Rsoll}T_{Rsoll2}^2 + T_{Rsoll}^2 T_{Rsoll2}\right) \\ 4D_{Rsoll}T_{Rsoll}T_{Rsoll2} + T_{Rsoll}^2 + T_{Rsoll2}^2 \end{bmatrix}$$

Durch Gleichsetzen der Koeffizienten wird ein bestimmtes Gleichungssystem gebildet, dessen Lösung die Gleichungen zur Bestimmung der Reglerparameter darstellt.

$$K_{SRP} = \frac{-T_{Rsoll}T_{Rsoll2}^3 a^2 - T_S\left(T_S^2 - 2T_{Rsoll}^2\right)T_{Rsoll2}^2 a - T_S^2 T_{Rsoll}T_{Rsoll2} b + T_S^4 D_{Rsoll}T_{Rsoll}^2}{K_S T_{Rsoll}T_{Rsoll2}\left(-T_S T_{Rsoll} + T_{Rsoll2}a\right)^2}$$

$$K_{SRI} = \frac{T_S^3}{2K_S T_{Rsoll}T_{Rsoll2}\left(T_S T_{Rsoll} - T_{Rsoll2}a\right)}$$

$$K_{SRD} = -\frac{\left(T_{Rsoll2}a - \frac{1}{2}T_S T_{Rsoll}\right)^2 T_S\left(4c + T_S^2 T_{Rsoll2}^2\right)}{2K_S T_{Rsoll}T_{Rsoll2}\left(T_{Rsoll2}a - T_S T_{Rsoll}\right)^3}$$

$$T_{SRD} = \frac{T_S T_{Rsoll}T_{Rsoll2}}{2\left(T_S T_{Rsoll} - T_{Rsoll2}a\right)}$$

mit $a = T_{Rsoll}D_S - T_S D_{Rsoll}$;

$$b = T_{Rsoll}^2 + D_S T_S D_{Rsoll}T_{Rsoll} - T_S^2\left(D_{Rsoll}^2 + \frac{3}{4}\right)$$

und $c = \left(T_S T_{Rsoll} - D_S T_{Rsoll}T_{Rsoll2}\right)^2 - T_S T_{Rsoll}T_{Rsoll2}^2 D_{Rsoll}D_S + T_S^2 T_{Rsoll}T_{Rsoll2}D_{Rsoll} + T_S^2 T_{Rsoll2}^2$

Die stationäre Genauigkeit kann nach Einsetzen der Reglerparameter in die Übertragungsfunktion des geschlossenen Regelkreises nachgewiesen werden, indem der Laplace-Operator $s \to 0$ gesetzt wird und sich ein Wert von 1 ergibt. Des Weiteren lässt sich zeigen, dass die Eigenwerte der geschlossenen Regelstrecke mit eingesetzten Reglerparametern mit den Eigenwerten des Wunschpolynoms übereinstimmen. Die Polplatzierung ist bei Erfüllung dieser Kriterien erfolgreich.

Anhang D: Auslegung des Fahrzeuggierraten-Reglers

D.1 Übertragungsfunktion der Regelstrecke

Die Übertragungsfunktion der Regelstrecke ergibt sich aus den Übertragungsfunktionen der einzelnen Bestandteile, die zunächst getrennt voneinander aufgestellt werden. Die Darstellung im Bildbereich erfolgt mit Hilfe des Laplace-Operators s.

Geschlossener Längsschlupf-Regelkreis

Die Eigenwerte des geschlossenen Längsschlupf-Regelkreises werden mittels Polplatzierung derart gewählt, dass diese ausreichend höher (>5x) als die angestrebten Eigenwerte der Fahrzeuggierraten-Regelung sind. Somit ist eine Approximation der Regelungsdynamik durch ein PT_1-Element zulässig. Die Zeitkonstante T_{SC} repräsentiert den kleinsten Eigenwert des Schlupfregelkreises.

$$G_{SC}(s) = \frac{\hat{s}_{x,ist}(s)}{s_{x,soll}(s)} = \frac{1}{T_{SC} \cdot s + 1}$$

Reifenlängskraft

Die Zeitkonstante des Reifenkraftaufbaus nimmt mit steigender Drehzahl ab. Bei Fahrzeugstillstand oder sehr niedrigen Geschwindigkeiten sind Regeleingriffe in die Gierrate des Fahrzeuges darüber hinaus nicht sinnvoll. Die Dynamik des Kraftaufbaus wird daher vernachlässigt. Im Falle des vereinfachten Reifenmodells nach Burckhardt wird die Reifenlängskraft bestimmt nach:

$$F_{WTx} = F_T(s_x, s_y) = \left(C_1 \left(1 - e^{-C_2 \cdot \sqrt{s_x^2 + s_y^2}} \right) - C_3 \sqrt{s_x^2 + s_y^2} \right) \frac{s_x}{\sqrt{s_x^2 + s_y^2}} F_{WTz}$$

Gierraten-Beobachter

Die Dimensionierung des Gierraten-Beobachters nach dem Verfahren der Polplatzierung legt dessen dynamisches Verhalten fest:

$$G_{Bz}(s) = \frac{\hat{\omega}_{Vz}(s)}{\omega_{Vz}(s)} = \frac{1}{T_{Bz} \cdot s + 1}$$

Fahrzeugquerdynamik

In den Differentialgleichungen der Quergeschwindigkeit und der Gierrate des ebenen Zweispurmodells werden die Reifenquerkräfte als lineares Reifenmodell mit Schräglaufsteifigkeit und Schräglaufwinkel ersetzt.

$$m_V (\dot{v}_{Vy} + v_{Vx}\omega_{Vz}) = (\alpha_{fl} + \alpha_{fr})\, c_{\alpha f} \cos\delta + (\alpha_{rl} + \alpha_{rr})\, c_{\alpha r} + (F_{WTxfl} + F_{WTxfr}) \sin\delta$$

$$\begin{aligned} J_{Vz}\dot{\omega}_{Vz} = & \left((\alpha_{fl} + \alpha_{fr})\, c_{\alpha f} l_f + (F_{WTxfr} - F_{WTxfl}) \frac{b_f}{2} \right) \cos\delta \\ & + \left((\alpha_{fl} - \alpha_{fr}) \frac{b_f}{2} c_{\alpha f} + (F_{WTxfl} + F_{WTxfr})\, l_f \right) \sin\delta \\ & - (\alpha_{rl} + \alpha_{rr})\, c_{\alpha r} l_r + (F_{WTxrr} - F_{WTxrl}) \frac{b_r}{2} \end{aligned}$$

DOI 10.1515/9783110564303-009

Nun werden die Gleichungen der Schräglaufwinkel eingesetzt, wobei mit dem Ziel, ein lineares Gleichungssystem zu erhalten, die Schräglaufwinkel achsweise gleichgesetzt werden.

$$\alpha_{fl} = \alpha_{fl} = \delta - \frac{v_{Vy} + \omega_{Vz} l_f}{v_{Vx}}; \quad \alpha_{rl} = \alpha_{rr} = \frac{-v_{Vy} + \omega_{Vz} l_r}{v_{Vx}}$$

$$m_V \left(\dot{v}_{Vy} + v_{Vx}\omega_{Vz}\right) = 2\left(\delta - \frac{v_{Vy} + \omega_{Vz} l_f}{v_{Vx}}\right) c_{\alpha f} \cos\delta + 2\left(\frac{-v_{Vy} + \omega_{Vz} l_r}{v_{Vx}}\right) c_{\alpha r} + \left(F_{WTxfl} + F_{WTxfr}\right) \sin\delta$$

$$\begin{aligned} J_{Vz}\dot{\omega}_{Vz} = & 2\left(\left(\delta - \frac{v_{Vy} + \omega_{Vz} l_f}{v_{Vx}}\right) c_{\alpha f} l_f + \left(F_{WTxfr} - F_{WTxfl}\right) \frac{b_f}{2}\right) \cos\delta \\ & + \left(F_{WTxfl} + F_{WTxfr}\right) l_f \sin\delta - 2\left(\frac{-v_{Vy} + \omega_{Vz} l_r}{v_{Vx}}\right) c_{\alpha r} l_r + \left(F_{WTxrr} - F_{WTxrl}\right) \frac{b_r}{2} \end{aligned}$$

Unter der Annahme, dass sich die Längsgeschwindigkeit nicht oder nur sehr langsam ändert, ergibt sich ein lineares gekoppeltes Differentialgleichungssystem für die Quergeschwindigkeit und die Gierrate, welches in die Zustandsraumdarstellung überführt wird. Für den Lenkwinkel werden die gleichen Annahmen getroffen, sodass dieser als konstanter Parameter behandelt wird.

Zustandsgrößen: $\Delta\boldsymbol{x}_{QD} = \begin{bmatrix} v_{Vy} \\ \omega_{Vz} \end{bmatrix}$ Eingangsgröße: $\boldsymbol{u}_{QD} = \begin{bmatrix} F_{WTxfl} \\ F_{WTxfr} \\ F_{WTxrl} \\ F_{WTxrr} \end{bmatrix}$ Ausgangsgrößen: $y_{QD} = \omega_{Vz}$

Systemmatrizen:

$$\text{Dynamikmatrix:} \quad \mathbf{A}_{QD} = \begin{bmatrix} -\frac{2(c_{\alpha f}\cos\delta + c_{\alpha r})}{m_V v_{Vx}} & \frac{2(-c_{\alpha f} l_f \cos\delta + c_{\alpha r} l_r)}{m_V v_{Vx}} - v_{Vx} \\ \frac{2(-c_{\alpha f} l_f \cos\delta + c_{\alpha r} l_r)}{J_{Vz} v_{Vx}} & \frac{-2\left(c_{\alpha f} l_f^2 \cos\delta + c_{\alpha r} l_r^2\right)}{J_{Vz} v_{Vx}} \end{bmatrix}$$

$$\text{Eingangsmatrix:} \quad \mathbf{B}_{QD} = \begin{bmatrix} \frac{\sin\delta}{m_V} & \frac{\sin\delta}{m_V} & 0 & 0 \\ \frac{-\cos\delta \frac{b_f}{2} + \sin\delta l_f}{J_{Vz}} & \frac{\cos\delta \frac{b_f}{2} + \sin\delta l_f}{J_{Vz}} & -\frac{b_r}{2J_{Vz}} & \frac{b_r}{2J_{Vz}} \end{bmatrix}$$

$$\text{Ausgangsmatrix:} \quad \mathbf{C}_{QD} = \begin{bmatrix} 0 & 1 \end{bmatrix}$$

Berechnung der Übertragungsfunktionen der Reifenkräfte auf die Gierrate:

$$\mathbf{G}_{QD}(s) = \mathbf{C}_{QD} \cdot (s \cdot \mathbf{I} - \mathbf{A}_{QD})^{-1} \cdot \mathbf{B}_{QD}$$

Die Übertragungsfunktionen weisen PDT_2-Verhalten auf, wobei eine symbolische Betrachtung auf Grund der komplexen Terme nicht zielführend ist. Stattdessen werden zur besseren Veranschaulichung die Kenngrößen des dynamischen Verhaltens sowohl in analytischer als auch graphischer Form für eine Beispielparametrierung zusammenfassend dargestellt.

$$G_{QDi}(s) = \frac{K_{QDi} \cdot (T_{DQDi} \cdot s + 1)}{T_{QDi}^2 \cdot s^2 + 2 \cdot D_{QDi} \cdot T_{QDi} \cdot s + 1} \quad \text{für } i = \{fl, fr, rl, rr\}$$

Graphische Darstellung der Kenngrößen

Folgende Fahrzeugparameter wurden für die graphische Darstellung verwendet:

Parameter	Variable	Wert
Fahrzeugmasse	m_V	1750 kg
Massenträgheitsmoment um Hochachse	J_{Vz}	2914 kgm^2
Abstand Schwerpunkt - Vorderachse	l_f	1,305 m
Abstand Schwerpunkt - Hinterachse	l_r	1,583 m
Spurbreite Vorderachse	b_f	1,558 m
Spurbreite Hinterachse	b_r	1,582 m
Schwerpunkthöhe	h_S	0,595 m
Schräglaufsteifigkeit vorne	c_f	$162{,}5 \cdot 10^3$ N/rad
Schräglaufsteifigkeit hinten	c_r	$157{,}5 \cdot 10^3$ N/rad

Verstärkungsfaktor vorne links K_{QDfl}

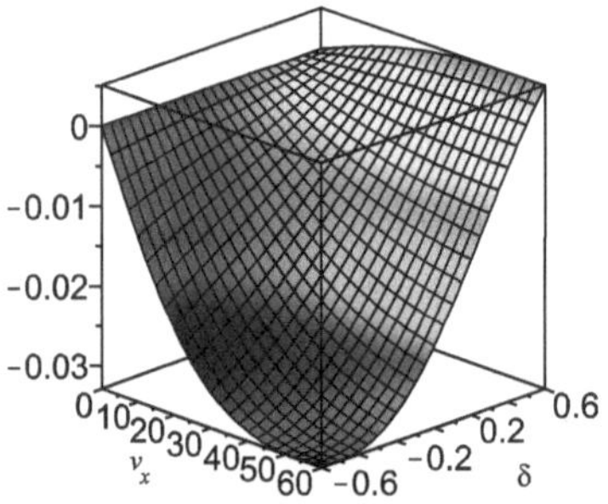

Verstärkungsfaktor vorne rechts K_{QDfr}

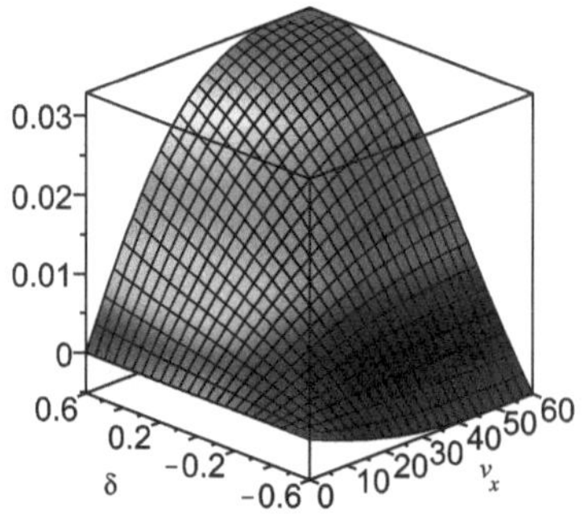

Verstärkungsfaktor hinten links K_{QDrl}

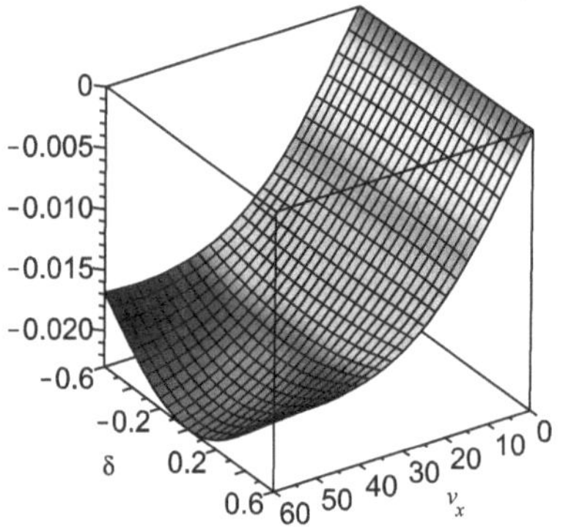

Verstärkungsfaktor hinten rechts K_{QDrr}

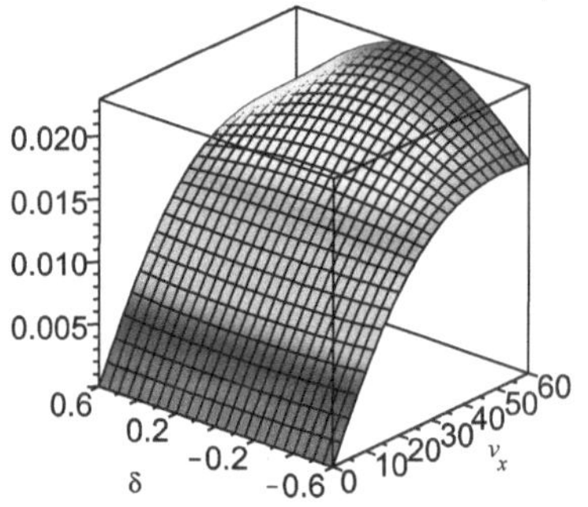

$$K_{QDfl} = -\frac{2v_{Vx}\left(-\frac{1}{2}\cos^2\delta b_f c_{\alpha f} - \frac{1}{2}\cos\delta b_f c_{\alpha r} + \sin\delta c_{\alpha r}(l_f + l_r)\right)}{2c_{\alpha f}\left(-2(l_f + l_r)^2 c_{\alpha r} + l_f m_V v_{Vx}^2\right)\cos\delta - 2l_r m_V v_{Vx}^2 c_{\alpha r}}$$

$$K_{QDfr} = -\frac{2v_{Vx}\left(\frac{1}{2}\cos^2\delta b_f c_{\alpha f} + \frac{1}{2}\cos\delta b_f c_{\alpha r} + \sin\delta c_{\alpha r}(l_f + l_r)\right)}{2c_{\alpha f}\left(-2(l_f + l_r)^2 c_{\alpha r} + l_f m_V v_{Vx}^2\right)\cos\delta - 2l_r m_V v_{Vx}^2 c_{\alpha r}}$$

$$K_{QDrl} = \frac{v_{Vx}(c_{\alpha f}\cos\delta + c_{\alpha r})b_r}{2c_{\alpha f}\left(-2(l_f + l_r)^2 c_{\alpha r} + l_f m_V v_{Vx}^2\right)\cos\delta - 2l_r m_V v_{Vx}^2 c_{\alpha r}}$$

$$K_{QDrr} = -\frac{v_{Vx}(c_{\alpha f}\cos\delta + c_{\alpha r})b_r}{2c_{\alpha f}\left(-2(l_f + l_r)^2 c_{\alpha r} + l_f m_V v_{Vx}^2\right)\cos\delta - 2l_r m_V v_{Vx}^2 c_{\alpha r}}$$

Vorhaltzeitkonstante vorne links T_{DQDfl}

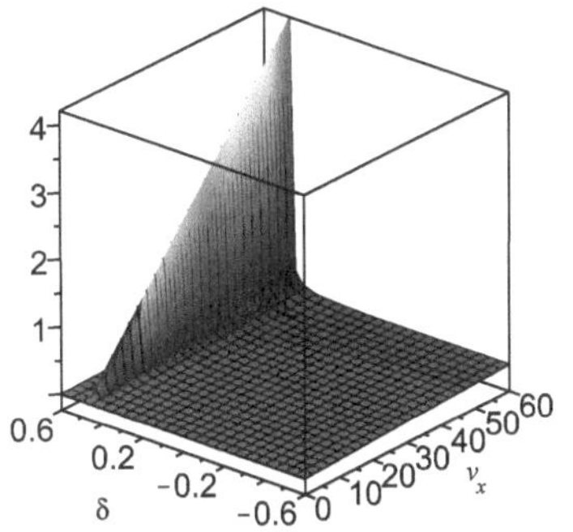

Vorhaltzeitkonstante vorne rechts T_{DQDfr}

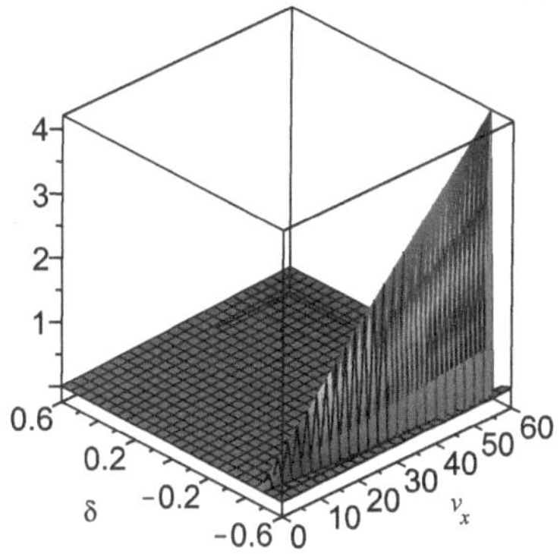

Vorhaltzeitkonstante hinten links und hinten rechts T_{DQDr}

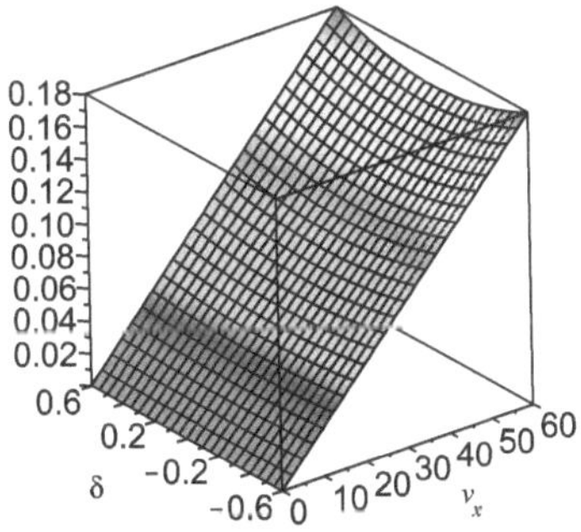

$$T_{DQDfl} = \frac{m_V v_{Vx}(2\sin\delta l_f - \cos\delta b_f)}{2(-\cos^2\delta b_f c_{\alpha f} - \cos\delta b_f c_{\alpha r} + 2\sin\delta c_{\alpha r}(l_f + l_r))}$$

$$T_{DQDfr} = \frac{m_V v_{Vx}(\cos\delta b_f + 2\sin\delta l_f)}{2(\cos^2\delta b_f c_{\alpha f} + \cos\delta b_f c_{\alpha r} + 2\sin\delta c_{\alpha r}(l_f + l_r))}$$

$$T_{DQDr} = \frac{m_V v_{Vx}}{2(c_{\alpha f}\cos\delta + c_{\alpha r})}$$

Zeitkonstante der Grunddynamik T_{QD}

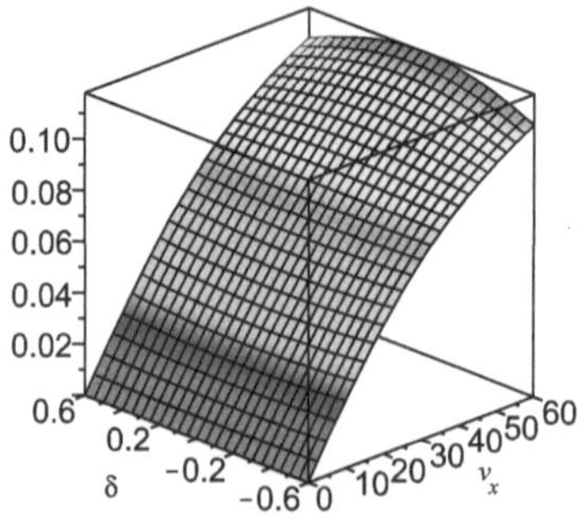

Lehr'sches Dämpfungsmaß der Grunddynamik D_{QD}

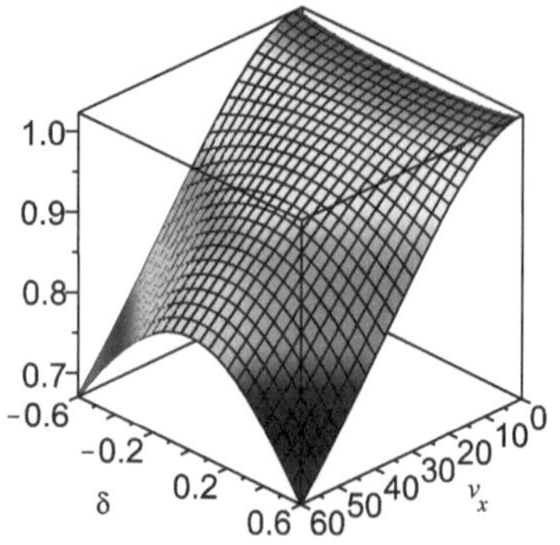

$$T_{QD} = \sqrt{-\frac{v_{Vx}^2 m_V J_{Vz}}{2c_{\alpha f}\left(-2\left(l_f + l_r\right)^2 c_{\alpha r} + l_f m_V v_{Vx}^2\right)\cos\delta - 2 l_r m_V v_{Vx}^2 c_{\alpha r}}}$$

$$D_{QD} = \frac{\left(\left(l_f^2 m_V + J_{Vz}\right) c_{\alpha f}\cos\delta + c_{\alpha r}\left(l_r^2 m_V + J_{Vz}\right)\right) v_{Vx}}{\sqrt{-2J_{Vz} v_{Vx}^2 m_V\left(c_{\alpha f}\left(-2\left(l_f + l_r\right)^2 c_{\alpha r} + l_f m_V v_{Vx}^2\right)\cos\delta - l_r m_V v_{Vx}^2 c_{\alpha r}\right)}}$$

D.2 Übertragungsfunktion des geschlossenen Regelkreises

Zur Polvorgabe einer Regelstrecke mit PDT_2-Verhalten wird ein PID-Regler mit Realisierungsfilter zur Regelung der Fahrzeuggierrate verwendet:

$$G_{GR}(s) = \frac{M_{z,soll}(s)}{e_\omega(s)} = K_{GRP} + \frac{K_{GRI}}{s} + \frac{K_{GRD}\cdot s}{T_{GRD}\cdot s + 1}$$

Um die Reglerauslegung zu vereinfachen, wird die Regelstrecke von einem System mit mehreren Eingängen und gleicher Grunddynamik in ein System mit einem Eingang und derselben Grunddynamik überführt. Hierzu werden die Reifenkräfte mit den dazugehörigen Hebelarmen bezüglich des Schwerpunkts zu einem resultierenden Giermoment aufaddiert. Durch das Überführen der Übertragungsfunktionen der Reifenkräfte auf die Gierrate des Fahrzeuges in ein Eingrößensystem ist eine nachträgliche Verteilung der Stellgröße notwendig, die im Abschnitt D.4 vorgestellt wird. Der Reglerentwurf und die Stellgrößenverteilung werden demnach getrennt betrachtet.

$$\begin{aligned} G_{QD,red}(s) &= \frac{\hat{\omega}_{Vz}(s)}{\Delta M_z(s)} \\ &= \frac{\left(\frac{1}{2} m_V v_{Vx} s + c_{\alpha f} + c_{\alpha r}\right) v_{Vx}}{\frac{1}{2} J_{Vz} m_V v_{Vx} s^2 + \left(\left(m_V l_f^2 + J_{Vz}\right) c_{\alpha f} + \left(m_V l_r^2 + J_{Vz}\right) c_{\alpha r}\right) v_{Vx} s + a_0} \\ &\quad \text{mit} \quad a_0 = \left(l_r c_{\alpha r} - l_f c_{\alpha f}\right) m_V v_{Vx}^2 + 2\left(l_f + l_r\right)^2 c_{\alpha f} c_{\alpha r} \\ &= \frac{K_{QD}\left(T_{DQD}\cdot s + 1\right)}{T_{QD}^2 \cdot s^2 + 2\cdot D_{QD}\cdot T_{QD}\cdot s + 1} \end{aligned}$$

Die Kenngrößen der Regelstrecke mit einer Eingangsgröße lauten:

$$\text{Verstärkungsfaktor:} \quad K_{QD} = \frac{(c_{\alpha f} + c_{\alpha r})\, v_{Vx}}{a_0}$$

$$\text{Vorhaltezeitkonstante:} \quad T_{DQD} = \frac{m_V v_{Vx}}{2\,(c_{\alpha f} + c_{\alpha r})}$$

$$\text{Zeitkonstante:} \quad T_{QD} = \sqrt{\frac{J_{Vz} m_V v_{Vx}^2}{2a_0}}$$

$$\text{Lehr'sches Dämpfungsmaß:} \quad D_{QD} = \frac{l_f v_{Vx}\left(m_V\left(l_f^2 c_{\alpha f} + l_r^2 c_{\alpha r}\right) + J_{Vz}\,(c_{\alpha f} + c_{\alpha r})\right)}{\sqrt{2 J_{Vz} l_f^2 a_0 v_{Vx}^2 m_V}}$$

$$\text{mit:} \quad a_0 = (l_r c_{\alpha r} - l_f c_{\alpha f})\, m_V v_{Vx}^2 + 2\,(l_f + l_r)^2\, c_{\alpha f} c_{\alpha r}$$

Der offene Regelkreis ergibt sich aus der Reihenschaltung von Regler und Strecke:

$$\begin{aligned} G_{GR,red,0}(s) &= \frac{\hat{\omega}_{Vz}(s)}{e_\omega(s)} = G_{GR}(s) \cdot G_{QD,red}(s) \\ &= \frac{\left((K_{GRP} \cdot T_{GRD} + K_{GRD})\, s^2 + (K_{GRI} \cdot T_{GRD} + K_{GRP})\, s + K_{GRI}\right) K_{QD}\,(T_{DQD} \cdot s + 1)}{s\,(T_{GRD} \cdot s + 1)\left(T_{QD}^2 \cdot s^2 + 2 \cdot D_{QD} \cdot T_{QD} \cdot s + 1\right)} \end{aligned}$$

Hieraus ergibt sich die Übertragungsfunktion des geschlossenen Regelkreises (System 4. Ordnung):

$$\begin{aligned} G_{GR,red}(s) &= \frac{\hat{\omega}_{Vz}(s)}{\omega_{Vz,soll}(s)} = \frac{G_{GR,red,0}(s)}{1 + G_{GR,red,0}(s)} \\ &= \frac{b_3 s^3 + b_2 s^2 + b_1 s + b_0}{T_{GRD} T_{QD}^2 s^4 + \left(b_3 + 2T_{GRD} T_{QD} \cdot D_{QD} + T_{QD}^2\right) s^3 + (b_2 + 2T_{QD} \cdot D_{QD} + T_{GRD})\, s^2 + a_1 s + b_0} \end{aligned}$$

$$\begin{aligned} \text{mit} \quad b_3 &= (K_{GRP} \cdot T_{GRD} + K_{GRD})\, K_{QD} \cdot T_{DQD}; \\ b_2 &= (K_{GRI} \cdot T_{GRD} + K_{GRP})\, K_{QD} \cdot T_{DQD} + (K_{GRP} \cdot T_{GRD} + K_{GRD})\, K_{QD} \\ b_1 &= K_{GRI} \cdot K_{QD} \cdot T_{DQD} + (K_{GRI} \cdot T_{GRD} + K_{GRP})\, K_{QD}; \\ b_0 &= K_{GRI} \cdot K_{QD} \\ \text{und} \quad a_1 &= (K_{GRI} \cdot T_{GRD} + K_{GRP}) \cdot K_{GRI} \cdot K_{QD} \cdot T_{DQD} + K_{QD} + 1 \end{aligned}$$

D.3 Bestimmung der Reglerparameter mittels Polplatzierung

Zur Vorgabe der Dynamik des geschlossenen Regelkreises wird ein Ansatzpolynom 4. Ordnung in allgemeiner Form gewählt. Die Wahl eines konjugiert komplexen Polpaars und einer doppelten reellen Polstelle hat sich für die spätere Auswertung des sich ergebenen Gleichungssystems als geeignet erwiesen. Das Zählerpolynom wird für die Auslegung außer Acht gelassen und lediglich eine Verstärkung von 1 zur Sicherstellung der stationären Genauigkeit gefordert.

$$G_{GR,red,soll}(s) = \frac{\hat{\omega}_{Vz}(s)}{\omega_{Vz,soll}(s)} = \frac{1}{\left(T_{soll}^2 \cdot s^2 + 2 \cdot D_{soll} \cdot T_{soll} \cdot s + 1\right)(T_{soll2} \cdot s + 1)^2}$$

Die Koeffizienten des normierten Nennerpolynoms werden für den geschlossenen Regelkreis $\boldsymbol{c}_{GR,red}$ sowie dem Ansatzpolynom $\boldsymbol{c}_{GR,red,soll}$ gesammelt.

$$\boldsymbol{c}_{GR,red} = \begin{bmatrix} 1 \\ \frac{(K_{GRI}T_{GRD}+K_{GRP})K_{QD}T_{DQD}+(K_{GRP}T_{GRD}+K_{GRD})K_{QD}+2D_{QD}T_{QD}+T_{GRD}}{K_{GRI}K_{QD}} \\ \frac{(K_{GRI}(T_{DQD}+T_{GRD})K_{GRI}+K_{GRP})K_{QD}+1}{K_{GRI}K_{QD}} \\ \frac{T_{GRD}T_{QD}^2}{K_{GRI}K_{QD}} \\ \frac{(K_{GRP}T_{GRD}+K_{GRD})K_{QD}T_{DQD}+2D_{QD}T_{QD}T_{GRD}+T_{QD}^2}{K_{GRI}K_{QD}} \end{bmatrix}$$

$$\boldsymbol{c}_{GR,red,soll} = \begin{bmatrix} 1 \\ T_{soll}^2 + 4D_{soll}T_{soll}T_{soll2} + T_{soll2}^2 \\ 2\left(D_{soll}T_{soll} + T_{soll2}\right) \\ T_{soll}^2 T_{soll2}^2 \\ 2D_{soll}T_{soll}T_{soll2}^2 + 2T_{soll}^2 T_{soll2} \end{bmatrix}$$

Durch Gleichsetzen der Koeffizienten wird ein bestimmtes Gleichungssystem gebildet, dessen Lösung die Gleichungen zur Bestimmung der Reglerparameter darstellt. Da die Gleichungen für den allgemeinen Fall sehr umfangreiche Terme aufweisen, wird hier der Sonderfall $T_{soll} = T_{soll2}$ und $D_{soll} = 1$ betrachtet.

$$K_{GRP} = \frac{c_8 T_{soll}^8 + c_7 T_{soll}^7 + c_6 T_{soll}^6 + c_5 T_{soll}^5 + c_4 T_{soll}^4 + c_3 T_{soll}^3 + c_2 T_{soll}^2 + c_1 T_{soll} + c_0}{\left((2T_{QD}D_{QD} - T_{DQD})\,T_{soll}^4 + T_{DQD}^3 T_{QD}^2 - 4T_{DQD}^2 T_{soll} T_{QD}^2 + 6T_{DQD}T_{soll}^2 T_{QD}^2 - 4T_{soll}^3 T_{QD}^2\right)^2 K_{QD}}$$

$$K_{GRI} = \frac{\left(2D_{QD}T_{QD}T_{DQD} - T_{QD}^2 - T_{DQD}^2\right) T_{QD}^2}{\left((2D_{QD}T_{QD} - T_{DQD})\,T_{soll}^4 - 4T_{QD}^2 T_{soll}^3 + 6T_{QD}^2 T_{DQD} T_{soll}^2 - 4T_{QD}^2 T_{DQD}^2 T_{soll} + T_{QD}^2 T_{DQD}^3\right) K_{QD}}$$

$$K_{GRD} = -\frac{\left((2D_{QD}T_{QD} - T_{DQD})\,T_{soll}^3 - 3T_{QD}^2 T_{soll}^2 + 3T_{QD}^2 T_{DQD} T_{soll} - T_{QD}^2 T_{DQD}^2\right)^4}{8\left(\left(D_{QD}T_{QD} - \frac{1}{2}T_{DQD}\right) T_{soll}^4 + \left(-2T_{soll}^3 + 3T_{DQD}T_{soll}^2 - 2T_{DQD}^2 T_{soll} + \frac{1}{2}T_{DQD}^3\right) T_{QD}^2\right)^3 K_{QD}}$$

$$T_{GRD} = \frac{\left(2D_{QD}T_{QD}T_{DQD} - T_{QD}^2 - T_{DQD}^2\right) T_{soll}^4}{\left(2D_{QD}T_{QD} - T_{DQD}\right) T_{soll}^4 \left(T_{DQD} - 2T_{soll}\right)\left(T_{DQD}^2 - 2T_{DQD}T_{soll} + 2T_{soll}^2\right) T_{QD}^2}$$

mit $c_0 = \left(2D_{QD}T_{DQD} - T_{QD}\right) T_{DQD}^4 T_{QD}^5;$

$c_1 = 8\left(-2T_{DQD}D_{QD} + T_{QD}\right) T_{DQD}^3 T_{QD}^5;$

$c_2 = 2\left(22T_{DQD}T_{QD}D_{QD} + 3T_{DQD}^2 - 11T_{QD}^2\right) T_{DQD}^2 T_{QD}^4;$

$c_3 = 28\left(-2T_{DQD}T_{QD}D_{QD} - T_{DQD}^2 + T_{QD}^2\right) T_{DQD} T_{QD}^4;$

$c_4 = 8\left(T_{DQD}^2 T_{QD} D_{QD}^2 - 4T_{DQD}^3 D_{QD} + 26T_{DQD}T_{QD}^2 D_{QD} + 55T_{DQD}^2 T_{QD} - 15T_{QD}^3\right) T_{QD}^3;$

$c_5 = 4\left(-4T_{DQD}T_{QD}^4 D_{QD}^2 + 2T_{QD}^5 D_{QD} + T_{DQD}^3 T_{QD}^2 - 13T_{DQD}T_{QD}^4\right);$

$c_6 = 4\left(6T_{DQD}T_{QD}D_{QD} - 3T_{DQD}^2 + 4T_{QD}^2\right) T_{QD}^2;$

$c_7 = 8\left(T_{DQD} - 2T_{QD}D_{QD}\right) T_{QD}^2$

und $c_8 = \left(2T_{QD}D_{QD} - T_{DQD}\right)^2$

Die stationäre Genauigkeit kann nach Einsetzen der Reglerparameter in die Übertragungsfunktion des geschlossenen Regelkreises nachgewiesen werden, indem der Laplace-Operator $s \rightarrow 0$ gesetzt wird und sich ein Wert von 1 ergibt. Des Weiteren lässt sich zeigen, dass die Eigenwerte der geschlossenen Regelstrecke mit eingesetzten Reglerparametern mit den Eigenwerten des Wunschpolynoms übereinstimmen. Die Polplatzierung ist bei Erfüllung dieser Kriterien erfolgreich.

D.4 Verteilung der Stellgröße

Die Stellgrößenverteilung wird mit Hilfe eines mathematischen Optimierungsproblems gelöst. Mit dem Ziel, den radindividuellen Stelleingriff auf die Fahrzeuggierrate mit möglichst geringer Rückwirkung auf die Längsgeschwindigkeit des Fahrzeuges zu realisieren, werden die Längsdynamik-Gradienten eingeführt. Sie bilden ein Maß für die Auswirkung einer radindividuellen Änderung des Längsschlupfes auf die Änderung der Längsgeschwindigkeit.

Längsdynamik-Gradienten

Längsdynamik des Fahrzeugschwerpunktes:

$$m_V\left(a_{Vx} - v_{Vy}\omega_{Vz}\right) = \left(F_{WTxfl} + F_{WTxfr}\right)\cos\delta - \left(F_{WTyfl} + F_{WTyfr}\right)\sin\delta + F_{WTxrl} + F_{WTxrr}$$

Berechnung der Reifenlängskräfte mittels vereinfachtem Reifenmodell nach Burckhardt:

$$F_{WTxi} = \frac{s_{xi}}{sqrts_{xi}^2 + s_{yi}^2}\left(C_1\left(1 - e^{-C_2\sqrt{s_{xi}^2+s_{yi}^2}}\right) - C_3\sqrt{s_{xi}^2 + s_{yi}^2}\right)F_{WTzi} \quad \text{für } i = \{fl, fr, rl, rr\}$$

Nach Einsetzen der Reifenkraft-Gleichungen in die Fahrzeuglängsdynamik werden die Längsdynamik-Gradienten durch die partielle Ableitung der Längsdynamik nach dem jeweiligen Reifenlängsschlupf gebildet.

$$K_i = \left(\frac{\left(\sqrt{s_{xi}^2 + s_{yi}^2}C_2 s_{xi}^2 - s_{yi}^2\right)e^{-C_2\sqrt{s_{xi}^2+s_{yi}^2}} + s_{yi}^2}{\left(s_{xi}^2 + s_{yi}^2\right)^{\frac{3}{2}}}C_1 - C_3\right)F_{WTzi}\cos\delta_i \quad \text{für } i = \{fl, fr, rl, rr\}$$

$$\text{mit} \quad \delta_{fl} = \delta_{fr} = \delta \quad \text{und} \quad \delta_{rl} = \delta_{rr} = 0$$

Giermoment-Gradienten

Zur Berechnung der resultierenden Stellgröße aus den radindividuellen Änderungen des Längsschlupfes werden die Giermoment-Gradienten herangezogen. Diese werden durch partielle Ableitung der Differentialgleichung der Gierdynamik nach dem jeweiligen Reifenlängsschlupf gebildet. Zuvor werden die Gleichungen der Reifenlängskräfte durch das vereinfachte Reifenmodell nach Burckhardt ausgdrückt.

Gierdynamik:

$$\begin{aligned} J_{Vz}\alpha_{Vz} = {} & \left(\left(F_{WTxfr} - F_{WTxfl}\right)\frac{b_f}{2} + \left(F_{WTyfl} + F_{WTyfr}\right)l_f\right)\cos\delta + \left(F_{WTxrr} - F_{WTxrl}\right)\frac{b_f}{2} \\ & + \left(\left(F_{WTyfl} - F_{WTyfr}\right)\frac{b_f}{2} + \left(F_{WTxfl} + F_{WTxfr}\right)l_f\right)\sin\delta - \left(F_{WTyrl} + F_{WTyrr}\right)l_r \end{aligned}$$

Partielle Ableitungen der Gierdynamik nach dem Längsschlupf:

$$\xi_{fl} = -k_i\left(\frac{b_f}{2}\cos\delta - l_f\sin\delta\right)F_{WTzfl}$$

$$\xi_{fr} = k_i\left(\frac{b_f}{2}\cos\delta + l_f\sin\delta\right)F_{WTzfr}$$

$$\xi_{rl} = -k_i\frac{b_r}{2}F_{WTzrl}$$

$$\xi_{rr} = k_i\frac{b_r}{2}F_{WTzrr}$$

$$\text{mit}\quad k_i = \left(\frac{\left(\sqrt{s_{xi}^2+s_{yi}^2}\,C_2 s_{xi}^2 - s_{yi}^2\right)e^{-C_2\sqrt{s_{xi}^2+s_{yi}^2}} + s_{yi}^2}{\left(s_{xi}^2+s_{yi}^2\right)^{\frac{3}{2}}}C_1 - C_3\right)\quad \text{für } i = \{fl, fr, rl, rr\}$$

Formulierung des mathematischen Optimierungsproblems

Um die Rückwirkung des Stelleingriffs auf die Längsdynamik für Beschleunigungen und Verzögerungen zu minimieren, wird eine quadratische Kostenfunktion mit den Längsdynamik-Gradienten als Koeffizienten eingesetzt. Die zu optimierenden Variablen sind die Schlupfänderungen, die den unterlagerten Reifenlängsschlupf-Regelkreisen zur Sollwertanpassung übergeben werden.

$$\text{Kostenfunktion:}\quad z(\boldsymbol{\Delta s}_x) = \boldsymbol{\Delta s}_x^T \cdot K \cdot \boldsymbol{\Delta s}_x$$

$$\text{Optimierungsvariable:}\quad \boldsymbol{\Delta s}_x = \begin{bmatrix}\Delta s_{xfl}\\ \Delta s_{xfr}\\ \Delta s_{xrl}\\ \Delta s_{xrr}\end{bmatrix}\qquad \text{Koeffizienten:}\quad K = \begin{bmatrix}\kappa_{fl} & 0 & 0 & 0\\ 0 & \kappa_{fr} & 0 & 0\\ 0 & 0 & \kappa_{rl} & 0\\ 0 & 0 & 0 & \kappa_{rr}\end{bmatrix}$$

Die Erfüllung der eigentlichen Stellaufgabe, nämlich dem Aufbringen eines zusätzlichen Giermoments zur Regelung der Gierrate, wird mittels Gleichungsnebenbedingung eingefügt.

$$\Delta M_z = \Xi \cdot \boldsymbol{\Delta s}_x = \xi_{fl}\Delta s_{xfl} + \xi_{fr}\Delta s_{xfr} + \xi_{rl}\Delta s_{xrl} + \xi_{rr}\Delta s_{xrr}$$

Mögliche Stellgrößenbegrenzungen werden für die Optimierung als Ungleichungsnebenbedingungen formuliert:

$$\mathbf{E}\cdot\boldsymbol{\Delta s}_x \le \boldsymbol{g}$$

$$\text{mit}\quad \mathbf{E} = \begin{bmatrix}-1 & 0 & 0 & 0\\ 1 & 0 & 0 & 0\\ 0 & -1 & 0 & 0\\ 0 & 1 & 0 & 0\\ 0 & 0 & -1 & 0\\ 0 & 0 & 1 & 0\\ 0 & 0 & 0 & -1\\ 0 & 0 & 0 & 1\end{bmatrix}\quad \text{und}\quad \boldsymbol{g} = \begin{bmatrix}-\Delta s_{xflmin} & 0 & 0 & 0\\ \Delta s_{xflmax} & 0 & 0 & 0\\ 0 & -\Delta s_{xfrmin} & 0 & 0\\ 0 & \Delta s_{xfrmax} & 0 & 0\\ 0 & 0 & -\Delta s_{xrlmin} & 0\\ 0 & 0 & \Delta s_{xrlmax} & 0\\ 0 & 0 & 0 & -\Delta s_{xrrmin}\\ 0 & 0 & 0 & \Delta s_{xrrmax}\end{bmatrix}$$

Hierbei ist zu beachten, dass je Rad nur eine Ungleichungsnebenbedingung aktiv sein kann, sodass ein koordiniertes Abprüfen den Lösungsaufwand reduzieren kann.

Analytische Lösung für Sonderfall ohne Stellbegrenzungen

Während für die Lösung des Optimierungsproblems mit Ungleichungsnebenbedingungen geprüft werden muss, welche dieser aktiv bzw. inaktiv sind, kann für den Fall, dass keine Ungleichungsnebenbedingung aktiv ist, die analytische Lösung des Optimierungsproblems betrachtet werden. Die verbleibende Gleichungsnebenbedingung wird hierzu mittels Langrange-Operator in die Kostenfunktion eingepflegt.

$$\text{Kostenfunktion:} \quad z(\boldsymbol{x}) = \boldsymbol{x}^T \cdot \mathbf{Q} \cdot \boldsymbol{x} + \boldsymbol{b}^T \cdot \boldsymbol{x}$$

$$\text{Optimierungsvariable:} \quad \boldsymbol{x} = \begin{bmatrix} \Delta s_{xfl} \\ \Delta s_{xfr} \\ \Delta s_{xrl} \\ \Delta s_{xrr} \\ \lambda \end{bmatrix} \quad \text{Koeffizienten:} \quad \mathbf{Q} = \begin{bmatrix} \kappa_{fl} & 0 & 0 & 0 & \xi_{fl} \\ 0 & \kappa_{fr} & 0 & 0 & \xi_{fr} \\ 0 & 0 & \kappa_{rl} & 0 & \xi_{rl} \\ 0 & 0 & 0 & \kappa_{rr} & \xi_{rr} \\ \xi_{fl} & \xi_{fr} & \xi_{rl} & \xi_{rr} & 0 \end{bmatrix}$$

$$\text{Gleichungsvektor:} \quad \boldsymbol{b} = \begin{bmatrix} 0 \\ 0 \\ 0 \\ 0 \\ \Delta M_z \end{bmatrix}$$

Zur Erfüllung der notwendigen Bedingung wird der Gradient der Kostenfunktion zu Null gesetzt und das hieraus resultierende Gleichungssystem gelöst.

$$\begin{aligned} \tilde{\boldsymbol{x}} &= \mathbf{Q}^{-1} \cdot (-\boldsymbol{b}) \\ &= \begin{bmatrix} -\xi_{fl}\kappa_{fr}\kappa_{rl}\kappa_{rr} \\ -\xi_{fr}\kappa_{fl}\kappa_{rl}\kappa_{rr} \\ -\xi_{rl}\kappa_{fl}\kappa_{fr}\kappa_{rr} \\ -\xi_{rr}\kappa_{fl}\kappa_{fr}\kappa_{rl} \\ \kappa_{fl}\kappa_{fr}\kappa_{rl}\kappa_{rr} \end{bmatrix} \cdot \frac{\Delta M_z}{\xi_{fl}^2\kappa_{fr}\kappa_{rl}\kappa_{rr} + \xi_{fr}^2\kappa_{fl}\kappa_{rl}\kappa_{rr} + \xi_{rl}^2\kappa_{fl}\kappa_{fr}\kappa_{rr} + \xi_{rr}^2\kappa_{fl}\kappa_{fr}\kappa_{rl}} \end{aligned}$$

Anhand des Lösungsvektors lassen sich Aussagen über die Abhängigkeit des Stelleingriffs von der Fahrsituation treffen. Ein Stelleingriff am i-ten Rad ist direkt proportional zum dazugehörigen Giermoment-Gradienten. Dieser Wert wird von dem aktuellen Reifenschlupf, der Radlast und im Falle der Vorderräder durch den Lenkwinkel in Folge der Änderung des Hebelarmes zum Fahrzeugschwerpunkt beeinflusst. Eine Verringerung der Radlast würde beispielsweise den Wert des Giermoment-Gradienten an diesem Rad verringern und somit die Stellgröße ebenfalls skalieren. Sollte ein Rad abheben, also die Radlast Null werden, wird auch der Giermoment-Gradient Null. Zum Zwecke der Aufrechterhaltung der Lösbarkeit des Gleichungssystems sollte die Koeffizienten-Matrix **Q** allerdings keine Nullzeilen oder Nullspalten aufweisen. Um dies zu gewährleisten, wird die Radlast auf einen sehr kleinen positiven Wert nach unten begrenzt.

Literatur

[1] Adamy, J. : *Nichtlineare Systeme und Regelungen.* 2 ., bearb. und erw. Auflage. Berlin : Springer Vieweg, 2014. – ISBN 978–3–642–45012–9

[2] Albinsson, A. ; Bruzelius, F. ; Jonasson, M. ; Jacobson, B. : Tire Force Estimation Utilizing Wheel Torque Measurements and Validation in Simulations and Experiments. In: Society of Automotive Engineers Japan (Hrsg.): *Proceedings of the 12th International Symposium on Advanced Vehicle Control*, 2014, S. 294–299

[3] Beiker, S. : *Verbesserungsmöglichkeiten des Fahrverhaltens von Pkw durch zusammenwirkende Regelsysteme.* Braunschweig, TU Carolo-Wilhelmina, Dissertation, 25. Januar 1999

[4] Bevly, D. M. ; Cobb, S. : *GNSS for vehicle control.* Boston : Artech House, 2010 (GNSS technology and applications series). – ISBN 978–1–59693–301–9

[5] Braess, H.-H. : *Vieweg-Handbuch Kraftfahrzeugtechnik.* 6. Auflage. Wiesbaden : Vieweg & Teubner, 2011 (ATZ-MTZ Fachbuch). – ISBN 978–3–8348–1011–3

[6] Burckhardt, M. : *Radschlupf-Regelsysteme: Reifenverhalten, Zeitabläufe, Messung des Drehzustands der Räder, Anti-Blockier-System (ABS), Theorie Hydraulikkreisläufe, Antriebs-Schlupf-Regelung (ASR), Theorie Hydraulikkreisläufe, elektronische Regeleinheiten, Leistungsgrenzen, ausgeführte Anti-Blockier-Systeme und Antriebs-Schlupf-Regelungen.* 1. Auflage. Würzburg : Vogel, 1993 (Vogel-Fachbuch: Fahrwerktechnik). – ISBN 9783802304774

[7] Canale, M. ; Fagiano, L. ; Milanese, M. ; Borodani, P. : Robust vehicle yaw control using an active differential and IMC techniques. In: *Control Engineering Practice* 15 (2007), Nr. 8, S. 923–941. http://dx.doi.org/10.1016/j.conengprac.2006.11.012. – DOI 10.1016/j.conengprac.2006.11.012. – ISSN 0967–0661

[8] Castro, R. de ; Araujo, R. E. ; Freitas, D. : Wheel Slip Control of EVs Based on Sliding Mode Technique With Conditional Integrators. In: *IEEE Transactions on Industrial Electronics* 60 (2013), Nr. 8, S. 3256–3271. http://dx.doi.org/10.1109/TIE.2012.2202357. – DOI 10.1109/TIE.2012.2202357. – ISSN 0278–0046

[9] Chui, C. K. ; Chen, G. : *Kalman Filtering: With Real-Time Applications.* 4. Auflage. Berlin, Heidelberg : Springer Berlin Heidelberg, 2009. – ISBN 978–3–540–87849–0

[10] Clover, C. L. ; Bernard, J. E.: Longitudinal Tire Dynamics. In: *Vehicle System Dynamics* 29 (1998), Nr. 4, S. 231–260. – ISSN 0042–3114

[11] Colli, V. ; Tomassi, G. ; Scarano, M. : Single Wheel longitudinal traction control for electric vehicles. In: *IEEE Transactions on Power Electronics* 21 (2006), Nr. 3, S. 799–808. http://dx.doi.org/10.1109/TPEL.2006.872363. – DOI 10.1109/TPEL.2006.872363. – ISSN 0885–8993

[12] Daiß, A. : *Fortschritt-Berichte VDI Reihe 12, Verkehrstechnik, Fahrzeugtechnik.* Bd. 283: *Beobachtung fahrdynamischer Zustände und Verbesserung einer ABS- und Fahrdynamikregelung.* Als Ms. gedr. Düsseldorf : VDI-Verlag, 1996. – ISBN 318–3–283123

[13] Diba, F. ; Esmailzadeh, E. : Integrated momentum wheel and differential braking control to improve vehicle dynamic performance. In: *Proceedings of the Institution of Mechanical Engineers, Part I: Journal of Systems and Control Engineering* 227 (2013), Nr. 7, S. 563–576. http://dx.doi.org/10.1177/0959651813497667. – DOI 10.1177/0959651813497667. – ISSN 0959–6518

[14] DIN Deutsches Institut für Normung e.V.: *Straßenfahrzeuge - Fahrzeugdynamik und Fahrverhalten - Begriffe.* Berlin, 11-2013

[15] Dugoff, H. ; Fancher, P. S. ; Segel, L. : *Tire Performance Characteristics Affecting Vehicle Response to Steering and Braking Control Inputs: Final Report - May 1968-August 1969.*

DOI 10.1515/9783110564303-010

Highway Safety Research Institute, University of Michigan
http://books.google.de/books?id=97nwPwAACAAJ

[16] Eckert, M. : *Karlsruher Schriftenreihe Fahrzeugsystemtechnik*. Bd. 31: *Energieoptimale Fahrdynamikregelung mehrmotoriger Elektrofahrzeuge*. Karlsruhe : KIT Scientific Publishing, 2015. – ISBN 978–3–7315–0332–3

[17] Einsle, S. : *Analyse und Modellierung des Reifenübertragungsverhaltens bei transienten und extremen Fahrmanövern*. Dresden, Technische Universität Dresden, Dissertation, 15.12.2010

[18] Esmailzadeh, E. ; Goodarzi, A. ; Vossoughi, G. R.: Optimal yaw moment control law for improved vehicle handling. In: *Mechatronics* 13 (2003), Nr. 7, S. 659–675. http://dx.doi.org/10.1016/S0957-4158(02)00036-3. – DOI 10.1016/S0957–4158(02)00036–3. – ISSN 0957–4158

[19] Feustel, J. ; Lang, S. ; Hand, M. : Der Supersportwagen SLS AMG Electric Drive. In: *ATZ - Automobiltechnische Zeitschrift* 115 (2013), Nr. 1, S. 8–14. – ISSN 0001–2785

[20] Frömmig, L. ; Henze, R. ; Küçükay, F. : Systematische Analyse quer- und längsverteilender Antriebssysteme. In: *ATZ - Automobiltechnische Zeitschrift* 113 (2011), Nr. 10, S. 792–799. http://dx.doi.org/10.1365/s35148-011-0179-9. – DOI 10.1365/s35148–011–0179–9. – ISSN 0001–2785

[21] Gao, L. ; Liu, S. ; Dougal, R. A.: Dynamic lithium-ion battery model for system simulation. In: *IEEE Transactions on Components and Packaging Technologies* 25 (2002), Nr. 3, S. 495–505. http://dx.doi.org/10.1109/TCAPT.2002.803653. – DOI 10.1109/TCAPT.2002.803653. – ISSN 1521–3331

[22] Geng, C. ; Hori, Y. : Nonlinear Body Slip Angle Observer for Electric Vehicle Stability Control. Version: 2008. http://www.evs24.org/wevajournal/php/download.php?f=vol2/wevj-v2i4-031.pdf. In: *World Electric Vehicle Journal*. World Electric Vehicle Association, 270–275

[23] Grewal, M. S. ; Weill, L. R. ; Andrews, A. P.: *Global positioning systems, inertial navigation, and integration*. New York, NY : Wiley, 2001. http://dx.doi.org/10.1002/0471200719. http://dx.doi.org/10.1002/0471200719. – ISBN 978–0–471–35032–X

[24] Heidfeld, H. ; Schünemann, M. ; Kasper, R. : Beobachtung fahrdynamischer Zustände zur Antriebsschlupfregelung eines Elektrofahrzeugs mit radindividuellen Antrieben. In: Kasper, R. (Hrsg.) ; Grote, K.-H. (Hrsg.): *12. Magdeburger Maschinenbautage 2015*. Magdeburg : Universität Magdeburg, 2015. – ISBN 978–3–944722–26–9

[25] Heim, R. ; Hanselka, H. ; El Dsoki, C. : Potenzial von Radnabenantrieben für Elektrostraßenfahrzeuge. In: *ATZ - Automobiltechnische Zeitschrift* 114 (2012), Nr. 10, S. 752–759. – ISSN 0001–2785

[26] Heißing, B. ; Ersoy, M. : *Fahrwerkhandbuch: Grundlagen, Fahrdynamik, Komponenten, Systeme, Mechatronik, Perspektiven*. 2., verbesserte und aktualisierte Auflage. Wiesbaden : Vieweg+Teubner Verlag / GWV Fachverlage GmbH Wiesbaden, 2008. http://dx.doi.org/10.1007/978-3-8348-9493-9. http://dx.doi.org/10.1007/978-3-8348-9493-9. – ISBN 978–3–8348–0444–0

[27] Hsiao, T. ; Chen, S.-Y. : Robust Estimation of the Friction Forces Generated by Each Tire of a Vehicle. In: American Automatic Control Council (Hrsg.): *Proceedings of the 2011 American Control Conference, San Francisco,Ca. June 29-July 1, 2011*. 2011. – ISBN 978–1–4577–0079–8, S. 5261–5266

[28] Hu, X.-s. ; Sun, F.-c. ; Zou, Y. : Online model identification of lithium-ion battery for electric vehicles. In: *Journal of Central South University of Technology* 18 (2011), Nr. 5, S. 1525–1531. http://dx.doi.org/10.1007/s11771-011-0869-1. – DOI 10.1007/s11771–011–0869–1. – ISSN 1005–9784

[29] Imsland, L. ; Grip, H. F. ; Johansen, T. A. ; Fossen, T. I. ; Kalkkuhl, J. C. ; Suissa, A. : Nonlinear Observer for Vehicle Velocity with Friction and Road Bank Angle Adaptation - Validation and Comparison with an Extended Kalman Filter. In: *SAE World Congress & Exhibition*, SAE International, 400 Commonwealth Drive, Warrendale, PA, United States, 2007 (SAE Technical Paper Series)

[30] Imsland, L. ; Johansen, T. A. ; Fossen, T. I. ; Fjær Grip, H. ; Kalkkuhl, J. C. ; Suissa, A. : Vehicle velocity estimation using nonlinear observers. In: *Automatica* 42 (2006), Nr. 12, S. 2091–2103. http://dx.doi.org/10.1016/j.automatica.2006.06.025. – DOI 10.1016/j.automatica.2006.06.025. – ISSN 0005–1098

[31] Isermann, R. : *Fahrdynamik-Regelung: Modellbildung, Fahrerassistenzsysteme, Mechatronik.* Wiesbaden : Friedr. Vieweg & Sohn Verlag | GWV Fachverlage GmbH Wiesbaden, 2006. http://dx.doi.org/10.1007/978-3-8348-9049-8. http://dx.doi.org/10.1007/978-3-8348-9049-8. – ISBN 3–8348–0109–7

[32] Isermann, R. (Hrsg.) ; Münchhof, M. (Hrsg.): *Identification of Dynamic Systems.* Berlin and Heidelberg : Springer Berlin Heidelberg, 2011. http://dx.doi.org/10.1007/978-3-540-78879-9. http://dx.doi.org/10.1007/978-3-540-78879-9. – ISBN 978–3–540–78878–2

[33] Kalman, R. E. ; Bucy, R. S.: New results in linear filtering and prediction theory. In: *Trans. ASME, Ser. D, J. Basic Eng* (1961), S. 109

[34] Kalman, R. E.: A New Approach to Linear Filtering and Prediction Problems. In: *Transactions of the ASME–Journal of Basic Engineering* 82 (1960), Nr. Series D, S. 35–45

[35] Kaspar, S. ; Stroph, R. ; Bünte, T. ; Hohmann, S. : Fahrdynamikoptimierung mittels Torque Vectoring bei einem bauraumoptimierten Elektrofahrzeug. In: *ATZ - Automobiltechnische Zeitschrift* 116 (2014), Nr. 2, S. 72–78. – ISSN 0001–2785

[36] Kasper, R. ; Borchardt, N. ; Heinemann, W. ; Zörnig, A. : Compact power on the spot by lightweight and highly integrated wheel-hub motors with new architecture. In: Henke, M. (Hrsg.): *12th Braunschweig Symposium Hybrid and Electric Vehicles.* Braunschweig : ITS Niedersachsen, 2015. – ISBN 978–3–937655–35–2, S. 79–91

[37] Kasper, R. ; Schünemann, M. : Elektrische Fahrantriebe. In: Tschöke, H. (Hrsg.): *Die Elektrifizierung des Antriebsstrangs.* Wiesbaden : Springer Fachmedien Wiesbaden GmbH, 2015 (ATZ/MTZ-Fachbuch). – ISBN 978–3–658–04643–9, S. 35–42

[38] Kasper, R. ; Schünemann, M. : Potentiale elektrischer Einzelradantriebe. In: Tschöke, H. (Hrsg.): *Die Elektrifizierung des Antriebsstrangs.* Wiesbaden : Springer Fachmedien Wiesbaden GmbH, 2015 (ATZ/MTZ-Fachbuch). – ISBN 978–3–658–04643–9, S. 42–48

[39] Kiencke, U. ; Nielsen, L. : *Automotive control systems: For engine, driveline, and vehicle.* 2. Berlin, New York : Springer, 2005. – ISBN 3–540–23139–0

[40] Kim, T. ; Qiao, W. : A Hybrid Battery Model Capable of Capturing Dynamic Circuit Characteristics and Nonlinear Capacity Effects. In: *IEEE Transactions on Energy Conversion* 26 (2011), Nr. 4, S. 1172–1180. http://dx.doi.org/10.1109/TEC.2011.2167014. – DOI 10.1109/TEC.2011.2167014. – ISSN 0885–8969

[41] Knödel, U. ; Stein, F.-J. ; Schlenkermann, H. : Variantenvielfalt der Antriebskonzepte für Elektrofahrzeuge. In: *ATZ - Automobiltechnische Zeitschrift* 113 (2011), Nr. 7-8, S. 552–557. http://dx.doi.org/10.1365/s35148-011-0129-6. – DOI 10.1365/s35148–011–0129–6. – ISSN 0001–2785

[42] Kraus, M. ; Harkort, C. ; Wuebbolt-Gorbatenko, B. ; Laumann, M. : Verschmelzung von Antrieb und Fahrwerk für einen People Mover. In: *ATZ - Automobiltechnische Zeitschrift* 120 (2018), Nr. 7-8, S. 48–53. – ISSN 0001–2785

[43] Krüger, J. ; Pruckner, A. ; Knobel, C. : Control Allocation für Straßenfahrzeuge - ein systemunabhängiger Ansatz eines integrierten Fahrdynamikreglers. In: Pischinger, S. (Hrsg.) ;

Eckstein, L. (Hrsg.): *19. Aachener Kolloquium Fahrzeug- und Motorentechnik.* Aachen : FKA, 2010

[44] Lex, C. ; Eichberger, A. ; Hirschberg, W. : Methoden zur Ermittlung des Reifen-Fahrbahn-Kraftschlusspotenzials für Fahrerassistenzsysteme. In: *ATZ - Automobiltechnische Zeitschrift* 113 (2011), Nr. 12, S. 992–997. http://dx.doi.org/10.1365/s35148-011-0232-8. – DOI 10.1365/s35148–011–0232–8. – ISSN 0001–2785

[45] Li, L. ; Song, J. ; Kong, L. ; Huang, Q. : Vehicle velocity estimation for real-time dynamic stability control. In: *International Journal of Automotive Technology* 10 (2009), Nr. 6, S. 675–685. http://dx.doi.org/10.1007/s12239-009-0080-7. – DOI 10.1007/s12239–009–0080–7. – ISSN 1229–9138

[46] Lunze, J. : *Regelungstechnik 1.* Berlin and Heidelberg : Springer Berlin Heidelberg, 2014. http://dx.doi.org/10.1007/978-3-642-53909-1. http://dx.doi.org/10.1007/978-3-642-53909-1. – ISBN 978–3–642–53908–4

[47] Magallan, G. A. ; Angelo, C. H. ; Garcia, G. O.: Maximization of the Traction Forces in a 2WD Electric Vehicle. In: *IEEE Transactions on Vehicular Technology* 60 (2011), Nr. 2, S. 369–380. http://dx.doi.org/10.1109/TVT.2010.2091659. – DOI 10.1109/TVT.2010.2091659. – ISSN 0018–9545

[48] Martinez-Alfaro, H. (Hrsg.): *Advances in Mechatronics.* InTech, 2011. http://dx.doi.org/10.5772/875. http://dx.doi.org/10.5772/875. – ISBN 978–953–307–373–6

[49] Merwe, R. van d.: *Sigma-Point Kalman Filters for Probabilistic Inference in Dynamic State-Space Models.* Portland (Oregon) and USA, Oregon Health & Science University, Dissertation, April 2004

[50] Meywerk, M. : *CAE-Methoden in der Fahrzeugtechnik.* Berlin : Springer, 2007. – ISBN 978–3–540–49866–7

[51] Moseberg, J.-E. : *FAU Studien aus der Elektrotechnik.* Bd. 4: *Regelung der Horizontalbewegung eines überaktuierten Fahrzeugs unter Berücksichtigung von Realisierungsanforderungen.* Erlangen : FAU University Press, 2016. – ISBN 978–3–944057–60–6

[52] Müller, S. ; Uchanski, M. ; Hedrick, K. : Estimation of the Maximum Tire-Road Friction Coefficient. In: *Journal of Dynamic Systems, Measurement, and Control* 125 (2003), Nr. 4, S. 607–617. http://dx.doi.org/10.1115/1.1636773. – DOI 10.1115/1.1636773. – ISSN 0022–0434

[53] Obermüller, A. : *Modellbasierte Fahrzustandsschätzung zur Ansteuerung einer aktiven Hinterachskinematik.* München, Technische Universität München, Dissertation, 18.09.2012

[54] Oh, J. ; Choi, S. B.: Design of a New Composite Observer for Vehicle Velocity and Attitude Estimation. In: *Control and Applications*, ACTAPRESS, 2011

[55] Opfermann, A. ; Bertram, T. ; Baum, D. ; Karas, P. : Robuste Fahrzeugnick- und Wankwinkelschätzung: Unscented Kalman-Filterung für die gemeinsame rekursive Schätzung fahrdynamischer Zustandsgrößen und sensitiver Fahrzeugparameter. In: *Mechatronik 2007, Innovative Produktentwicklung* Bd. 1971. Düsseldorf : VDI-Verl, 2007 (VDI-Berichte). – ISBN 9783180919713, S. 119–132

[56] Ortseifen, A. : *Entwurf von modellbasierten Anti-Windup-Methoden für Systeme mit Stellbegrenzungen.* Düsseldorf : VDI-Verl., 2013. – ISBN 978–3–18–522508–6

[57] Osborn, R. P. ; Shim, T. : Independent control of all-wheel-drive torque distribution. In: *Vehicle System Dynamics* 44 (2006), Nr. 7, S. 529–546. http://dx.doi.org/10.1080/00423110500485731. – DOI 10.1080/00423110500485731. – ISSN 0042–3114

[58] Pacejka, H. B.: *Tyre and vehicle dynamics.* 2nd ed., reprint. Amsterdam : Elsevier/Butterworth-Heinemann, 2007. – ISBN 0750669187

[59] Papageorgiu, M. : *Optimierung: Statische, dynamische, stochastische Verfahren für die Anwendung*. 3. Berlin : Springer, 2012. – ISBN 978–3–540–34013–3

[60] Pautzke, F. : *Radnabenantriebe: Studie zur Abschätzung der Verfügbarkeit, des Entwicklungsstandes und des Potentials von Radnabenantrieben in der Elektromobilität*. 1. Auflage. Aachen : Shaker, 2010 (Berichte aus der Fahrzeugtechnik). – ISBN 978–3–8322–9186–0

[61] Pfeffer, P. ; Harrer, M. : *Lenkungshandbuch*. Wiesbaden : Springer Fachmedien Wiesbaden, 2013. http://dx.doi.org/10.1007/978-3-658-00977-9. http://dx.doi.org/10.1007/978-3-658-00977-9. – ISBN 978–3–658–00976–2

[62] Pruckner, A. ; Davy, E. ; Schlichte, D. ; Kaspar, S. : Elektrischer Einzelradantrieb: Optimierter Bauraum bei maximaler Fahrdynamik. In: *ATZ - Automobiltechnische Zeitschrift* 116 (2014), Nr. 3, S. 46–51. – ISSN 0001–2785

[63] Pudenz, K. : eWheel Drive: *Ford und Schaeffler demonstrieren Elektrofahrzeug mit Radnaben-Antrieb*. http://www.springerprofessional.de/ewheel-drive-ford-und-schaeffler-demonstrieren-elektrofahrzeug-mit-radnaben-antrieb/4409872.html. Version: 2013

[64] Rajamani, R. : *Vehicle Dynamics and Control*. Boston, MA : Rajesh Rajamani, 2006 (Mechanical Engineering Series). http://dx.doi.org/10.1007/0-387-28823-6. http://dx.doi.org/10.1007/0-387-28823-6. – ISBN 0–387–28823–6

[65] Reif, K. : *Fahrstabilisierungssysteme und Fahrerassistenzsysteme*. Wiesbaden : Vieweg+Teubner Verlag / GWV Fachverlage GmbH Wiesbaden, 2010. http://dx.doi.org/10.1007/978-3-8348-9717-6. http://dx.doi.org/10.1007/978-3-8348-9717-6. – ISBN 978–3–8348–1314–5

[66] Riekert, P. ; Schunck, T. E.: Zur Fahrmechanik des gummibereiften Kraftfahrzeugs. In: *Ingenieur-Archiv* 11 (1940), Nr. 3, S. 210–224. http://dx.doi.org/10.1007/BF02086921. – DOI 10.1007/BF02086921. – ISSN 0020–1154

[67] Rill, G. : First Order Tire Dynamics. Version: 2006. http://homepages.fh-regensburg.de/~rig39165/paper/First_Order_Tire_Dynamics.pdf. In: Mota Soares, C. A. (Hrsg.): *III European Conference on Computational Mechanics Solids, Structures and Coupled Problems in Engineering*. Lisbon and Portugal, 2006

[68] Rill, G. : Wheel Dynamics. Version: 2007. http://homepages.fh-regensburg.de/~rig39165/paper/Wheel_Dynamics.pdf. In: Varoto, P. S. (Hrsg.) ; Trindade, M. A. (Hrsg.): *Proceedings of the XII International Symposium on Dynamic Problems of Mechanics (DINAME 2007)*. Brazil, 2007

[69] Rill, G. ; Hirschberg, W. : Dynamic Tire Forces With Smooth Transition To Stand-Still. In: Ambrosio, J. (Hrsg.): *7th EUROMECH Solid Mechanics Conference*. Lisbon and Portugal, 2009

[70] Schönemann, B. ; Henze, R. ; Küçükay, F. ; Kudritzki, D. : Auswirkungen der Rekuperation auf die Fahrdynamik. In: *ATZ - Automobiltechnische Zeitschrift* 115 (2013), Nr. 06, S. 522–529. – ISSN 0001–2785

[71] Schramm, D. ; Hiller, M. ; Bardini, R. : *Modellbildung und Simulation der Dynamik von Kraftfahrzeugen*. Berlin and Heidelberg : Springer-Verlag Berlin Heidelberg, 2010. http://dx.doi.org/10.1007/978-3-540-89315-8. http://dx.doi.org/10.1007/978-3-540-89315-8. – ISBN 978–3–540–89315–8

[72] Schröder, D. : *Elektrische Antriebe - Grundlagen: Mit durchgerechneten Übungs- und Prüfungsaufgaben*. 4., erw. Auflage. Berlin and Heidelberg : Springer-Verlag Berlin Heidelberg, 2009 (Springer-Lehrbuch). http://dx.doi.org/10.1007/978-3-642-02990-5. http://dx.doi.org/10.1007/978-3-642-02990-5. – ISBN 978–3–642–02990–5

[73] Schulz, G. : *Regelungstechnik 1: Lineare und Nichtlineare Regelung, Rechnergestützter Reglerentwurf*. 4., überarbeitete Auflage. München : Oldenbourg, 2010. – ISBN 978–3–486–59194–1

[74] Schünemann, M. ; Kasper, R. : Elektrofahrzeug "BugEE" - Modulträger für Forschung und Lehre. In: Gabbert, U. (Hrsg.) ; Grote, K.-H. (Hrsg.) ; Karpuschewski, B. (Hrsg.) ; Kasper, R. (Hrsg.) ; Lindemann, A. (Hrsg.) ; Schmidt, B. (Hrsg.) ; Ihlow, G. (Hrsg.): *Effizienz, Präzision, Qualität - 11. Magdeburger Maschinenbau-Tage*. Magdeburg : Otto-von-Guericke-Universtät Magdeburg, 2013. – ISBN 978–3–940961–90–7

[75] Sebsadji, Y. ; Glaser, S. ; Mammer, S. ; Dakhlallah, J. : Road Slope and Vehicle Dynamics Estimation. In: *2008 American Control Conference*. Piscataway, NJ : IEEE Service Center, 2008. – ISBN 978–1–4244–2079–7, S. 4603–4608

[76] Shuai, Z. ; Zhang, H. ; Wang, J. ; Li, J. ; Ouyang, M. : Lateral motion control for four-wheel-independent-drive electric vehicles using optimal torque allocation and dynamic message priority scheduling. In: *Control Engineering Practice* 24 (2014), S. 55–66. http://dx.doi.org/10.1016/j.conengprac.2013.11.012. – DOI 10.1016/j.conengprac.2013.11.012. – ISSN 09670661

[77] Simon, D. : *Optimal state estimation: Kalman, H [infinity], and nonlinear approaches*. Hoboken, NJ : Wiley-Interscience, 2006. http://dx.doi.org/10.1002/0470045345. http://dx.doi.org/10.1002/0470045345. – ISBN 9780471708582

[78] Smetana, T. ; Biermann, T. ; Höhn, B.-R. ; Kurth, F. ; Wirth, C. : Schaeffler's aktives Elektrodifferenzial: Das Getriebe für den Antrieb der Zukunft. In: Schaeffler Technologies GmbH & Co. KG (Hrsg.): *09. Schaeffler Kolloquium 13./14.04.2010*, 178–189

[79] Statistisches Bundesamt: *Polizeilich erfasste Unfälle: Lange Reihen - erfasste Unfälle und Verunglückte (ab 1950)*. https://www.destatis.de/DE/ZahlenFakten/Wirtschaftsbereiche/TransportVerkehr/Verkehrsunfaelle/Tabellen_/Strassenverkehrsunfaelle.html. Version: 2018

[80] Sun, F. ; Huang, X. ; Rudolph, J. ; Lolenko, K. : Vehicle state estimation for anti-lock control with nonlinear observer. In: *Control Engineering Practice* 43 (2015), S. 69–84. http://dx.doi.org/10.1016/j.conengprac.2015.07.003. – DOI 10.1016/j.conengprac.2015.07.003. – ISSN 09670661

[81] Tanelli, M. ; Piroddi, L. ; Piuri, M. ; Savaresi, S. M.: Real-time identification of tire-road friction conditions. In: *2008 IEEE International Conference on Control Applications (CCA) part of the IEEE Multi-Conference on Systems and Control*, 2008, S. 25–30

[82] Tavasoli, A. ; Naraghi, M. : Vehicle Sliding Mode Control with Adaptive Upper Bounds: Static versus Dynamic Allocation to Saturated Tire Forces. In: *Mathematical Problems in Engineering* 2012 (2012), Nr. 4, S. 1–31. http://dx.doi.org/10.1155/2012/287195. – DOI 10.1155/2012/287195. – ISSN 1024–123X

[83] Tremblay, O. ; Dessaint, L.-A. : Experimental Validation of a Battery Dynamic Model for EV Applications. Version: 2009. http://www.evs24.org/wevajournal/vol3/title.html. In: *World Electric Vehicle Journal* Bd. 3. World Electric Vehicle Association, 289–298

[84] Unbehauen, H. : *Regelungstechnik: Klassische Verfahren zur Analyse und Synthese linearer kontinuierlicher Regelsysteme, Fuzzy-Regelsysteme*. 15. Auflage. Wiesbaden : Vieweg+Teubner Verlag / GWV Fachverlage, Wiesbaden, 2008 (Vieweg Studium). – ISBN 978–3–8348–0497–6

[85] Vietinghoff, A. von: *Nichtlineare Regelung von Kraftfahrzeugen in querdynamisch kritischen Fahrsituationen*. Karlsruhe, Universität Karlsruhe, Dissertation, 11.02.2008

[86] Vollmer, A. : Konzeptfahrzeug mit über 3000 Nm: Entwicklungsdienstleistung für Hersteller von Elektrofahrzeugen. In: *Automobil Elektronik* (2011), Nr. 5, 32–33. http://www.automobil-elektronik.de/blog/2011/11/22/automobil-elektronik-2/

[87] Wahrburg, A. ; Adamy, J. : Entkopplungsregelungen für lineare überaktuierte Systeme. In: *at - Automatisierungstechnik* 61 (2013), Nr. 1, S. 28–38. http://dx.doi.org/10.1524/auto.2013.0006. – DOI 10.1524/auto.2013.0006. – ISSN 0178–2312

[88] Walz, J. ; Gerdes, H. : *Auf den Punkt: Konzentration und Präzision auf höchstem Niveau - 25 Jahre Motorsport mit Schaeffler*. 1. Hamburg : Speedpool Multimedia-Service, 2011. – ISBN 978–3–940672–52–0

[89] Wesemeier, D. ; Isermann, R. : Identification of vehicle parameters using stationary driving maneuvers. In: *Control Engineering Practice* 17 (2009), Nr. 12, S. 1426–1431. – ISSN 09670661

[90] Wielitzka, M. ; Dagen, M. ; Ortmaier, T. : Joint unscented Kalman filter for state and parameter estimation in vehicle dynamics. In: *2015 IEEE Conference on Control Applications (CCA)*, 2015, S. 1945–1950

[91] Wiesenthal, M. ; Collenberg, H. ; Krimmel, H. : Aktive Hinterachskinematik AKC®- ein Beitrag zu Fahrdynamik, Sicherheit und Komfort. In: Pischinger, S. (Hrsg.) ; Gies, S. (Hrsg.) ; Wallentowitz, H. (Hrsg.): *17. Aachener Kolloquium Fahrzeug- und Motorentechnik*. Aachen : FKA, 2008

[92] Winner, H. ; Hakuli, S. ; Wolf, G. : *Handbuch Fahrerassistenzsysteme: Grundlagen, Komponenten und Systeme für aktive Sicherheit und Komfort ; mit 45 Tabellen*. 1. Wiesbaden : Vieweg+Teubner Verlag / GWV Fachverlage GmbH Wiesbaden, 2009 (PRAXIS | ATZ/MTZ-Fachbuch). http://dx.doi.org/10.1007/978-3-8348-9977-4. http://dx.doi.org/10.1007/978-3-8348-9977-4. – ISBN 978–3–8348–0287–3

[93] Xiong, L. ; Yu, Z. ; Wang, Y. ; Yang, C. ; Meng, Y. : Vehicle dynamics control of four in-wheel motor drive electric vehicle using gain scheduling based on tyre cornering stiffness estimation. In: *Vehicle System Dynamics* 50 (2012), Nr. 6, S. 831–846. http://dx.doi.org/10.1080/00423114.2012.663921. – DOI 10.1080/00423114.2012.663921. – ISSN 0042–3114

[94] Yin, D. ; Oh, S. ; Hori, Y. : A Novel Traction Control for EV Based on Maximum Transmissible Torque Estimation. In: *IEEE Transactions on Industrial Electronics* 56 (2009), Nr. 6, S. 2086–2094. http://dx.doi.org/10.1109/TIE.2009.2016507. – DOI 10.1109/TIE.2009.2016507. – ISSN 0278–0046

[95] Zanten, A. van ; Erhardt, R. ; Pfaff, G. : Die Fahrdynamikregelung von Bosch. In: *at - Automatisierungstechnik* 44 (1996), Nr. 7, S. 359–365. – ISSN 0178–2312

[96] Zhao, L.-H. ; Liu, Z.-Y. ; Chen, H. : Design of a Nonlinear Observer for Vehicle Velocity Estimation and Experiments. In: *IEEE Transactions on Control Systems Technology* 19 (2011), Nr. 3, S. 664–672. http://dx.doi.org/10.1109/TCST.2010.2043104. – DOI 10.1109/TCST.2010.2043104. – ISSN 1063–6536

[97] Zheng, S. ; Tang, H. ; Han, Z. ; Zhang, Y. : Controller design for vehicle stability enhancement. In: *Control Engineering Practice* 14 (2006), Nr. 12, S. 1413–1421. http://dx.doi.org/10.1016/j.conengprac.2005.10.005. – DOI 10.1016/j.conengprac.2005.10.005. – ISSN 09670661

Stichwortverzeichnis

DOI 10.1515/9783110564303-011

Kolibri 360 GmbH
Ferdinand-Jühlke-Straße 7
99095 Erfurt, Deutschland
produktsicherheit@kolibri360.de